航天科技图书出版基金资助出版

航天器火工装置工程技术

叶耀坤　丁　锋　穆慧娜　李晓刚　著

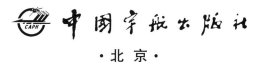

中国宇航出版社

·北京·

图书在版编目（CIP）数据

航天器火工装置工程技术 / 叶耀坤等著. -- 北京 ：
中国宇航出版社，2024. 8. -- ISBN 978-7-5159-2421-2

Ⅰ. V47

中国国家版本馆CIP数据核字第2024UJ2858号

责任编辑　赵宏颖　　　封面设计　王晓武

出　版 发　行　**中国宇航出版社**	
社　址　北京市阜成路 8 号　**邮　编**　100830 　　　　（010）68768548	**版　次**　2024 年 8 月第 1 版 　　　　2024 年 8 月第 1 次印刷
网　址　www.caphbook.com	**规　格**　787×1092
经　销　新华书店	**开　本**　1/16
发行部　（010）68767386　　（010）68371900 　　　　（010）68767382　　（010）88100613（传真）	**印　张**　20.75　**彩　插**　4 面 **字　数**　499 千字
零售店　读者服务部　　　（010）68371105	**书　号**　ISBN 978 - 7 - 5159 - 2421 - 2
承　印　北京中科印刷有限公司	**定　价**　120.00 元

本书如有印装质量问题，可与发行部联系调换

航天科技图书出版基金简介

航天科技图书出版基金是由中国航天科技集团公司于 2007 年设立的，旨在鼓励航天科技人员著书立说，不断积累和传承航天科技知识，为航天事业提供知识储备和技术支持，繁荣航天科技图书出版工作，促进航天事业又好又快地发展。基金资助项目由航天科技图书出版基金评审委员会审定，由中国宇航出版社出版。

申请出版基金资助的项目包括航天基础理论著作，航天工程技术著作，航天科技工具书，航天型号管理经验与管理思想集萃，世界航天各学科前沿技术发展译著以及有代表性的科研生产、经营管理译著，向社会公众普及航天知识、宣传航天文化的优秀读物等。出版基金每年评审 2 次，资助 30～40 项。

欢迎广大作者积极申请航天科技图书出版基金。可以登录中国航天科技国际交流中心网站，点击"通知公告"专栏查询详情并下载基金申请表；也可以通过电话、信函索取申报指南和基金申请表。

网址：http：//www.ccastic.spacechina.com

电话：(010) 68767205，68767805

前　言

航天器火工装置具有重量轻、体积小、比能量（能量/质量）大等突出优点，已广泛应用于世界航天器60余年，如今已发展成为人类航天器上不可或缺的重要组成部分，且关系着航天器任务的成败。

自1957年10月苏联成功发射世界上第一颗人造地球卫星开始，人类先后经历了苏联东方号系列载人宇宙飞船、美国阿波罗载人飞船以及苏联和平号空间站等航天大发展时期。这也催生了航天器火工装置的大发展，例如，阿波罗载人飞船应用了约300个火工装置，是人类使用火工装置数量最多的航天器之一。美国在该工程基础上围绕航天器火工装置形成了大量的专著、规范、标准，例如《阿波罗飞船火工系统分析报告》《NASA空间机构手册》等针对火工装置进行了专门论述。这不仅成为世界各国航天器发展的宝贵文献，也是我国航天器发展的重要参考资料。

我国自1970年成功发射东方红一号卫星开始至今，航天器火工装置经历了三个重要发展时期：第一个时期是20世纪80年代，研制了以爆炸螺栓火工装置为基础的包带式星箭连接解锁装置，并随东方红二号卫星实现了首飞，这也是我国航天器火工装置发展的起点；第二个时期是20世纪90年代，随着我国神舟载人飞船工程研制任务的深入，形成了火工切割器、火工机构锁、火工分离推杆、火工弹射器、电爆阀等多种多样的航天器火工装置，载人飞船也应用了近100个火工装置，引领了我国航天器火工装置的第一个发展高峰期；第三个时期是21世纪初，在我国嫦娥系列月球探测器、天问一号火星探测器、空间站、高分卫星等多个国家重大型号任务牵引下，形成了以火工分离螺母、耐高温火工切割器、拔销器等为代表的轻巧型航天器火工装置，并得到了大范围的推广应用，例如，嫦娥五号月球探测器应用了近120个火工装置。

本书结合航天器特殊的空间环境以及特定的需求，区别于已有的武器系统、运载火箭系统相关的火工装置著作，总结并概括了我国40年来航天器火工装置发展形成的重要成果，对航天器火工装置技术进行了系统性的介绍，阐述了航天器火工装置的技术内涵、理论设计、空间环境适应性评估、仿真分析、生产质量管理、试验验证、可靠性评估、系统应用等内容，不仅覆盖了航天器火工装置研制的全周期过程，还涵盖了我国载人飞船、月球探测、火星探测、空间站等国家重大工程取得的最新成果。

本书由参与我国载人航天、深空探测等重大型号的一线设计师与北京理工大学火工品领域专家联合撰写而成。全书由叶耀坤拟定大纲、统稿；第 1 章由叶耀坤、丁锋撰写；第 2 章由叶耀坤撰写；第 3 章由叶耀坤、丁锋、董海平撰写；第 4 章由叶耀坤、穆慧娜撰写；第 5 章由李晓刚、穆慧娜撰写；第 6 章由丁锋、叶耀坤、罗毅欣撰写；第 7 章由叶耀坤、穆慧娜、毕文辉撰写；第 8 章由穆慧娜、董海平撰写；第 9 章由叶耀坤、孙国鹏、李委托撰写。在编写过程中，硕士生张叶舒、孙嘉琳、曾晓云同学承担了参考文献的整理工作，在此对他们的辛勤劳动表示感谢。

　　本书涉及的相关研究得到了北京理工大学，兵器 474 厂、804 厂、213 所与航天 111 厂、508 所、692 厂等单位的大力支持；本书编写过程中得到了北京理工大学严楠教授，中国空间技术研究院肖涛研究员、李潇研究员、杨建中研究员、史文华研究员以及哈尔滨工业大学刘荣强教授、姜生元教授的指导，在此向上述单位与专家致以诚挚的谢意。

　　特别感谢中国空间技术研究院杨孟飞院士和北京理工大学严楠教授在本书出版过程中给予的大力支持；特别感谢航天科技图书出版基金与中国空间技术研究院总体设计部的资助。

　　本书力求使读者全面、系统地了解航天器火工装置设计、分析、制造及试验的基本流程与方法，便于本领域技术人员在型号研制过程中借鉴和参考，可作为该领域工程技术人员的工作参考书，亦可作为相关专业本科生和研究生培养的参考教材。希望本书的出版对推动我国航天器火工装置技术的发展与应用发挥积极作用。

　　限于作者水平，书中的缺点错误和不尽人意之处在所难免，热切期待读者的建议、批评和指正。

叶耀坤

2024 年 8 月

于北京航天城

目　录

第1章　概　述

1.1　航天器火工装置的定义

航天器火工装置是装有火药或炸药，受外界能量刺激后产生燃烧或爆炸，用以在航天器产品上做机械功的一次性使用元器件和装置的总称，其作为航天器上的关键产品，主要实现预定的连接分离、解锁释放、通道开关等功能。

一般而言，航天器火工装置具有重量轻、体积小、比能量（能量/质量）大、技术成熟、性能可靠等突出优点。其基本组成相似，一般由发火组件、主装药和功能组件组成。特定情况下也有火工装置在发火组件内融合了主装药功能，直接通过发火组件和功能组件组合实现预定功能。

1）发火组件。发火组件一般由一个或多个点火器（或起爆器）组成，其主要功能是引爆火工装置中的主装药，并与主装药一起作用，为功能组件提供动力源。一般而言，虽然发火组件自身产生的能量与主装药爆炸或燃烧产生的能量相比较小，但不可忽略。所以，在主装药药量设计过程中，必须充分考虑发火组件产生的能量。由于点火器和起爆器多数已经实现了产品化、标准化、系列化，在发火组件设计过程中，可根据使用环境、起爆条件以及机械接口等要求，选择合适的点火器或起爆器。

2）主装药。其功能是通过爆炸时的爆轰波或燃烧时的燃气压力，驱动功能组件完成切割、解锁、释放、分离等功能。目前航天器火工装置主装药常用的有起爆药、火药及猛炸药，其中常用的起爆药有斯蒂芬酸铅（LTNR）、叠氮化铅等，火药包括镁点火药、2/1樟枪药，猛炸药为太安（PETN）、黑火药等。

3）功能组件。功能组件是航天器火工装置实现切割、解锁、释放、分离等预定功能的执行机构，是装置的重要组成部分。不同功能的航天器火工装置，其主要区别在于功能组件，火工装置的分类也是基于功能组件的不同而进行划分的。

1.2　航天器火工装置的发展历史

航天器火工装置因具有重量轻、体积小、比能量（能量/质量）大等突出优点，在人类航天史上已广泛应用了 60 余年，如今已发展成为了航天器上不可或缺的重要组成部分，且往往关系着航天器任务的成败。航天器火工装置技术是伴随火炸药及军事用途火工品的发展而发展起来的，并随着人类探索宇宙进程的不断发展，逐渐形成了一门涵盖火炸药、爆炸力学、密封学、摩擦学、热学、机械学等多学科交叉的特色专业学科。

中华民族的祖先于公元 808 年发明了由硝石、硫磺和木炭组成的黑火药。长期以来，黑火药是唯一的延期药，但由于其易吸潮及燃烧后产生的气体产物多等缺点，致使延期时间不精确。18 世纪以前黑火药是用于火炮发射、弹丸装药以及火工品中的唯一药剂。

1807 年，苏格兰人首先发明了以氯酸钾、硫、碳混合的击发药引燃发射药，并获得带有击发机构的枪械专利。第二次世界大战期间，英美等国研制了硅和铅丹的混合延期药。以后世界各国又研制了硼、锆、钨系的微气体延期药，大大加宽了延期范围。1831年英国人 W. 毕克福发明了导火索，外壳用皮、布和纸制成，药芯为火药，这是我国古代信线的发展。现在所使用的导火索的药芯装药为黑火药或烟火药，外壳用棉线、纸条、玻璃纤维、塑料等包缠。19 世纪初法国人发明了电火工品。1830 年美国首先将电火工品用于纽约港的爆破工程，20 世纪初开始用于海军炮。电火工品的出现促进了火工品技术的进步。19 世纪末、20 世纪初又相继研制成氮化铅、四氮烯、三硝基间苯二酚铅等起爆药，为改善火工品性能与增加品种提供了有利条件。

1908 年法国最先制造出了铅壳梯恩梯药芯导爆索。20 世纪 60 年代后太安、黑索今、奥克托今、特屈儿、六硝基芪和苦基砜等已发展成药芯装药，外壳包缠材料有棉线、纸条、塑料扁丝、化纤、合成橡胶、铅锑合金或银皮等多种类型。

1957 年 10 月，苏联成功发射世界上第一颗人造地球卫星。随后人类经历了苏联东方号系列载人飞船、美国阿波罗载人飞船以及苏联和平号空间站等航天大发展时期。这也催生了航天器火工装置的大发展，例如，阿波罗载人飞船上应用了大量火工装置，是人类使用火工装置数量最多的航天器之一。阿波罗载人飞船在一定程度上推动了火工品向结构更为复杂的火工装置的发展，衍生出了弹伞筒、分离推冲器、切割器、电爆阀、导爆管、柔爆索等多种火工装置，数量多达 200 多个，主要完成阿波罗飞船系统中逃逸塔分离、火箭发动机点火、火箭级间分离、防热罩抛离、登月舱分离、登月舱着陆展开、登月舱推进系统的启动、降落伞的展开与释放、电路的通断、有关机构作用时间延迟、绳索切割等功能。美国在该工程基础上围绕航天器火工装置形成了大量的著作、规范、标准，例如《阿波罗飞船火工系统分析报告》《NASA 空间机构手册》针对火工装置进行了专门论述，这也成为了世界各国航天器火工装置发展的宝贵参考资料。

我国自从 1970 年成功发射东方红一号卫星至今，航天器火工装置经历了三个重要发展时期：第一个时期是 20 世纪 80 年代，研制了以爆炸螺栓等火工装置为基础的包带式星箭连接解锁装置，并随东方红二号卫星实现了首飞，这也是我国航天器火工装置发展的起点；第二个时期是 20 世纪 90 年代，随着我国神舟号载人飞船工程研制任务的深入，形成了火工切割器、火工机构锁、火工分离推杆、火工弹射器、电爆阀等多种多样的航天器火工装置，载人飞船也应用了近 100 个火工装置，这是我国航天器火工装置的发展高峰期；第三个时期是 2010 年至 2020 年期间，在我国嫦娥系列月球探测器、天问一号火星探测器、空间站、高分卫星等多个国家重大型号任务牵引下，形成了以火工分离螺母、耐高温火工切割器、拔销器等为代表的轻巧型航天器火工装置，并得到了大范围的推广应用，例如，嫦娥五号探测器应用了近 120 个火工装置。

可以说，航天器火工装置是保障航天工程顺利实施的重要组成部分，在人类航天发展历史上发挥着十分关键的作用，占据了举足轻重的地位。未来，随着人类航天器的迅猛发展，必将催生出理念更新、要求更高的新一代火工装置技术。

1.3 航天器火工装置的分类

航天器上使用的火工装置种类繁多，任务功能也不尽相同，例如，在阿波罗飞船系统中，发射逃逸系统（Launch Escape System，LES）、服务舱（Service Module，SM）、指挥舱（Comnand Module，CM）、登月舱（Lunar Module，LM）等分系统中布置了解锁螺栓、分离螺母、电爆阀、切割器等多种火工装置。这些装置主要完成以下功能：逃逸塔分离、火箭发动机点火、火箭级间分离、防热罩抛离、登月舱分离、登月舱着陆解锁、登月舱推进系统的启动、降落伞的展开与释放、电路的通断、有关机构作用时间延迟、绳索切割等。具体分布位置如图 1-1 所示。

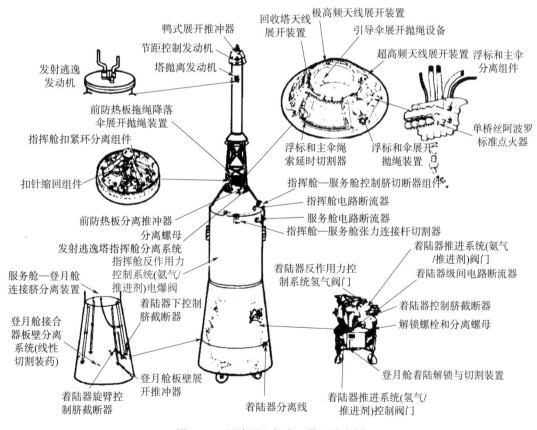

图 1-1 阿波罗飞船火工装置分布图

对于航天器火工装置而言，国内外并没有统一的分类。现有的分类均按照各自标准而来，如按照点火器的一、二、三代而将火工装置分为一、二、三代。目前，较为多见的分类方法是根据航天器火工装置作用形式和功能的不同，分为连接分离装置、切割装置、作动装置和其他装置等，典型的火工装置具体分类如图 1-2 所示。

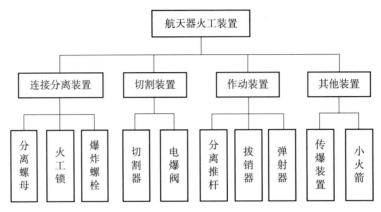

图 1-2　航天器典型火工装置分类

1.4　典型航天器火工装置的特点

1.4.1　火工分离螺母

1.4.1.1　组成及工作原理

　　火工分离螺母是一种分瓣螺母式火工连接解锁装置，通常用于航天器连接分离机构中，实现运动机构的压紧与释放功能。图 1-3 所示为一种典型的火工分离螺母，由点火器、主装药和分离机构部件组成。其中，点火器一般选用标准件，内部装药为三硝基间苯二酚铅起爆药和高氯酸钾、铝粉混合烟火药；主装药为 2/1 樟枪药，燃速相对较为稳定，有利于推动活塞运动作功，一般装入用赛璐珞材料制作而成的药盒中；分离机构部件由壳体、活塞、套筒、剪切销、弹簧、螺母瓣、端盖、密封圈等组成。

　　火工分离螺母的工作原理是：连接承载时，压紧杆旋入螺母瓣螺纹孔后，施加轴向预紧载荷，3 个螺母瓣因受到套筒的径向约束而无法受力膨胀，保持完整内螺纹，使分离螺母与压紧杆形成螺纹紧固件。剪切销剪切力、弹簧推力以及预紧载荷引入所带来摩擦阻力的限位作用，使套筒在地面操作段和发射段持续保持对 3 个螺母瓣的径向约束，从而达到可靠连接的目的。解锁时，点火器通电作用，并引燃主装药产生高温高压燃气，推动套筒向后移动一定的距离，解除螺母瓣的径向约束；此时活塞在气源作用下推动螺母瓣，径向分力使螺母瓣向外胀开，同时解除对锁杆螺纹处的轴向约束，从而实现解锁。解锁前后状态如图 1-4 所示。

1.4.1.2　作用过程

　　分离螺母设计状态为"点火冗余、装药共用"，即采用双点火器互为冗余，在内腔设置单一功能装药。点火器除实现点火这一基本功能以外，也承担部分装药的功能，双点火器与共用功能装药的输出能量共同作用于运动机构上。总体设计思路如图 1-5 所示。

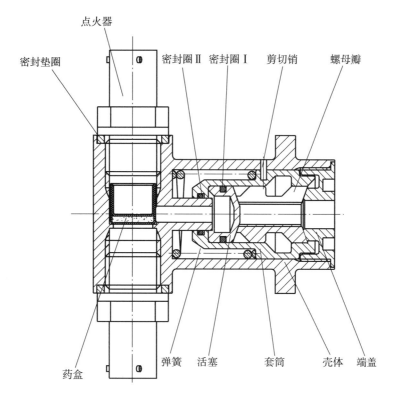

图 1-3　典型火工分离螺母结构组成

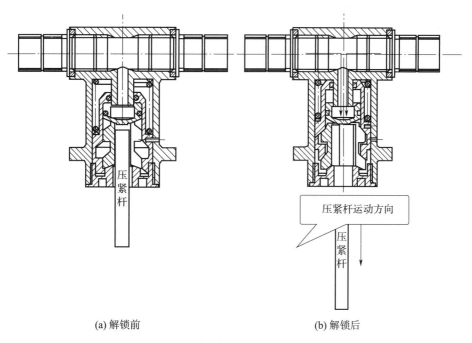

(a) 解锁前　　　　　　　　　　　　　　(b) 解锁后

图 1-4　火工分离螺母解锁前后状态示意图

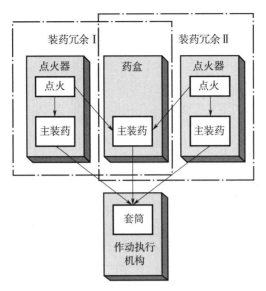

图 1-5　火工分离螺母设计思路

火工分离螺母工作可分为 4 个阶段。第一阶段是点火器通电后，通过电能转换成热能点燃起爆药，并进一步引燃点火器的主装药，通常是一种烟火药。第二阶段是主装药 2/1 樟枪药被点火器引燃。第三阶段是反应产物在套筒腔内的流动。第四阶段是高温高压反应产物推动活塞运动，并推动螺母瓣向外胀开完成压紧杆的解锁。

火工分离螺母由于主要依靠火药燃烧产生的高温高压燃气完成解锁功能，产生的高频冲击相对火工切割器大幅降低，用加速度表征一般低于 10 000 g。

其作用过程产生的冲击可分为 3 个阶段：

1）火药作用：起爆药、烟火药和主装药 2/1 樟枪药相继燃烧后，迅速形成球形燃烧波，以燃烧波的形式向各方向传播，形成第一次冲击，这是高频冲击的主要来源。

2）机构运动：高温高压燃气推动套筒切断剪切销，并推动活塞、螺母瓣等机构相继产生高速运动，形成第二次冲击。

3）压紧杆释放：由于压紧杆释放前，加载了指定的预紧力，当螺母瓣张开后，压紧杆的预紧力瞬间释放，形成第三次冲击，并作用在附近结构上，是低频冲击的主要来源。

1.4.1.3　应用情况

分离螺母作动过程产生的冲击较小，在航天器中得到广泛应用，主要与压紧连接杆配合使用。例如，图 1-6 所示的某设备，由分离螺母，压紧部件（压紧杆、球形垫、锁紧螺母、分离弹簧、弹簧盖、缓冲蜂窝）和过渡套组成。连接时，压紧解锁装置的分离螺母安装于结构支架上，过渡套安装于另一侧结构，两者通过压紧杆实现可靠连接，压紧杆安装到位后进行预紧操作。解锁时，解锁指令到达后，分离螺母发火解除对压紧杆的约束，压紧杆在分离弹簧作用下快速脱出分离螺母，脱出到位后实现两侧结构直接的解锁功能。

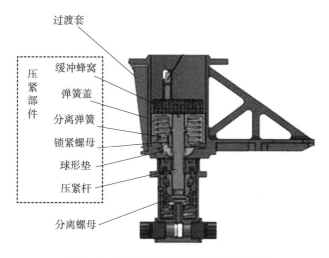

图 1-6 基于分离螺母的压紧解锁装置

由于火工分离螺母的分离冲击相对于切割器有大幅减小，因此，它在我国航天器上的应用变得越来越广泛。目前主要用于实现可收展部件的压紧与释放功能。在我国嫦娥三号探测器上，采用了 4 个火工分离螺母实现巡视器车体压紧释放功能。此外，火工分离螺母在展开臂、大型天线及其机械臂的压紧释放装置上也得到了应用。

1.4.2 火工锁

火工连接锁简称火工锁，它是随着航天技术，特别是载人航天技术的发展，逐渐发展起来的一类低冲击、污染小的火工装置。根据锁紧部件的形状不同，可分为钢球锁、楔块锁、双啮合锁、组合锁等。

1.4.2.1 组成及工作原理

（1）钢球锁

图 1-7 为一种目前得到广泛应用的典型钢球锁。它一般具有连接、释放和分离三种功能。它的连接能力主要与钢球的尺寸、数量以及锁杆、壳体的强度、硬度有关。

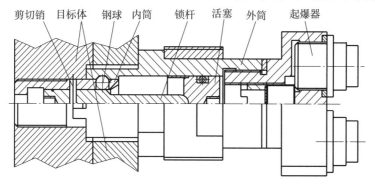

图 1-7 典型钢球锁结构组成

在钢球锁外筒内表面上，有一个截面为梯形的环槽。该槽能容纳半个钢球。在内筒相应的截面上，沿周向均匀分布着 3～4 个径向孔，每个孔内安装一个钢球。通过锁杆对钢球的约束作用，限制了内、外筒之间的轴向运动；另外，在内、外筒之间设有周向限位槽，以防止拧紧过程中二者产生周向相对运动。连接时为防止由于锁杆的移动而导致钢球锁误动作，通过剪切销把锁杆固定。

目标体释放时，点火器工作，点燃主装药，在燃气压力的作用下，活塞移动，推动锁杆剪断剪切销，锁杆移动一定的距离后，解除对钢球的约束作用。在内外筒挤压力的作用下，钢球向中心轴线移动，解除内、外筒之间的轴向约束，实现释放。活塞继续移动，推动内筒实现目标体的分离。为了控制分离结束后活塞剩余能量产生的冲击，可以在活塞与外筒的接触面上设置缓冲材料。

（2）楔块锁

钢球锁是通过钢球的点接触实现承载的，承载力较小，当需要承受较大连接载荷时，可以用平面接触的楔块代替点接触的钢球，这样就形成了一种高承载锁——楔块锁，典型结构如图 1-8 所示。

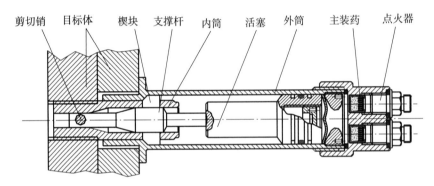

图 1-8　典型楔块锁结构组成

楔块锁的工作原理及功能与钢球锁相似。沿内筒周向均匀分布 3～4 个径向槽，每一个槽内安装一个楔块。通过支撑杆对楔块的约束作用，限制内、外筒之间的轴向相对运动。为防止由于支撑杆的移动而导致楔块锁误动作，通过剪切销把支撑杆固定。

在目标体释放时，点火器工作点燃主装药，在燃气压力的作用下，活塞移动，推动支撑杆剪断剪切销，支撑杆移动一定的距离后，解除对楔块的约束作用。在内、外套筒的压力作用下，楔块向中心轴线移动，解除对内、外套筒之间的约束，实现释放。活塞继续移动，与内筒接触，推动内筒运动，实现目标体的分离。

楔块锁的连接能力主要决定于楔块和内、外筒的强度及表面硬度，可以通过增加楔块组合的挤压面积，来提高楔块锁的承载能力。它的连接能力可达上百千牛，可用来实现大型结构部件与航天器主结构之间，或者航天器舱段之间的连接与分离。

（3）双啮合锁

在钢球锁、楔块锁中，释放、分离的执行机构组件只有一套，一旦这套机构组件失效，将导致整个火工装置失效。双啮合锁方案可以有效地避免这种现象的发生。图 1-9

所示为一种典型的双啮合锁的结构示意图。

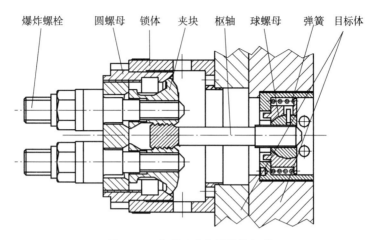

图 1-9 典型双啮合锁结构组成

在连接时首先通过圆螺母的预紧实现两个夹块与枢轴的啮合，而后通过预紧球螺母实现目标体的连接，两个夹块与枢轴形成两个啮合副，所以称为双啮合锁。两个夹块分别通过一个小型爆炸螺栓与锁体实现连接。在正常释放时，爆炸螺栓同时爆炸，两个夹块对枢轴的约束同时解除，枢轴被释放，目标体释放。当只有一个爆炸螺栓工作，即一个夹块的约束解除时，在不对称约束力的作用下，枢轴通过球螺母产生倾斜，另一个夹块对枢轴的约束也随之解除，从而实现目标体的释放，这样，该锁的释放可靠性大大提高。

图 1-10 所示为另外一种双啮合锁。它的连接是直接通过预紧枢轴实现的。释放时在火药压力作用下，活塞推动支撑轴移动，解除对滑块的径向约束，在锁母预紧力的作用下，滑块沿径向向外移动，解除对枢轴的约束，实现目标体的释放。为了避免枢轴承受附加弯矩，该锁中使用了剪切螺母来实现两个目标体的定位，同时承受相应的剪力。为了进一步降低释放时的冲击，在支撑轴的下端设置了缓冲垫。

图 1-10 所示的双啮合锁在使用前，各部分之间没有内力产生，因此，它的性能不会像图 1-9 所示的双啮合锁那样，因为长期贮存而显著变化。

（4）组合锁

把释放螺母与钢球锁相结合，可以得到一种新的火工锁，即组合锁，如图 1-11 所示。其中的多瓣轴套由 3～4 瓣组成。在连接时，它的使用与钢球锁相似。而释放时既有与分离螺母相似之处，又有与钢球锁相似之处。

图 1-11 所示的组合锁主要有两个关键释放动作：

第一，内活塞运动。点火器引爆主装药后产生的压力分别进入气腔 1 和气腔 2，内活塞在气腔 1 的气体压力作用下，向左运动从而推动支撑轴剪断剪切销 1，支撑轴继续向左运动，钢球失去内支撑，在预紧力的作用下，钢球向轴线方向滑落，解除螺栓与壳体之间的约束，实现目标体的释放。内活塞继续运动，实现目标体的分离。该释放方式与钢球锁的释放原理一样。

活塞　滑块　支撑轴　锁母　缓冲垫　抗剪切螺母　　球螺母　枢轴　目标体

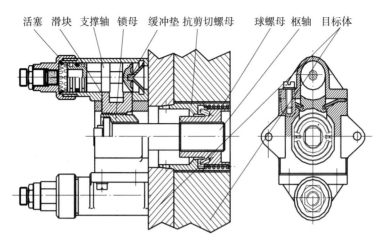

图 1-10　带有缓冲模块的双啮合锁结构组成

剪切销1　目标体　螺栓　支撑轴　剪切销2　压紧螺母　螺母瓣　外活塞　内活塞　气腔2　气腔1　壳体

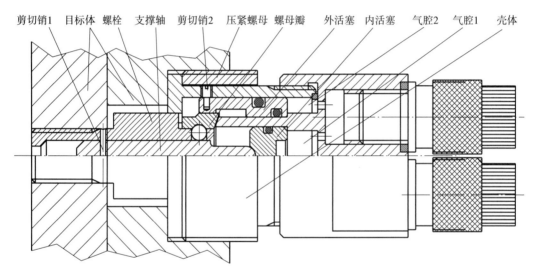

图 1-11　典型组合锁结构组成

第二，外活塞运动。外活塞在气腔 2 的气体压力作用下，剪断剪切销 2 向左运动，直到与壳体底部接触，此时螺母瓣失去径向约束，解除螺栓与壳体之间的约束，实现目标体的释放。由于壳体底部对外活塞的约束作用，外活塞不能继续向左运动，此时该锁没有分离功能。所以，通过外活塞释放时与释放螺母相似。

为了实现功能对称，无论是哪种释放动作，对目标体的作用都是相同的。实际过程是内外活塞同时运动。因此，需要把螺栓伸入壳体部分的直径适当增大，并把外活塞左端外径适当减小，以保证释放过程中，火药的能量能够通过外活塞传递到螺栓；同时，需要保证内外活塞的释放行程相同，即不论是外活塞释放还是内活塞释放，活塞向左移动的距离都是相同的。

（5）双支撑锁

双支撑锁的工作原理与组合锁相似，不同之处在于它的连接与释放不是通过钢球，而是通过哑铃型连接杆实现的，如图 1-12 所示。

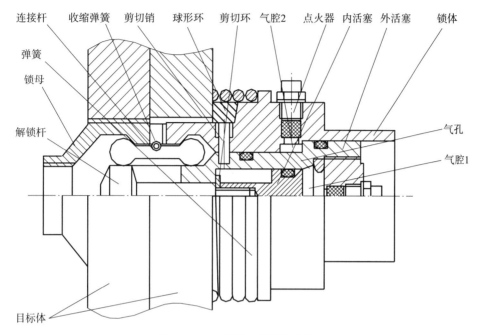

图 1-12　典型双支撑锁结构组成

在连接时，它的使用与组合锁一样，而在释放时，它也有两个关键释放动作：

第一，内活塞运动。在火药压力的作用下，内活塞剪断剪切环向左运动，移动一定距离后连接杆左端失去支撑，在径向收缩弹簧的作用下，连接杆左端向内收缩，从而解除对锁母和锁体的约束，实现目标体的释放。

第二，外活塞运动。在火药压力的作用下，外活塞剪断剪切销，带动内活塞向右运动，移动一定距离后连接杆右端失去支撑，在径向收缩弹簧的作用下，连接杆右端向内收缩，从而解除对锁母和锁体的约束，实现目标体的释放。

实际工作过程是在火药压力的作用下，内外两个活塞同时工作，连接杆左右两端同时失去支撑，在径向收缩弹簧的作用下，连接杆两端向内收缩，实现目标体的释放。其中气孔的作用是保证两个气腔内的压力平衡，为两个活塞同时工作创造条件。为了防止外活塞运动时飞出，需要在锁体的端部设置保护盖。为了便于连接时的预紧，同样需要采取措施防止锁母和锁体相对转动。

1.4.2.2　作用过程

相对于爆炸螺栓而言，火工锁具有承载能力高、密封性能好、无碎片、冲击缓冲模块可设计等优势，与此同时也带来了结构复杂、体积庞大等不足之外。其工作可分为 4 个阶段：第一阶段是点火器通电后，通过将电能转换成热能点燃点火器；第二阶段是主装药被点火器引燃；第三阶段是反应产物在腔内的流动；第四阶段是高温高压反应产物推动活塞和支撑部件的运动，解除对锁紧部件的约束，继而完成承力部件的解锁。

尽管火工锁工作时对内部的冲击较大，但由于主装药的冲击通过锁体间接作用到目标体上，爆轰波传递过程得到有效的衰减和抑制，对航天器结构造成的冲击小得多。

其作用过程产生的冲击可分为3个阶段：

1）火药作用：根据主装药的类别不同，火工锁形成的火工冲击分为爆轰波和燃烧波。当主装药为火药时，通常以燃烧波的形式作用在结构上；当主装药为炸药时，将会以爆轰波的形式作用在结构上。具体过程是点火器引燃主装药后，形成向前传播的燃烧波或爆轰波，形成第一次冲击，这是火工锁高频冲击的主要来源。

2）机构运动：主装药作用后产生高温高压燃气，推动活塞和支撑部件移动，解除对锁紧部件的约束作用。这个过程中多个零部件瞬间完成预定动作，形成第二次冲击。在该过程中，有的火工锁通过内置的缓冲装置对活塞和支撑杆的剩余能量进行吸收，可以起到一定的降低冲击作用。

3）连接杆释放：由于连接杆释放前，加载了预定的力学载荷，当锁紧部件被解除约束后，连接杆的预紧力瞬间释放，形成第三次冲击，并作用在附近结构上。

通常而言，点火器和主装药作为火工锁的动力源，装药量越大，火工锁解锁过程的冲击也就越大。在解锁过程中，共有多次较大的冲击，但由于各自冲击过程的时间彼此间隔很短，如果考虑火工锁在航天器级间舱段中的实际安装环境，其在同一分离面有多个分布均匀的火工锁，当解锁分离同步性较好时，会使得冲击环境扩大，形成多次冲击和多点冲击的复合迭加。整个过程涉及的冲击形式有应力波、声波、气压和机械碰撞等。

1.4.2.3 应用情况

火工锁在释放、分离时产生的冲击较小，而且一般不会产生碎片。尽管此类装置的结构组成比较复杂，制造成本较高，但因其独特的冲击低、污染小的特点，得到了广泛应用。

美国、俄罗斯的载人航天器舱段之间应用了多种火工锁。我国载人飞船也应用了多种火工锁，其功能包括舱段间连接分离功能、天线盖的抛离、通气阀开启、防热大底的抛离等。其中，轨道舱与返回舱间采用12件火工锁Ⅰ实现机械连接和解锁功能；返回舱与推进舱之间采用5件火工锁Ⅱ实现机械连接和解锁功能；返回舱与推进舱间的电、气、液路的连接与分离由分离密封板组件及其火工锁Ⅲ完成；防热大底结构与返回舱侧壁间采用5个抛底火工锁连接，返回舱侧壁天线盖及密封大底天线盖分别采用侧壁天线盖锁和大底天线盖锁实现天线盖的连接和分离功能。

1.4.3 爆炸螺栓

爆炸螺栓是一种较早应用的航天器火工连接分离装置。就连接功能而言，爆炸螺栓与火工锁非常相似，其不同之处在于传统的爆炸螺栓威力大，爆炸作用剧烈，往往伴随大量烟雾和碎片。根据分离原理的不同，可以把爆炸螺栓分为沟槽式爆炸螺栓和剪切销式爆炸螺栓。

1.4.3.1　组成及工作原理

（1）沟槽式爆炸螺栓

沟槽式爆炸螺栓是使用最早的释放装置。它的优点是承载能力大、尺寸小、重量轻、结构组成简单、使用方便。可以通过爆炸螺栓方便地将目标体连接起来。图1-13所示为一种沟槽式爆炸螺栓，它主要由点火器、螺栓体和主装药组成。在螺栓体的侧壁上开有周向凹槽，称之为剪切槽。与螺栓的其他部分相比，剪切槽处的强度大大降低。在目标体释放分离时，点火器通电工作，引爆主装药，在火药爆炸压力的作用下，螺栓体在剪切槽处断开，从而实现目标体的释放。

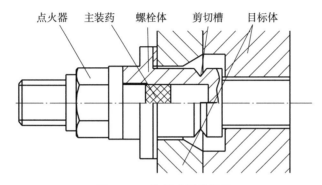

点火器　主装药　螺栓体　剪切槽　目标体

图1-13　沟槽式爆炸螺栓

上述爆炸螺栓断裂的同时，火药燃烧产生的有害气体释放到四周，对周围环境的直接污染较大，因此，在室内试验时要特别注意通风，以免对试验人员造成伤害。

在上述爆炸螺栓的基础上，人们又提出了密封型沟槽式爆炸螺栓，结构示意见图1-14，这种爆炸螺栓的结构形式与上述爆炸螺栓相似。当需要释放时，火药的爆炸压力通过活塞顶杆作用到螺栓体上，使剪切槽受到的拉力逐渐增大，当拉力超过剪切槽的承载能力时，螺栓体从剪切槽处断裂，实现目标体的释放分离。该型爆炸螺栓由于活塞是密封的，火药燃烧后的气体不会严重泄漏，所以对外界的污染较小。

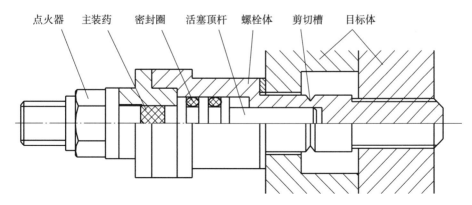

点火器　主装药　密封圈　活塞顶杆　螺栓体　剪切槽　目标体

图1-14　密封型沟槽式爆炸螺栓

沟槽式爆炸螺栓的设计比较简单，主要是解决强度问题。既要保证在正常连接时，螺栓体能够承受连接载荷，不会发生屈服或断裂，同时保证在释放分离时，螺栓体能够在剪切槽处可靠断开。为了达到上述目的，必须严格控制螺栓体的材料强度。

（2）剪切销式爆炸螺栓

剪切销式爆炸螺栓主要由螺栓体、套筒、点火器、剪切销组成，有的还包括主装药。其连接力的大小取决于剪切销的强度。所以，连接力较小，一般只适用于小部件的释放分离。在释放时，依靠点火器、主装药的爆炸压力剪断剪切销，解除螺栓体与套筒之间的约束，实现目标体的释放。典型结构如图 1-15 所示。

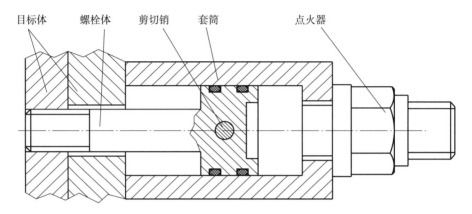

图 1-15　剪切销式爆炸螺栓

剪切销式爆炸螺栓在使用时需要严格控制拧紧力矩，防止在螺栓安装或使用过程中发生剪切销断裂或蠕变现象，避免连接失效。由于它的连接和释放都是通过剪切销实现的，所以，它的最大连接力与释放力相同，释放时产生的冲击比爆炸螺栓小得多。

1.4.3.2　作用过程

爆炸螺栓工作过程可分为 3 个阶段：第一阶段是点火器中起爆药的燃烧，并引爆主装药；第二阶段是爆炸反应产物推动活塞切断剪切槽或剪切销，启动活塞运动；第三阶段是反应产物在腔内的流动继续推动活塞运动。

通常而言，爆炸螺栓内部装药为炸药，依靠炸药产生的爆轰波实现对剪切槽或剪切销的结构破坏，这一过程产生的高频冲击往往较大，可高达 10 000 g 以上。

其作用过程产生的冲击可分为 3 个阶段：

1）火药作用：点火器内部装药燃烧后，传递引爆主装药中的炸药，以爆轰波的形式向各方向传播，并作用在螺栓壳体附近结构上，这是高频冲击的主要来源。

2）机械碰撞：主装药作用之后，爆轰反应产物以及高温高压燃气作用到活塞端面，驱动活塞向前高速运动并切断螺栓本体的剪切槽或连接螺栓本体的剪切销，以机械高速碰撞方式形成冲击。

3）螺栓释放：由于爆炸螺栓分离前，螺栓均加载了一定预紧力，当被活塞推动分离后，螺栓预紧力瞬间释放。对于密封型沟槽式爆炸螺栓，其活塞还将进一步运动直至卡停在螺栓本体内部，实现燃烧腔的自密封。

1.4.3.3　应用情况

爆炸螺栓常用于实现航天器的星箭连接与分离功能，这种连接的承载能力大，可以承受在航天器发射主动段的力学载荷。典型应用是包带式星箭连接解锁装置，结构如图 1-16 所示。

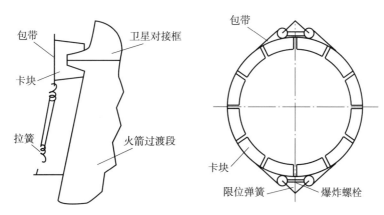

图 1-16　爆炸螺栓在包带式星箭连接解锁装置中的应用

包带式星箭连接释放装置主要由包带、卡块、拉簧、限位弹簧以及爆炸螺栓组成。地面总装时，用卡块把卫星和火箭的对接框卡住，通过包带的张紧使卡块牢牢地卡住两个对接框。包带则通过爆炸螺栓连成一个整体。当星箭需要分离时，爆炸螺栓点火断裂，在包带的带动下卡块张开；同时，拉簧把包带拉向火箭的过渡锥，卫星和火箭脱离连接。限位弹簧用来限制包带张开的最大直径，以免碰撞损伤卫星上的其他部件。连接包带的爆炸螺栓中只要有一个引爆，就可以实现包带的张开，所以其释放可靠性高，可以保证卫星入轨后与运载火箭可靠地释放。同时，与直接用爆炸螺栓连接相比，这种连接还具有低冲击的优点。其缺点是外形尺寸较大，而且要求被连接的目标体要预留出形状精度较高的连接端框，因此，它仅适合大型航天器之间的连接，且主要用于星箭之间的连接。

从爆炸螺栓的工作原理可以看出，在连接时沟槽式爆炸螺栓必须保证结构的完整性。而在释放分离时，螺栓体又必须断裂，因此其连接力必然小于释放时火药的驱动力。这样一来，释放时产生的冲击较大，而且还可能产生碎片。为了克服上述问题，近年来，国内外都朝着解锁螺栓技术的方向发展。比如图 1-17 所示的钢球式解锁螺栓，是基于沟槽式、剪切销式爆炸螺栓发展起来的一种连接解锁螺栓，采用了"强连接、弱解锁"的设计思想，主要在于改进分离冲击，避免了碎片、烟雾等污染物的产生，还可以实现较好的密封功能。

其作用原理是通过螺栓体及套筒对钢球的挤压实现对目标体的连接，连接力较大。释放时活塞在点火器及主装药爆炸压力的作用下，克服与钢球及螺栓体之间的摩擦力以及弹簧阻力，向右移动，解除对钢球的约束，钢球向轴线方向滑落，解除对套筒及螺栓体的约束，实现目标体的释放。活塞继续向右移动，推动螺栓体实现目标体的分离。

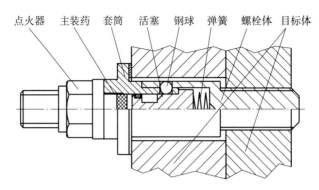

图 1-17　钢球式解锁螺栓

为了防止在振动等环境中活塞误动作，通过压缩弹簧把活塞压紧到套筒的端面。压紧弹簧可以用剪切销替代，但是剪断剪切销的力要远大于弹簧的压力，而且，剪切力与弹簧压力相比其离散性要大得多。在使用时为了便于钢球式爆炸螺栓的预紧，应在套筒与螺栓体之间设置周向定位槽，以防止预紧过程中套筒与螺栓体之间相对转动。

1.4.4　火工切割器

1.4.4.1　组成及工作原理

火工切割器是用来切断航天器上金属杆或非金属绳索等连接部件的火工装置。图 1-18 所示是一种典型的火工切割器，它由发火组件点火器、主装药、功能组件组成。点火器主要由密封插座壳和点火药组成，密封插座壳采用玻璃封接工艺制造，点火器内装填的为镁系点火药；主装药成分为三硝基间苯二酚铅（LTNR）和羧甲基纤维素叠氮化铅（CMC-PbN_6），通过压装方式封装成雷管；功能组件主要由壳体、固定刀、活动刀、端盖、销钉、密封圈等组成，其中壳体、固定刀、活动刀、端盖、销钉为金属零件，密封圈采用橡胶制造。火工切割器产品装配时，销钉、端盖和主装药雷管、点火器均采用固化胶进行胶封处理。

火工切割器工作原理为：点火器通电点火，引爆主装药产生高温高压燃气，推动活动刀瞬间作动并切断金属杆，从而实现切割解锁的目的。

1.4.4.2　作用过程

火工切割器工作可分为 2 个阶段：第一阶段是点火器中点火药的燃烧，并引爆雷管的主装药；第二阶段是火药反应产物在燃烧室内流动，推动活动刀高速向前运动并完成切割功能。

1）火药作用：点火药被引燃后，迅速形成燃烧波，将主装药引爆，形成向前传播的爆轰波，最大压力高达 GPa 以上；雷管装药完全爆轰后，爆炸产物气体膨胀至活动刀端面。

2）机械碰撞：火药作用产生的爆轰波、高温高压燃气与活动刀相互作用，驱动活动刀向前运动，切断销钉，并高速碰撞，切割金属杆或绳索，实现预定的切割功能，最终活动刀与固定刀碰撞，实现活动刀的止动功能。

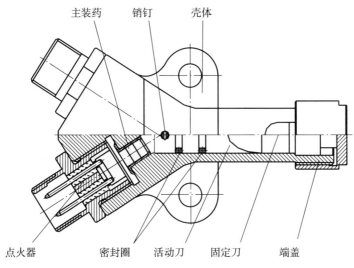

图 1 - 18 典型火工切割器结构组成

1.4.4.3 应用情况

火工切割器在国内外航天器上均得到了广泛应用。我国航天器的太阳翼、天线、展开机构等产品压紧释放装置均大量使用了火工切割器，主要与压紧杆或绳索配套使用，通过切割压紧杆或绳索，实现预定的设备解锁功能。

例如，某设备通过金属压紧杆实现连接，接受解锁指令后，火工切割器点火将压紧杆切断，从而实现设备的解锁释放，典型应用如图 1 - 19 所示。

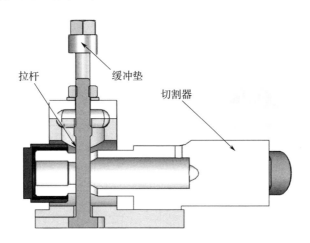

图 1 - 19 基于火工切割器的压紧解锁装置

1.4.5 电爆阀

1.4.5.1 组成及工作原理

电爆阀是利用电爆管爆燃产生的高温高压燃气来作动的一种阀门，是利用火药潜在的化学能突然转变为热能（压力能）再转变为机械能驱动启闭件运动，实现打开或关闭功能的阀门。图 1 - 20 为一种典型的气路电爆阀结构，主要由电爆管、壳体、阀芯组件及活塞等组成。

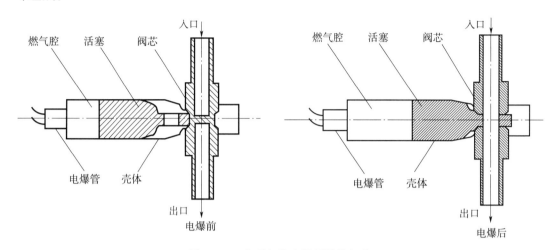

图 1 - 20　典型气路电爆阀结构组成

电爆管未通电前，阀门处于关闭状态。当气体或流体通道需要打开时，给电爆管通电，电爆管起爆后产生的高温、高压燃气及冲击波推动活塞迅速向右移动并切断阀芯，流道打开。活塞锥面接触到壳体内腔锥面后，在惯性和燃气压力的作用下撞击、楔入壳体内腔锥面，使活塞与壳体发生变形，活塞可靠锁紧并形成密封，防止气体或流体介质外漏。

根据功能的不同，可分为常闭式电爆阀和常开式电爆阀两大类；根据驱动方式的不同，电爆阀的结构可以分为直接作用式和间接作用式两大类；直接作用式电爆阀适用于小通径电爆阀，间接作用式电爆阀适用于大通径、撞击后容易发生爆炸的电爆阀。

1.4.5.2　作用过程

由于电爆阀采用火工品作为动力源，因此具有体积小、结构简单和可靠性高等特点，并且其功耗小、作用时间短、同步性高。但与此同时，也存在冲击大的问题。

通常而言，电爆阀工作可分为 3 个阶段：第一阶段是电爆管通电后，内部火药产生高温高压燃气；第二阶段是燃烧反应产物在内管中的流动；第三阶段是高温高压燃气推动活塞运动，并撞击阀芯以实现开阀或闭阀的功能。

整个作用过程产生的冲击可分为 2 个阶段：

1）火药燃烧：电流通过电爆管桥路后，桥路温度急剧升高，温度达到起爆药的爆发点后，起爆药起爆，并引燃主装药产生高温、高压燃气。

2）机械碰撞：高温高压燃气推动活塞与阀芯、壳体高速撞击，实现金属切割功能，形成机械碰撞冲击，并作用在附近结构上。

1.4.5.3　应用情况

电爆阀因为具有密封性能好、尺寸小、重量轻、响应速度快以及自身带有很小脉冲电源就能动作的特点，被广泛用于航天器管路系统，主要实现气路、液路的通断控制。

美国阿波罗飞船系统多处使用电爆阀。登月舱反作用控制系统、登月舱下降级推进系统、指挥舱反作用控制系统，均使用图 1-21 所示的电爆阀实现氦气或推进剂管路的通断。

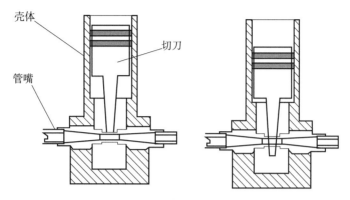

壳体
切刀
管嘴

图 1-21　阿波罗飞船使用的直接作用式电爆阀

我国东三、东四平台的卫星，神舟飞船，嫦娥月球探测器的推进管路系统中也广泛应用了电爆阀，主要用于实现推进分系统高压气体的管理和推进剂的管理。

随着航天技术水平的发展，未来型号对使用的电爆阀提出了更高的要求，需要具备更高的可靠性和安全性、管路通径要求覆盖范围更广、承压能力更高、电爆前后密封性更好。

1.4.6　火工分离推杆

1.4.6.1　组成及工作原理

火工分离推杆是一种依靠自身产生的推力，主动实现两个目标体的分离功能。典型的火工分离推杆结构如图 1-22 所示，主要由点火器、主装药、密封圈、点火壳、筒体、活塞推杆、剪切销等组成。

工作原理是：点火器被引燃后产生高压燃气，推动活塞推杆在筒体内向前运动，剪断剪切销并推动目标体向前运动，从而实现目标体的分离功能。

一般而言，火工分离推杆与两个目标体中的一个固连，当两目标体分离时，活塞在火药压力的作用下，剪断剪切销，推动目标体实现分离。为了减小分离时的冲击，可以适当增大初始容积，即火药燃烧瞬间压力可以达到的容积，以减慢燃气压力升高的速度。与火工锁不同，在火药燃烧前火工分离推杆基本不受力，所以，为了减轻其重量，火工分离推杆的材料一般选铝材即可。

在火工分离推杆使用时，应严格控制活塞推杆的端部与目标体之间的间隙，既要保证间隙的存在，否则总装过程中火工分离推杆可能会因外力的作用而剪断剪切销；又要保证间隙不能太大，否则将增大分离时对目标体的冲击。

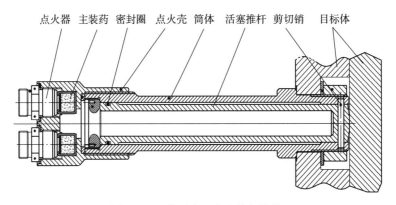

点火器　主装药　密封圈　点火壳　筒体　活塞推杆　剪切销　目标体

图 1 - 22　典型火工分离推杆结构

1.4.6.2　作用过程

火工分离推杆的主要作用是实现目标体的分离功能。工程上通常对作用过程的分离速度、分离冲量、分离行程有严格要求，且要求发火后产品应无污染、无碎片。

分离推杆作用过程主要分为 3 个阶段：

1）火药燃烧：点火器中的起爆药被引燃后，通过火焰瞬间引燃主装药中的火药，此过程形成初始冲击，并作用在点火器和主装药附近结构上。

2）机械剪切：火药燃烧反应产生燃气作用到活塞端面，腔内燃气压力急速升高，能量瞬间释放，驱动活塞向前运动切断剪切销。

3）机械碰撞：剪切销被切断后，活塞在运动方向的约束被解除，在高温高压燃气作用下，继续向前运动直至与目标体发生高速瞬态撞击，实现分离功能。此过程将形成碰撞冲击作用在目标体上。

1.4.6.3　应用情况

我国神舟飞船应用了火工分离推杆实现轨道舱与返回舱的分离功能。每船采用了 4 件产品，安装在轨道舱后端框上，其输出端与返回舱前端框接触。其工作过程如下：当控制系统下达点火指令后，传爆装置使轨道舱与返回舱连接界面上的 12 件火工机构锁首先解锁，经过一定时间延时后，同时引燃 4 件火工分离推杆的点火器，并利用药盒产生的高温高压燃气将活塞推杆推出，从而实现轨道舱与返回舱的分离。

火工分离推杆的分离可靠性和同步性不仅与其自身的性能有关，也与总装时的安装操作有关。因此，应保证火工分离推杆正确地安装在轨道舱的后端框上。

1.4.7　拔销器

1.4.7.1　组成及工作原理

拔销器是一种用来拔出固定目标体的销子、解除目标体的约束的装置。图 1 - 23 所示为一种典型的拔销器，主要由销子、壳体、密封圈、点火器、剪切销、缓冲材料、保护盖等部分组成。

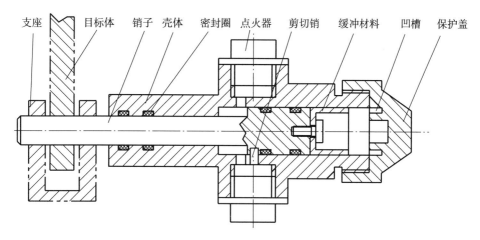

支座 目标体 销子 壳体 密封圈 点火器 剪切销 缓冲材料 凹槽 保护盖

图 1-23 典型拔销器结构

工作原理是：通过电流引爆点火器，点火器工作产生高温高压燃气进入拔销器工作腔，并作用在销杆工作面上，产生轴向拉力，剪断定位销钉，使销杆回缩，完成预定的拔销功能。

为了防止销子飞出，在壳体的右端设置了保护盖。为了减小拔销过程中的冲击，在保护盖与销子之间设置了缓冲材料，吸收销子拔出后剩余的冲击能量，防止冲击过大。为了防止在缓冲材料变形力的作用下销子回弹左移，把缓冲材料与销子固定为一体；同时，在保护盖上设置了凹槽，确保拔销过程中缓冲材料牢牢地楔入凹槽内，进而把销子固定在保护盖上。

1.4.7.2 作用过程

一般而言，拔销器对拔销力、拔销行程、密封设计等有严格要求。点火器作用前，通过销子把目标体固定。点火器作用后，在火药燃烧产生的高温高压燃气作用下，剪切销被销子剪断，从而解除对目标体的约束。

拔销器作用过程主要分为 3 个阶段：

1) 火药燃烧：点火器中的火药被引燃后，产生高温高压燃气。

2) 机械剪切：火药燃烧反应产生燃气作用到销子粗杆部分的端面，驱动销子运动并切断剪切销。

3) 机械碰撞：剪切销被切断后，销子的约束被解除，在高温高压燃气作用下，继续向保护盖方向运动，直至压溃缓冲材料与保护盖碰撞，实现预定拔销功能。该过程会产生碰撞冲击，主要作用在保护盖上。与此同时，目标体得到瞬间释放也会产生一定的释放冲击。

1.4.7.3 应用情况

拔销器在航天器上应用也较为广泛，多数用于实现舱段之间的电插头或管路插头的拔脱功能。图 1-24 所示是拔销器在某航天器电连接器强脱装置中的典型应用案例。

每套电连接器强脱装置均由 1 套拔销器和 1 套拉绳组件构成。正常工作模式下，舱段

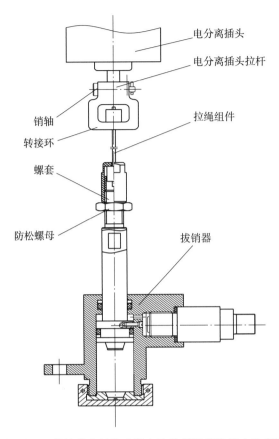

图 1 - 24　拔销器在某航天器电连接器强脱装置中的应用

之间的电分离由电分离插头实现；若电分离插头在电分离过程中发生故障，则需要拔销器提供一定分离力与分离行程，对电分离插头实行强脱动作。

1.4.8　弹射器

1.4.8.1　组成及工作原理

弹射器是一种为预定目标物体提供可靠连接及稳定抛离运动速度的火工装置，主要用于实现航天器降落伞、设备舱盖、天线保护盖、信标保护盖等目标物体的弹射以及地外天地的弹射附着，其内部装药设计与弹射目标物体重量、弹射速度等指标要求相关。图 1 - 25 所示为一种典型的弹射器原理结构，主要由点火器、主装药、外筒、内筒、活塞、剪切销、螺帽等部分组成，其中内筒与外筒内壁之间会通过密封圈等实现密封功能，螺帽与弹射目标物体进行连接。

工作原理是：通过电流引爆点火器，点火器工作产生高温高压燃气进入内筒，推动活塞运动剪断剪切销，钢球落入内筒完成内筒与外筒的解锁，螺帽及外筒连接组件在燃气推动下以一定速度飞出，完成预定的弹射功能。

一般而言，弹射筒的工作行程设计关系到弹射稳定性，适当地增加火药燃烧腔长度，

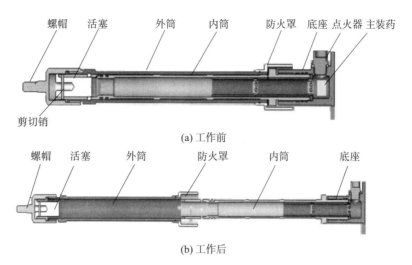

（a）工作前

（b）工作后

图 1 - 25　典型弹射器原理结构

既有利于提高火药的使用效率，也有利于降低瞬间产生的火工冲击。弹射筒优化设计的目标是在满足预定抛离速度指标的前提下，尽可能地降低火药燃烧产生的推力峰值以及冲击过载，确保推力曲线相对平稳。在选择主装药剂时，应当优选燃速相对较低且稳定性较好的发射药。

1.4.8.2　作用过程

一般而言，弹射器对推力、工作行程、弹射过载、密封设计等有严格要求。

弹射器作用过程可分为三个阶段：

1）火药燃烧：点火器及主装药被引燃后，产生高温高压燃气。

2）机械剪切：火药燃烧驱动活塞运动并切断剪切销。

3）机械碰撞：剪切销被切断后，活塞的约束被解除，在高温高压燃气作用下，继续向弹射方向运动，直至钢球落入内筒解除内筒、外筒之间的约束。当活塞运动撞击至螺帽上时，形成的机械碰撞冲击主要作用在螺帽附近的结构上。

1.4.8.3　应用情况

弹射器在航天器上应用较为广泛。目前已经大量用于航天器返回地球的减速伞系统以及登陆火星的减速伞系统上，也有用于地外小行星的附着着陆。图 1 - 26 所示是弹射器在某航天器减速伞系统中的典型应用案例，其主要由点火器、主装药、底座、筒壁、活塞筒和顶盖等组成，其中弹射目标物体为航天器返回地球的减速伞伞包。弹射器在减速伞系统的工作过程如图 1 - 27 所示。

1.4.9　非电传爆装置

1.4.9.1　组成及工作原理

非电传爆装置主要用于同步起爆多个火工装置，保证火工装置作用时间的同步性，或

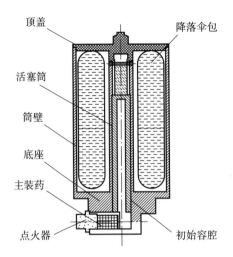

图 1-26　弹射器在某航天器减速伞系统中的应用

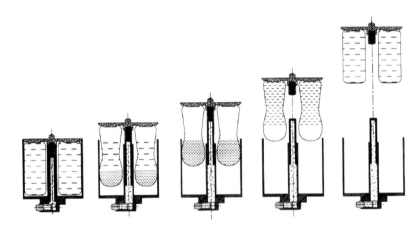

图 1-27　弹射器的弹伞过程示意图

当航天器供电系统无法满足多路火工装置的同时电起爆需求时，采用非电传爆装置与多个火工装置转接，实现供电系统资源代价的最小化。图 1-28 所示结构为一种典型的非电传爆装置，主要由点火器、歧管组件及导爆索组件组成。歧管组件包括螺母、雷管药壳、火焰雷管、锥体、歧管壳体和底座，导爆索组件包括接头套管、导爆索、外套螺母及输出套管等零部件。

工作原理是：点火器接到点火信号后点火，引爆安装在歧管壳体内的火焰雷管，雷管将集束在锥体内的导爆索银管中的药芯引爆，并传爆至输出端，最终引爆与输出端连接的隔板点火器，进而引爆下一级装置，实现预定的传爆功能。

在特殊需求情况下，非电传爆装置还附带有多路之间的间隔延期引爆要求，此时一般通过串联延期组件实现预定的时间差，精准控制延期引爆时间。

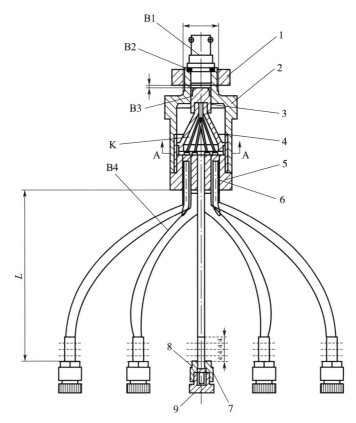

图 1-28　典型非电传爆装置结构示意图

1—锁紧螺母；2—歧管壳体；3—雷管药壳；4—锥体；5—底座；6—接头套管；7—外套螺母；
8—输出套管；9—输出保护帽；B1—点火器；B2—O形圈；B3—火焰雷管；B4—限制性导爆索

1.4.9.2　作用过程

一般而言，非电传爆装置对传爆装药序列的组合设计有严格要求，在确保多路可靠传爆的同时，还需要保证多路传爆时间的同步性。

非电传爆装置作用过程可分为 3 个阶段：

1）初始起爆：点火器受到点火信号激励后，引燃歧管组件的主装药，形成第一次起爆能量的传递；

2）分散传爆：歧管组件的主装药被引爆后，形成面积较大的爆轰波能量，将多路导爆索同时引爆，实现集中能量到分散能量的传递，该部分是能量传输的中转站，起着承上启下的关键作用；

3）起爆末端：各路导爆索起爆后，以炸药爆速在限制性导爆索内传递着能量，直到引爆末端的输出装药，最终引爆下一级装置，实现能量的终极传输。

在上述 3 个作用阶段，传爆序列装药设计至关重要，需要保证逐级能量放大的同时，还需要防止上级装药产生的能量将下一级装药结构冲散破坏，避免出现熄爆、断爆等现象。

1.4.9.3 应用情况

非电传爆装置在航天器上应用也较为广泛，目前已经大量用于航天器舱段分离系统以及减速伞弹射系统。图 1-29 所示是非电传爆装置在我国神舟飞船的舱段连接分离系统中的典型应用案例，其主要由非电传爆装置引爆 12 件火工锁 I 和 4 件火工分离推杆，实现舱段的解锁与分离功能。

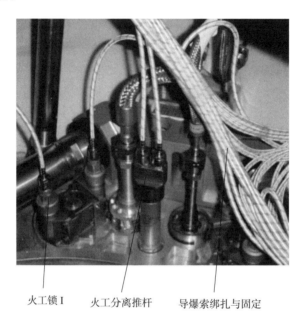

火工锁 I   火工分离推杆   导爆索绑扎与固定

图 1-29 非电传爆装置在我国神舟飞船系统中的应用

非电传爆装置采用了柔性导爆索进行传爆，具有电缆的易折弯铺设的特点，在对同步性有高标准要求的应用场合，需要对导爆索的长度、绑扎弯曲曲率半径都进行严格要求。

柔性导爆索的不同弯曲程度均会导致爆轰波传递出现较为明显的延时现象，当弯曲程度过大时，导爆索出现熄爆现象，导爆索弯曲曲率半径越大，爆轰波传递延迟时间越短。弯曲导爆索爆轰延迟时间现象的理论基础就是小尺寸装药的拐角效应，爆轰波在通过导爆索弯曲路径时，存在一段非稳态爆轰区，由此造成导爆索爆速亏损，进而导致弯曲导爆索的爆速低于直线导爆索的爆速，最终表现为弯曲导爆索传播时间的延迟现象，其物理模型如图 1-30 所示。

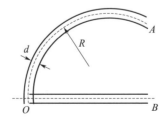

图 1-30 弯曲柔爆索爆速亏损物理模型

在图 1 - 30 中，若爆轰波从 O 点输入，在 $OA = OB$ 的情况下，爆轰波沿弯曲路线传播的时间 t_{OA} 大于沿直线传播的时间 t_{OB}，即 $t_{OA} > t_{OB}$，$\delta_t = t_{OA} - t_{OB}$ 称为延迟时间，δ_t 是表达延迟现象的特征量，称为导爆索弯曲爆轰延迟时间。当 OA 和 OB 长度一致时，δ_t 的大小取决于 OA 的弯曲程度，而 OA 的弯曲程度由其弯曲曲率半径 R 决定。

1.4.10　小火箭

1.4.10.1　组成及工作原理

小火箭是一种为卫星平台提供推冲动力的火工装置，主要用于实现卫星平台的快速机动，实现预定的速度增量。图 1 - 31 所示为一种典型的小火箭原理结构，固定安装于卫星平台上实现反推作用，主要由固体双基推进药柱、燃烧室、喷管和点火装置四大部分构成，基本结构主要由堵盖、喷管、燃烧室、药柱、药盒及点火器等组成。

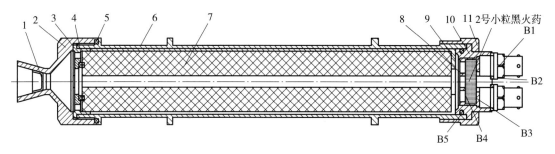

图 1 - 31　典型小火箭原理结构

1—堵盖；2—喷管；3—后挡药板；4—压缩垫圈；5—密封垫圈；6—燃烧室；7—药柱；8—前挡药板；
9—药盒盖；10—点火药盒；11—螺帽；B1—点火器；B2—铝垫圈；B3、B4—药盒；B5—橡胶密封圈

工作原理是：电点火器接到点火指令后，点燃药盒内的黑火药，进一步放大起爆能量，最终引燃药柱。药柱在燃烧室内稳定燃烧，并将燃烧产生的化学能转变为高温燃气的热能，然后通过喷管膨胀加速喷出，进一步将燃烧产物的热能转化为燃气的动能并高速排出，产生推力作功，实现卫星平台的机动。

1.4.10.2　作用过程

小火箭对推冲、工作时间有严格要求。其作用过程可分为 3 个阶段：

1）药盒点火：点火器中的火药被引燃后，产生高温高压燃气，并引燃药盒的黑火药，形成稳定的传火能量。

2）药柱燃烧：通过药盒燃烧形成的传火能量，引燃燃烧室内装填的固体双基推进药柱，形成稳定的燃烧，产生高温高压燃气。

3）输出推力：固体药柱燃烧产生的燃气压力，经历拉瓦尔喷管的收敛段、喉部和扩张段 3 部分，将燃烧室的燃气压力进行转换，燃气流经喷管时不断加速，打开喷口处的密封堵盖，最后以高速从喷管出口排出，输出稳定的总冲，最终为卫星平台提供稳定的推力。

1.4.10.3　应用情况

相对于其他火工装置而言，小火箭在航天器上应用较少，主要用于卫星平台的反推系统。图 1 - 32 所示是小火箭在某卫星平台反推系统中的典型应用案例，主要采用了多对小火箭，为了保证卫星的反推姿态，单次采用了 2 个小火箭为一组。2 个小火箭同时作用并提供对称的推力，确保不产生偏心力矩，满足卫星平台反推的速度、姿态角速度等指标要求。

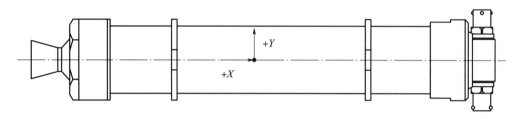

图 1 - 32　小火箭在某卫星平台中的应用

相比其他类型火工装置，该装置的特别之处在于拉瓦尔喷管的参数设计，以某卫星平台应用的小火箭设计为例，其喉部直径 $d_t = 11 \text{ mm}$，出口直径 $d_e = 22.3 \text{ mm}$，膨胀比为 $\dfrac{d_e}{d_t} = 2$，喉部长度 3 mm，扩张段长度 21 mm，扩张角 $2\alpha = 30°$，收敛角 $2\beta = 94°$，具体结构尺寸如图 1 - 33 所示。

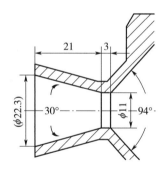

图 1 - 33　小火箭喷管参数设计案例

1.5　航天器火工装置发展趋势简述

航天器火工装置的主要优点是可靠性高、结构简单紧凑、比能量大、作动速度快；不足之处是冲击过大、易产生污染物，且只能一次性使用，试验费用昂贵。航天器火工装置在工作时的冲击较大，有时还伴随着有害气体产生，这些情况对于地面试验人员以及对地观测相机、太空望远镜等精密有效载荷或载人航天器的飞行任务而言都是非常危险的，可能导致航天器上的设备发生损坏，甚至导致整个航天器失效。一般而言，火工装置内部的活动部件在极短的时间内由静止加速到每秒数十米甚至上百米的速度，而后又在极短的时间内由运动变为静止。整个运动状态的变化一般在十毫秒至数十毫秒内完成。

随着我国航天器技术的发展以及运载能力的提升，航天器已经朝着"高、精、尖"的方向发展，未来火星探测器，太阳能空间电站，高分、遥感等航天器可能应用薄膜智能结构、柔性太阳能电池阵、柔性天线、高敏光学相机等精密设备，对火工装置提出了更高的要求，要求分离冲击更小、连接能力更高、可靠性安全性更高、模块化组合应用更强、研制经费更低。

其具体发展趋势如下：

（1）研究大承载、低冲击火工系统及装置

我国现有的舱段或星箭连接分离系统的分离冲击均高达 10 000 g 以上。这些装置主要依靠牺牲重量，用足够强的裕度设计来保证舱段连接界面附近的结构、设备、载荷等可耐受如此巨大的冲击。舱段连接界面处也未采取缓冲措施，以对预紧载荷瞬间释放产生的冲击进行衰减。此外，现有的舱段连接分离系统连接力约 300～600 kN，不满足未来大型舱段的连接分离要求，因此，需要开展低冲击、大承载连接分离系统研究，重点是突破可模块化组合应用的低冲击、大承载连接解锁装置技术，并将分离冲击从 10 000 g 以上降低到 2 000 g 以下。

（2）发展高可靠性火工系统及装置

可靠性一直是航天器设计的重要前提和保证，关系着航天员的生命安全，甚至关系到国家太空安全战略的发展。从舱段连接分离到太阳能电池阵、天线等设备的压紧释放，每个环节必须保证高可靠性、高安全性。在已成功飞行的神舟飞船中，轨道舱-返回舱间采用 12 件火工机构锁 I。返回舱-推进舱间采用 5 件火工机构锁 II。只要其中任何一件火工锁出现连接与解锁故障，都将产生无法弥补的重大损失，航天员的生命保障也无从谈起。面临未来更加庞大、艰巨的载人登月任务，每一个连接分离环节的可靠性都必须有更高要求。这就要求不仅需要从单个连接分离装置的可靠性设计着手，而且需要从连接分离装置的系统层面进行可靠性设计与保证。因此，每个舱段连接分离系统采用的连接分离模块个数越少，越有利于保证可靠性要求。单个连接分离模块研制过程中应尽可能采用结构简单、"双执行作动机构"冗余设计，从"模块化"角度保证每一个连接分离装置的可靠性得到大幅提升。

（3）开展耐高温、强密封、长寿命火工装置技术储备

火工装置是现代航天器上应用的关键产品之一。随着航天器技术的不断发展，各种不同类型、不同任务环境的航天器型号任务相继立项，例如我国规划的小行星探测、载人月球探测、木星探测等项目，对配套火工装置提出了新的要求，尤其是深空高温环境、深空低温环境、长时间在轨贮存等要求对火工装置技术提出了新挑战，要求对火工装置上应用的缓冲技术、润滑技术、密封技术、装药技术、耐高温药剂技术进行更为深入的研究，确保火工装置可以满足耐高温、强密封、在轨长寿命等要求。

（4）加强火工装置小子样可靠性评估技术

火工装置是利用火药燃烧或爆炸产生的能量来实现一次性释放功能的作功机械装置。

国外已经应用了"小样本""应力—强度干涉"等方法对火工装置的可靠性进行预示与评估，消耗的试件数量不仅得到了大幅降低，研制周期也得到了显著缩短。而我国对于火工装置的可靠性评估技术研究不够深入，因此，有必要通过小子样可靠性评估方法研究，实现从计数型方法向计量型方法转变，从先进可靠性设计角度节省火工装置的研制经费，缩短研制周期。

（5）通过提升火工装置设计水平来降低研制成本

目前，我国航天器采用了大量的火工装置。其研制过程不仅需要消耗大量的试验样品，花费较多的科研经费和较长的设计周期，还会导致设计人员对自己设计的产品没有追根究底的认识；且当产品在实际应用过程中出现问题后，设计人员无法判断问题源自何处。此外，为了保证航天任务的成功实施，多年来我国航天器都沿用了传统的火工装置，多数采用猛烈的炸药，而且装药量冗余设计偏大，导致分离后爆炸能量过剩，产生巨大的爆炸冲击。由于传统的火工装置设计方法相对落后，过于依赖一次性成败型发火试验，很少采用仿真分析、数值计算等理论手段，导致研制成本费用昂贵。随着我国军工产业的市场化，未来航天领域工程也必将面临市场竞争，实行优化产品冗余设计、试验验证方法、环境试验项目和条件等，降低单机产品研制成本，缩短产品研制周期，提高产品研制效率，支撑国内外市场竞争，势在必行。因此，有必要探索火工装置降低成本研制模式，借助仿真分析手段对产品功能性能进行预示，提高综合设计水平，降低试验件生产成本及试验成本。这种方法既保证装置的综合性能满足设计要求，还能实现小型化、轻量化，节约航天器的重量资源。

（6）研究可局部替代火工装置的非火工装置

近20年来，国外航天器低冲击释放技术取得了显著进展，尤其是在热刀连接释放装置研究方面，已经在航天器中得到了大量推广应用，实现了对火工压紧释放装置的逐步替代。国内也开展了各类不同原理的非火工连接分离装置研究，比如记忆合金压紧释放装置、形状记忆聚合物分离装置、电磁分离装置、热刀释放装置等。但这些研究成果尚无法完全替代火工装置，主要原因是连接力小、空间高低温环境适应性差。因此，必须借鉴国外的成功经验，致力于非火工连接解锁装置技术储备研究，并提升连接力、耐温能力、在轨寿命以及产品可测试性，尽早工程化、通用化、模块化，实现对大冲击火工装置的局部应用替代。

展望未来，航天科学技术的进步与发展，必将进一步推进航天器火工装置技术新思想、新概念、新应用的产生与发展。

参 考 文 献

［1］ 蔡瑞娇. 火工品设计原理［M］. 北京：北京理工大学出版社，2002.

［2］ 陈烈民. 航天器结构与机构［M］. 北京：中国科学技术出版社，2005.

［3］ 杨建中. 航天器连接分离装置技术［M］. 北京：中国宇航出版社，2019.

［4］ 张立华. 载人航天器连接分离装置的选择、设计和模拟分析［J］. 航天器工程，1996，5
（1）：34－43.

［5］ 郝芳. 钢球连接方式火工装置的结构强度校核［J］. 航天返回与遥感，2006，27（1）：67－69.

［6］ Moening，C. J. Pyroshock Flight Failures［C］. Proceeding of 31st Annual Technical Meeting of the
Institute of Environmental Sciences，May 3，1985.

［7］ Purdy，Bill. Advanced release technologies program［R］，NASA－N94－33322.

［8］ M. H. Lucy. Report on Alternative devices to Pyrotechnics on Spacecraft［C］. 10th annual AIAA/
USU Conference on Small Satellites，September 17－19，1996.

［9］ Javier Vazquez，Jose Ignacio Bueno. Non explosive low shock reusable 20 kN hold－down release
actuator［C］. Proceedings of the 9th European Space Mechanisms and Tribology Symposium，2001.

［10］ Andrew Peffer，Keith，Eugene Fosness，Dino Sciulli. Development and transition of low－shock
spacecraft release devices［C］. Aerospace Conference Proceedings，2000 IEEE.

［11］ Eugene R. Fosness，Steven J. Buckley，Waylon F. Gammill. Development and release devices efforts
at the air force research laboratory space vehicles directorate［C］. AIAA Space 2001－Conference
and Exposition，Albuquerque，NM，Aug. 28－30，2001. AIAA－2001－4601.

［12］ Andrew Tuszynski. Alternatives to Pyrotechnics－Nitinol Release Mechanisms［R］. NASA/CP－
2002－211506.

［13］ Pete Woll，Daryn E. Oxe. Design and testing of a low shock discrete point spacecraft separation
system［C］. Proceedings of the 38th Aerospace Mechanism Sympsosium，2006.

［14］ Alphonso C. Stewart. A new and innovative use of the thermal knife and kevlar cord components in a
restraint and release system［C］. Proceedings of the 9th European Space Mechanisms and Tribology
Symposium，2001.

［15］ Alphonso C. Stewart and Jason H. Hair. Intricacies of Using Kevlar Cord and Thermal Knives in a
Deployable Release System：Issues and Solutions［C］. Proceedings of the 36th Aerospace
Mechanisms Symposium，2002.

［16］ Keith R. Gall，Mark S. Lake. Development of a shockless thermally actuated release nut using elastic
memory composite material［C］. 44th structures，structural dynamics，and materials
conference，2003.

［17］ Jens Muller，Christoph Zauner. Low shock release unit—easy resettable and 100％ reusable［C］.
Proceedings of the 10th European Space Mechanisms and Tribology Symposium，2003.

［18］ Olivier Duforet，Bruno Bonduelle. New concept of a resettable ultra low shock actuator（RULSA）

[C]. Proceedings of the 14th European Space Mechanisms and Tribology Symposium，2011.

[19] Christian Laa，Theodor Nitschko，Ludwig Supper. Unlimited Resettable no‐shock hold‐down and release mechanism [C]. Proceedings of the 14th European Space Mechanisms and Tribology Symposium，2011.

[20] G. Soulier. Very low shock release shock release pyromechanisms [C]. Proceedings of the 10th European Space Mechanisms and Tribology Symposium，2003.

[21] Alexander Luna. Operational improments of a pyrotechnic ultra low shock separation nut [C]. Proceedings of the 36th Aerospace Mechanisms Symposium，2002.

[22] 李新立，李委托，满剑锋，叶耀坤，等. 一种航天器分离电连接器强脱装置 [P]. 中国专利：CN201310160966.7，2013‐09‐04.

[23] 李新立，姜水请，刘宾. 热刀式压紧释放装置释放可靠性验证试验及评估方法 [J]. 航天器工程，2012，21（2）：123‐126.

[24] 韩言勋，景莉. 某型弹射筒推力突变原因的分析 [J]. 航天返回与遥感，2017，38（1）：23‐29.

[25] 韩言勋，景莉. 小行星着陆附着系统弹射机构设计 [J]. 航天返回与遥感，2020，41（4）：40‐44.

[26] 滕海山，朱维亮，刘媛媛. 可压缩弹射出伞模型及仿真 [J]. 南京航空航天大学学报，2016，48（4）：463‐468.

[27] YE Yaokun，WEN Yuquan，YAN Nan. Study on detonation velocity deficits of bending flexible detonation fuses [J]. Journal of Beijing Institute of Technology，2011，20（4）：427‐432.

[28] 叶耀坤，温玉全，严楠. 柔爆索弯曲爆轰延迟时间研究 [J]. 火工品，2009，（4）：13‐15.

[29] 何春全，严楠，叶耀坤. 导弹级间火工分离装置综述 [J]. 航天返回与遥感，2009，30（3）：70‐77.

[30] YE Yaokun，WEN Yuquan，YAN Nan. Detonation Velocity Deficits and Curvature Radius of Mild Detonation Cords [J]. Propellants & Explosive & Pyrotechnic，2011（36）：519‐523.

[31] WEN Yuquan，YE Yaokun，YAN Nan. Detonation Velocity Deficits and Curvature Radius of Flexible Detonation Fuses [J]. Combution Shock Waves，2012（48），209‐213.

[32] 严楠，王刚，鲍丙亮，何爱军，焦清介，叶耀坤，娄文忠，张威，刘登程，温玉全. 低发火电压微型半导体桥发火组件：CN201310468246.7 [P]. 2014‐01‐22.

[33] 黎彪，刘志全，程刚，丁锋. 球铰接杆式支撑臂斜拉索组件的参数影响分析 [J]. 中国空间科学技术，2015，35（02）：33‐40.

[34] 黄传平，丁锋. 大型空间展开臂发展综述 [A]. 2014 年可展开空间结构学术会议摘要集 [C]. 中国航天科技集团公司科技委、中国力学学会、中国振动工程学会、中国宇航学会、空间微波技术重点实验室：中国力学学会，2014：24.

[35] 刘志全，黎彪，丁锋. 球铰接杆式支撑臂展开过程中横向振动分析 [J]. 宇航学报，2014，35（7）：753‐761.

[36] 黎彪，程刚，刘志全，丁锋. 基于比刚度最大的球铰接杆式支撑臂参数设计 [J]. 中国空间科学技术，2013，33（4）：47‐54.

[37] 檀傈锰，白化同，程刚，丁锋. 大型可展收支撑臂模态试验研究 [J]. 航天器工程，2012，21（6）：125‐130.

[38] 黎彪，刘志全，程刚，丁锋. 球铰接杆式支撑臂构型参数分析 [J]. 中国空间科学技术，2012，32

（2）：29－34＋54.

[39] 郭宏伟，程刚，吴秋爽，刘荣强，邓宗全，丁锋. 空间一维可展开桁架精度测量方法［J］. 哈尔滨工业大学学报，2012，44（1）：78－82.

[40] 马凯，程刚，彭慧莲，丁锋. 刚柔耦合状态下索杆式伸展臂多体动力学研究［J］. 航天器工程，2011，20（03）：70－74.

[41] 程刚，丁锋，柴洪友，李志，陈天智. 基于空间干涉遥测的大型可展收支撑结构研究［J］. 机械设计与制造，2009，（05）：145－146.

[42] 程刚，丁锋，柴洪友，李志，陈天智. 一种大型空间展开机构的系统研究［J］. 机械 研究与应用，2008，21（06）：133－134.

[43] 张从发，郭庆磊，李林，张书洋，刘金童，李潇，丁锋. 一种桁架结构在轨构建系统及构建方法：北京市，CN117585201A［P］. 2024－02－23

[44] 张书洋，李林，钟奇，罗强，丁锋，鄢青青，张玲，梁东平，倪彦硕，何永强，徐燕菱，苏生，刘金童，杨双景，全源，朱志远. 在轨可重复展收和压紧释放的辐射器机构：北京市，CN117446218A［P］. 2024－01－26

[45] 殷新喆，朱汪，朱佳林，刘芃，曾福明，丁锋，杨建中. 一种起旋分离机构：北京市，CN113636110B［P］. 2023－04－14

[46] 张朴真，庄原，王波，满剑锋，杨建中，苏周，袁丁，邱慧，倪彦硕，黎彪，李林，张书洋，刘寅，邱高雷，梁东平，徐燕菱，丁锋，冀巍. 一种摆动式压紧释放装置：北京市，CN115384816A［P］. 2022－11－25.

[47] 张朴真，丁锋，刘冬，黎彪，张书洋，潘博，王玉凤，孙广宇，樊俊峰，丁健. 一种可重复锁定十字绳索锁定装置：北京市，CN109185394B［P］. 2020－06－09.

[48] 张朴真，丁锋，刘冬，黎彪，张书洋，潘博，王玉凤，孙广宇，樊俊峰，丁健. 一种可重复锁定十字绳索锁定装置：北京市，CN109185394A［P］. 2019－01－11.

[49] 庄原，满剑锋，赵会光，杨建中，丁锋，臧晓云，罗敏，张萃，孙维，罗毅欣，马彬. 一种航天器液路断接器双组同步分离装置：北京，CN106516170A［P］. 2017－03－22.

第 2 章　一般火工装置设计

2.1　概述

火工装置在航天器工程中应用较为广泛，且多数实现了通用化设计，也有因为特殊应用场景和空间环境需要进行个性化设计的例子。本章重点阐述一般常用的通用化火工装置的设计原则、设计流程、设计要素以及设计案例。

2.2　设计原则

一般而言，用于航天器的火工装置设计时应考虑以下原则：

（1）尺寸小

火工装置在航天器中的安装空间相对有限，这就决定了火工装置设计时，需进行小型化设计，保证产品结构尺寸尽可能地小。

（2）重量轻

减重设计是航天器产品的通用设计原则。火工装置设计时，应从材料选用、结构尺寸设计等方面综合考虑，保证产品强度、刚度满足要求的同时，尽可能地减轻各零部件的重量。

（3）强度高

对于连接类火工装置，应有足够的连接强度和刚度，保证航天器级间可靠连接，这是决定火工装置能否应用的重要条件之一。

（4）作用冲击小

传统火工装置作用时产生的冲击较大。随着高敏航天器技术的飞速发展，对低冲击火工装置的需求越来越迫切。所以火工装置设计时，应从作用原理和缓冲设计方面，尽可能地降低作用冲击，保证火工装置作用时不能破坏航天器系统内任何部件，特别是火工装置产生的高频冲击和噪声不能损害航天员和航天器舱内的精密仪器。

（5）作用时间短

航天器系统采用了多个火工装置，为了保持火工装置作用的同步性，要求每个火工装置的作用时间尽可能地短，不大于 50 ms。

（6）输入能量小

火工装置需要依靠航天器系统提供电能才能发火，但供配电系统资源有限，且需为多个火工装置提供电能。因此，设计火工装置时应尽可能地减小起爆所需的输入能量。

（7）无污染

根据《航天火工装置通用规范》，火工装置作用后不能有碎片，也不能有污染气体产生。因此，火工装置应进行无污染设计。

（8）冗余设计

关键性的火工装置应采用冗余设计，以排除单点失效，保证任一单个起爆元件的失效不会造成火工装置功能的失效。

（9）安全性与可靠性高

火工装置关系到航天器飞行任务的成败，对作用安全性和可靠性有非常高的要求。其中，高安全性要求，一方面是指在地面进行操作时，不允许火工装置发生误起爆、燃气泄漏、结构破坏以至飞出碎片等事件，以免造成对地面操作人员的伤害和对仪器设备的损坏；另一方面指航天器飞行时，不能因为火工装置作用失效故障影响航天器系统的安全工作。高可靠性要求主要针对火工装置的可靠性设计而言，通常要求可靠性不低于 0.999 9（$r=0.95$），对于并联组合使用的场景，可以将单个火工装置的可靠性降至不低于 0.99（$r=0.95$）。

2.3　设计流程

面向航天器火工装置的设计指标主要包括功能、结构尺寸、重量、发火电流、可靠性等方面，典型的指标要求见表 2 - 1。

表 2 - 1　航天器火工装置典型指标要求

序号	指标名称	指标要求示例
1	功能要求	依据总体型号任务要求而定，如切割功能
2	结构尺寸	以结构简单、小型化为出发点
3	重量	依据总体分配，以轻量化为出发点
4	全发火电流	代表产品的发火性能，多数要求为 3.5 A
5	桥路电阻值	电发火性能的关键参数，通常作为关键检验点，典型指标要求示例：0.9～1.2 Ω
6	绝缘电阻	安全性能的关键参数，通常作为关键检验点，典型指标要求示例：≥100 MΩ/100 V DC
7	发火时间	产品发火性能的重要参数，典型指标要求示例：≤20 ms
8	安全性能	航天器火工装置通常要求钝感，典型指标要求示例：1 A/1 W/5 min 不发火
9	供电持续时间	作为航天器为火工装置提供的发火能量要求，典型指标要求示例：80 ms±10 ms
10	密封性能	航天器对火工装置的密封性能有严格要求，典型指标要求示例： 在 101.3 kPa±10 kPa 气体压差下最大漏率应小于 $5×10^{-7}$ Pa. m³/s
11	温度环境适应范围	-60 ℃～$+80$ ℃
12	无污染	无污染、无多余物
13	可靠度	≥0.999 9($r=0.95$)
14	寿命	不低于 5 年

为了实现上述技术指标，航天器火工装置研制过程主要分为方案设计、详细方案设计、定型设计3个阶段。方案设计时，需针对技术要求进行初步分析，设想初步方案并进行初步论证与分析，通过初步的功能试验验证原理样机。方案初步论证可行后，开展详细方案设计与产品定型方案设计。

一般而言，航天器火工装置的基本研制流程如图2-1所示。

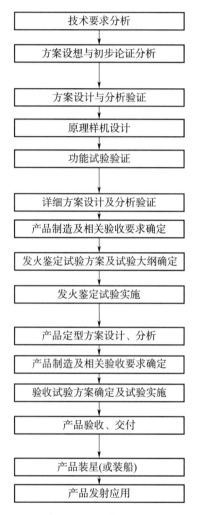

图2-1 航天器火工装置基本研制流程

对于航天器火工装置而言，主要功能是连接与释放或分离，在产品定型方案设计前，需采用一套设计方法对产品进行设计与验证，避免产品研制过程中出现方案颠覆。

目前，我国对航天器火工装置采用的设计方法多数依靠传统的经验进行设计，即"基于现有产品结构改装设计—加工试验验证—结构改进—再加工试验验证"的设计模式，这种传统设计方法不仅需要消耗大量的试验样品，还需要花费较多的科研经费和较长的设计周期。

随着计算机技术和仿真分析技术的快速发展，航天器火工装置的设计方法也得到了推动和发展。目前，越来越多的设计师在航天器火工装置方案设计过程中，综合应用强度校核理论、内弹道模型、分离模型和数值仿真的理论方法，建立了以理论预示分析为主、试验验证为辅的现代化设计方法，如图 2-2 所示。

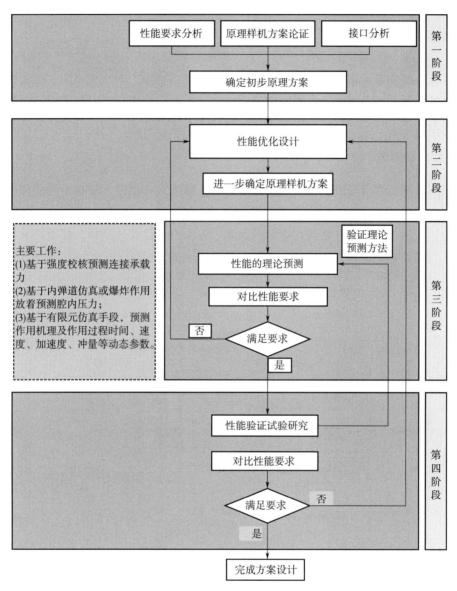

图 2-2 航天器火工装置现代设计方法流程图

现将现代化设计方法的主要步骤归纳如下：

1）基于航天器提出的功能要求，对火工装置原理样机方案进行论证，确定原理样机初步方案；

2）基于初步原理样机性能的影响因素分析，对火工装置的结构尺寸与性能优化设计原理进行研究，进一步确定原理样机结构；

3）综合强度校核、内弹道计算、分离数值模拟等现代化分析手段，对火工装置的内弹道特性、作用过程进行理论分析，预示出产品的基本性能参数；

4）通过试验验证火工装置是否满足航天器要求。

2.4 设计要素

一般火工装置需依据相关理论开展设计工作。从 20 世纪 80 年代至今，随着航天器的发展，已经积累了一些基本设计要素及理论，主要包括点火器选型、装药设计、执行机构设计等方面。

2.4.1 点火器选型

由于航天器通常入轨进入太空后通过地面遥控操作点火指令，根据型号实际需要，航天器火工装置的点火设计主要分为非电点火、电点火两类，一般均以选择成熟钝感点火器产品为主。美国的航天器系统主打标准点火器，各类火工装置均选择其标准点火器作为始发元件，以确保系统的点火可靠性。NASA 标准点火器（NSI）结构如图 2-3 所示。

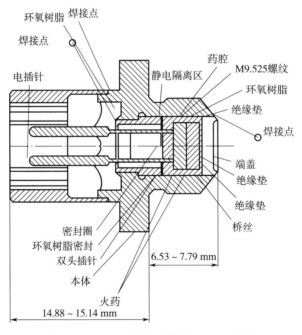

图 2-3 NASA 标准点火器（NSI）结构

NASA 标准点火器结构原理是：在壳体插针中有一条内部窄缝，可以防止低频电能源的误应用产生额外电流。低电阻合金桥丝在由一个电容放电产生的数千伏电压下，产生的热量可以瞬间气化并点燃起爆药，并继续引爆下一级装药，实现最终作动功能。

我国航天器火工装置选择的点火器要求具有钝感、高可靠、小型化、强密封等特点，同时需要兼顾航天器的星载供电系统以确定可匹配的供电电流、供电时间等参数设计，以及与电缆的连接固定方式。

在点火器选型方面，航天器火工装置多数选择满足《GJB 344A—2005 钝感电起爆器通用规范》要求的电点火器。在供电需求受限或点火时序有特殊要求情况下，也会选择非电隔板点火器。两者相比而言，电点火器应用更广泛，已被广泛用于航天器爆炸螺栓、切割器、火工锁等装置中。

其具有以下优势：

1）作用迅速、准确，可以做到在毫秒内完成点火功能；

2）同时性较好，可多个并联使用，如有的航天器用多发火工装置同时起爆，时间偏差不到 30 ms；

3）所需激发能量小，适用于航天器现有的太阳翼电池阵供电方式，单个电点火器的供电电流为（5～6）A，供电时间要求为 80 ms±20 ms；

4）易实现钝感，满足 1 A1 W，5 min 不发火要求。

为了确保航天器系统的可靠性，所使用的点火类型较少。工程上主要集中精力不断提升其可靠性，以实现各类火工装置的高可靠点火。目前，在航天器中应用最广泛的点火器主要有 BG - 501 点火器、FSJ2 - 13E 点火器、HGD3 - 01 隔板点火器等。

对于电点火器而言，电接口设计包括产品供电需求与星上供电能力（供电电流、供电持续时间等参数）的匹配性设计，以及供电线缆插接设计。将星上提供的电能转化为化学能通过产品上的电点火器实现，通常星载电源向产品单个电点火器的供电回路提供电流 $I = （5～6）A$，供电持续时间 $t = （80±10）ms$。在选用电点火器时，应重点考虑供电裕度，特别是电点火器的全发火电流 I' 及其对应发火时间 t'，即星上供电能量 $W = I^2Rt$ 至少是电点火器全发火能量 $W' = I'^2Rt'$ 的 1.2 倍。另外，还需考虑产品电点火器与星上电缆的可靠插接，即电点火器的接口形式需与星上电缆的电连接器相匹配。

2.4.1.1　BG - 501 点火器

（1）外形及接口

BG - 501 点火器为双极针结构，采用 2、4 接点，与电缆插接的螺纹接口为 M12×0.75，可与供电电缆电连接器 CX2 - 4M1（TK）配套使用，详见图 2 - 4。

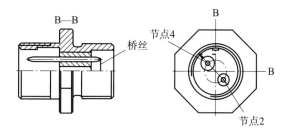

图 2 - 4　BG - 501 点火器外形及接口

（2）重量

单个 BG - 501 点火器的重量为（20±1）g，不含短路保护插头。

（3）性能指标

BG-501 点火器的发火电流为 5 A≤I≤6 A，供电时间不小于 80 ms，每件点火器的桥路电阻为 0.9 Ω～1.1 Ω。

单个点火器电性能及供电指标为：

1）单桥路阻值为 1.0 Ω±0.1 Ω；

2）桥路与点火器壳体间的绝缘阻值大于 100 MΩ（DC 100 V，1 min）；

3）单桥路起爆电流大于等于 5 A、小于 10 A；

4）可靠发火时要求供电持续时间不小于 20 ms，通常为 80±20 ms；

5）供电电缆采取静电屏蔽措施；

6）单个 BG-501 点火器在容腔为（8.5±0.5）mL 测压容腔内产生的爆压范围为（6.5～11）MPa，其极限承受 120 MPa，1 min 的压力。

（4）可靠性

单个 BG-501 点火器工作可靠度 R≥0.999 95（r＝0.95）。

（5）环境适应性

BG-501 点火器在研制过程通过了系列环境适应性试验验证，并通过鉴定试验确定其各项环境适应指标，见表 2-2。

表 2-2　BG-501 点火器环境适应性指标

温度环境适应性	
温度循环	−70 ℃～+165 ℃；温度变化率：3 ℃/min～5 ℃/min；25.5 个循环
工作温度	−60 ℃～+150 ℃
高温暴露	195 ℃/1 h
烤爆	222 ℃/1 h
温度冲击	产品在高温 165^{+4}_0 ℃、低温 -70^0_{-4} ℃条件下每次各保持 4 h（中间转换时间不大于 3 min），循环 25.5 次，产品不发火，无结构损坏

静电感度适应性	
条件	500 pF±25 pF 电容充电 2.5 kV±0.5 kV，串联 5 000 Ω±500 Ω，对桥壳之间放电一次，产品不发火

振动环境适应性

加载方向	频率/Hz	幅值(O-P)	时间	每个方向扫描次数
输出端向上、向下和水平	20～200	+6 dB/oct,0.35 g^2/Hz	2 min/向	2 次
	200～2 000	23.7 g		

冲击环境适应性

冲击波形	频率/Hz	幅值(O-P)	冲击次数
输出端向上、向下和水平	100～700	+8 dB/oct	3 次/向
	700～4 000	1 800 g	

安全性	
2 m 跌落	按照 GJB 5309.36—2004 进行，2 m 跌落未发火，试验后发火正常

2.4.1.2　FSJ2-13E 点火器

（1）外形及接口

FSJ2-13E 点火器匹配接口的电连接器型号为 KZ038-2D 电连接器，FSJ2-13E 点火器采用 4 极针桥带式结构，其内联接形式为 1-2 点短接、3-4 点短接，1-2 点与 3-4 点之间是火药桥带，详见图 2-5。

图 2-5　FSJ2-13E 点火器电接口

（2）重量

单个 FSJ2-13E 点火器的重量为（22±1）g，不含短路保护插头。

（3）性能指标

FSJ2-13E 点火器的发火电流为 5 A≤I≤6 A，供电时间不小于 80 ms，每件点火器的桥路电阻为 0.9 Ω~1.2 Ω。单个点火器电性能及供电指标为：

1）单桥路阻值为 0.9 Ω~1.2 Ω；

2）桥路与点火器壳体间的绝缘阻值大于 100 MΩ（DC 100 V，1 min）；

3）单桥路起爆电流大于等于 5 A、小于 10 A；

4）可靠发火时要求供电持续时间不小于 50 ms，通常为 80±20 ms；

5）供电电缆采取静电屏蔽措施。

单个 FSJ2-13E 点火器在容腔为（8.5±0.5）mL 测压容腔内产生的爆压范围为（13±2）MPa，其极限承受 70 MPa，1 min 的压力。

（4）可靠性

单个 FSJ2-13E 点火器工作可靠度 $R ≥ 0.999\ 5$（$r = 0.95$）。

（5）环境适应性

FSJ2-13E 点火器在研制过程通过了系列环境适应性试验验证，并通过鉴定试验确定其各项环境适应指标，见表 2-3。

表 2-3　FSJ2-13E 点火器环境适应性指标

温度环境适应性	
温度循环	−60 ℃~+95 ℃；温度变化率：3 ℃/min~5 ℃/min；6.5 个循环
工作温度	−60 ℃~+80 ℃
高温暴露	180 ℃/1 h
烤爆	222 ℃/1 h

续表

温度环境适应性				
温度冲击	产品在高温 95^{+4}_0 ℃、低温 -60^{0}_{-4} ℃条件下每次各保持 4 h(中间转换时间不大于 3 min),循环 6.5 次,产品不发火,无结构损坏			

静电感度适应性				
条件	500 pF±25 pF 电容充电 2.5 kV±0.5 kV,串联 5 000 Ω±500 Ω,对桥壳之间放电一次,产品不发火			

振动环境适应性				
加载方向	频率/Hz	幅值(O-P)	时间	每个方向扫描次数
输出端向上、向下和水平	20～200	+6 dB/oct,0.35 g^2/Hz	2 min/向	2 次
	200～2000	23.7 g		

冲击环境适应性			
冲击波形	频率/Hz	幅值(O-P)	冲击次数
输出端向上、向下和水平	100～700	+8 dB/oct	3 次/向
	700～4 000	1 500 g	

安全性	
2 m 跌落	按照 GJB 5309.36—2004 进行,2 m 跌落未发火,试验后发火正常

2.4.1.3　HGD3-01 隔板点火器

（1）外形及接口

HGD3-01 隔板点火器的外形机械包络尺寸 Φ18.2 mm×21.5 mm，输出端至安装面距离为 9.5 mm，输入端的螺纹接口为 M12×1-6 h，输出端的螺纹接口为 M14×1-6 h，详见图 2-6。

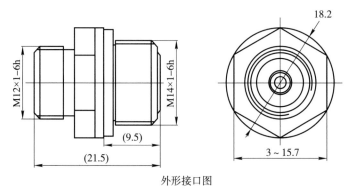

外形接口图

图 2-6　HGD3-01 隔板点火器外形及接口

（2）重量

单个 HGD3-01 隔板点火器的重量为（19.5±1）g，含铝垫圈，不含短路保护插头。

（3）性能指标

单个 HGD3-01 隔板点火器需要由限制性导爆索引爆，在容腔为（10±0.5）mL 测压容腔内产生的爆压范围为（6.5±2.5）MPa，其极限承受 120 MPa 的压力。

（4）可靠性

单个 HGD3 - 01 隔板点火器工作可靠度 $R \geqslant 0.999\,8$（$r = 0.95$）。

（5）环境适应性

HGD3 - 01 隔板点火器在研制过程通过了系列环境适应性试验验证，并通过鉴定试验确定其各项环境适应指标，见表 2 - 4。

表 2 - 4　HGD3 - 01 隔板点火器环境适应性指标

温度环境适应性			
温度循环	−71 ℃～+111 ℃;温度变化率:3 ℃/min～5 ℃/min;8.5 个循环		
工作温度	−60 ℃～+100 ℃		
高温暴露	180 ℃/12 h		
烤爆	222 ℃/1 h		
温度-湿度-高度试验	温度℃	相对湿度%	压力 Pa	周期 d
	21	50	—	
	72	95	—	28
	−54	—	4 482	

振动环境适应性				
加载方向	频率/Hz	幅值(O-P)	时间	每个方向扫描次数
输出端向上、向下和水平	10～50	3 mm	15 min/向	2 次
	20～2000	25 g		

冲击环境适应性				
冲击波形	试验方向	冲击加速度	持续时间	冲击次数
半正弦	输出端向上、向下和水平	200 g	1.5 ms	3 次/向
		65 g	9 ms	

盐雾适应性					
温度	盐浓度			盐雾沉降率	喷雾方式	试验时间
35±2 ℃	水线电阻值	浓度	PH 值	1～3 ml/80 cm² · h	连续喷雾	96 h
	1 500～2 500 Ω · m	(5±1)%	6.5～7.2			

安全性	
2 m 跌落	按照 GJB 5309.36—2004 进行,2 m 跌落未发火,试验后发火正常
12 m 跌落	按照 GJB 5309.35—2004 进行,12 m 跌落未发火

2.4.2　装药设计

2.4.2.1　药室压强及最小药量确定

为了计算方便,工程上通常假设在定容情况下火药气体作功,同时忽略热损失,这时的温度即为火药的燃烧温度。此时的气体状态方程可以写为

$$P(W - a) = RT_1 \tag{2-1}$$

式中　T_1——火药的燃烧温度;

　　　　R——气体常数;

　　　　W——气体比容;

　　　　a——气体余容。

设火药质量为 m_{ig},若在某一瞬时火药燃烧消耗的质量为 m_{gr},则火药气体的比容为

$$W = \frac{V_0 - \dfrac{m_{ig} - m_{gr}}{\rho_p}}{m_{gr}} = \frac{V_0 - \dfrac{m_{ig}(1 - \Psi)}{\rho_p}}{m_{ig}\Psi} \tag{2-2}$$

把式(2-2)式代入(2-1)可得

$$P_\Psi \left(\frac{V_0 - \dfrac{m_{ig}(1 - \Psi)}{\rho_p}}{m_{ig}\Psi} - a \right) = RT_1 \tag{2-3}$$

由式(2-3)可得

$$P_\Psi = \frac{m_{ig}\Psi RT_1}{V_0 - \dfrac{m_{ig}}{\rho_p}(1 - \Psi) - m_{ig}\Psi a} \tag{2-4}$$

式中　V_0——火工装置药室的初始容积;

　　　　ρ_p——火药密度;

　　　　$\Psi = \dfrac{m_{gr}}{m_{ig}}$——火药燃烧的百分比;

　　　　P_Ψ——质量为 m_{ig} 的火药在定容情况下燃烧时的瞬时压强。

当燃烧结束时,$\Psi = 1$,药室中的压强达到最大值,最大压强为:

$$P_m = \frac{m_{ig}RT_1}{V_0 - m_{ig}a} \tag{2-5}$$

通过式(2-5)就可以估算一定质量的火药燃烧后可能产生的最大压强。

由式(2-5)可得

$$m_{ig} = \frac{P_m V_0}{RT_1 + P_m a} \tag{2-6}$$

式(2-6)即为当药室压强为 P_m 时,所需的药量。

一般情况下,由式(2-6)计算得出的药量,不是最小药量。这是因为在实际确定最小药量时要考虑压强的裕度,还要考虑即使在只有一个点火器工作时,也要能够可靠完成规定的任务。考虑到上述因素,最小火药量一般利用下式计算:

$$m_{ig} = \frac{\varphi P_{\min} V_0}{\varphi P_{\min} a + f\chi} \tag{2-7}$$

式中　$P_{\min}$——火工装置工作的最小压强；

　　　φ——保证火工装置工作所取的压强裕度；

　　　f——火药力；

　　　χ——考虑散热、火药燃烧不完全等因素引起的能量损失的修正系数。

2.4.2.2　火药燃烧输出压力计算

当火工装置内部主装药为发射药时，可采用诺贝尔-阿贝尔公式计算燃烧输出压力，计算公式如下：

$$P = f\Delta/(1 - \alpha\Delta) \tag{2-8}$$

式中　P——火药燃烧输出压力；

　　　α——火药余容；

　　　Δ——火药装填密度；

　　　f——火药力。

火工装置常用的药剂性能参数见表 2-5。

表 2-5　航天器火工装置常用药剂主要性能参数示例

药剂名称	余容 a/(m³/kg)	火药力 f/(kJ/kg)
三硝基间苯二酚铅	470×10^{-6}	559.1
2/1 樟枪药	947.54×10^{-6}	1 019.88

2.4.3　执行机构设计

航天器火工装置的执行机构通常包括活塞运动、破坏切断、预定行程推拔等动作，其设计因装置的主功能不同而不同，但多数装置有一个共同点是基于活塞运动来实现切割、推拉、解锁等功能。

对于各类火工装置，执行机构的设计过程主要包括内弹道性能预示计算、强度设计与校核、剪切销强度计算、密封与润滑设计等内容。

2.4.3.1　内弹道性能预示计算

在执行机构设计过程中，为了对火工装置的工作过程进行详细描述，估算火工装置的作用时间以及压强-时间曲线，需对内弹道性能进行预示表征。

为此做以下假设：

1）在火工装置工作过程中火药气体无泄漏；

2）火药气体的能量除散热外，其余对外作功；

3）点火器的点火药为瞬时燃烧；

4）火药为规则的管状药柱，燃烧以平行层进行，所有各面的燃烧速度是相同的；

5）燃气的比热比，定压比热，定容比热都为常数。

以火工装置药室中的燃气为研究对象，假设任意时刻的燃气压强、燃气密度和温度为 P、ρ、T，火药直接驱动的部件（一般为活塞）质量为 m，部件的运动速度为 u，则内弹道方程可以表示为以下各式

质量守恒方程
$$\frac{\mathrm{d}}{\mathrm{d}t}(\rho v) = \rho_p A_b r \qquad (2-9)$$

能量守恒方程
$$\frac{\mathrm{d}}{\mathrm{d}t}(\rho v C_v T) = \rho_p A_b r C_p T_p - PAu - Q \qquad (2-10)$$

容积变化方程
$$\frac{\mathrm{d}v}{\mathrm{d}t} = A_b r + Au \qquad (2-11)$$

肉厚方程
$$\frac{\mathrm{d}e}{\mathrm{d}t} = r \qquad (2-12)$$

活塞运动方程
$$PA - F = m\frac{\mathrm{d}u}{\mathrm{d}t} \qquad (2-13)$$

气体状态方程
$$P\left(\frac{1}{\rho} - a\right) = RT \qquad (2-14)$$

其中，A_b 为药柱瞬时燃烧的面积，可用下式表示：

$$A_b = N\left[\pi(D+d)L + \frac{\pi}{2}(D^2 - d^2) - 4\pi(D+d)e\right] \qquad (2-15)$$

r 为燃烧速度，可用下式表示

$$r = 7.257 \times 10^{-7} P^{0.76} \qquad (2-16)$$

其余参数的物理意义如下：

ρ_p ——火药密度；

C_p ——定压比热；

C_v ——定容比热；

T_p ——定压爆温；

A ——活塞面积；

Q ——散热损失修整量；

e ——任意时刻已经燃烧的火药肉厚；

a ——气体余容；

R ——气体常数；

F ——与活塞运动摩擦力、剪切力有关的阻力；

D ——管状火药外径；

d ——管状火药内径；

L ——管状火药长度；

N ——火药质量为 m_{ig} 时的颗粒数。

式（2-9）～式（2-16）化简可得

$$
\begin{cases}
\dfrac{\mathrm{d}\rho}{\mathrm{d}t} = \left[(\rho_p - \rho)A_b r - \rho A u \right] / v \\[2mm]
\dfrac{\mathrm{d}T}{\mathrm{d}t} = \left[\rho_p A_b r (C_p T_P - C_v T) - PAu - Q \right] / \rho v C_v \\[2mm]
\dfrac{\mathrm{d}v}{\mathrm{d}t} = A_b r + Au \\[2mm]
\dfrac{\mathrm{d}e}{\mathrm{d}t} = r \\[2mm]
\dfrac{\mathrm{d}u}{\mathrm{d}t} = (PA - F)/m \\[2mm]
P\left(\dfrac{1}{\rho} - a \right) = RT \\[2mm]
A_b = N\left[\pi(D+d)L + \dfrac{\pi}{2}(D^2 - d^2) - 4\pi(D+d)e \right] \\[2mm]
r = 7.257 \times 10^{-7} P^{0.76}
\end{cases}
\tag{2-17}
$$

在上述方程组中，有 6 个未知数：P、ρ、T、v、e、u，可以通过方程组求解。

求解过程中可以借助 MATLAB 软件进行编程运算，得到相关参数与时间的关系曲线，实现腔内压力与时间、活塞运动速度与时间、冲击加速度与时间、位移与时间等内弹道参数的动态表征。

2.3.3.2　强度设计与校核

航天火工装置执行机构部位的强度设计决定了各零部件的尺寸以及选材，也决定了产品的最终重量以及工作可靠性。

在执行机构设计过程中，主要考虑各零部件的强度设计，包括连接强度校核、耐压强度校核、冲击强度校核等方面。

连接强度主要针对起连接功能的零部件，主要应用理论强度计算方法进行强度校核，对于靠近装药部位的零部件需要特别针对耐压强度、冲击强度进行校核，其校核方法主要通过有限元仿真进行分析。

通常而言，各零部件的强度裕度设计至少保证 1.5 倍以上，对于关键连接件或耐压零部件的设计，其强度裕度需要设计更高。

以某沟槽式爆炸螺栓强度设计与校核进行实例讲述。图 2-7 所示的沟槽式爆炸螺栓是包带式星箭连接解锁装置使用最早的构型方案。它的优点是承载能力大、尺寸小、重量轻、结构组成简单、使用方便。可以通过爆炸螺栓方便地将目标体连接起来。典型的沟槽式爆炸螺栓由点火器、火工组件（含主装药）、本体组件（含螺栓体、锁紧螺母等）组成。在螺栓体的侧壁上开有周向凹槽，称之为预置缺口，也可以称之为 V 型槽，与螺栓的其他部分相比，预置缺口处的强度大大降低。

在目标体需要释放分离时，点火器通电工作，引爆主装药，在主装药爆炸压力的作用下，活塞杆运动，撞击螺栓体，并在 V 型槽处将螺栓体冲击断开，从而实现两个目标体的释放，如图 2-8 所示。

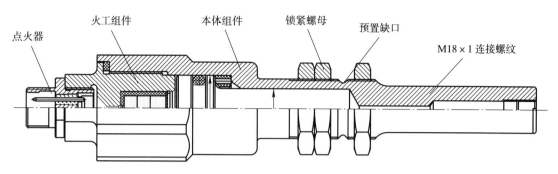

图 2-7　沟槽式爆炸螺栓结构组成

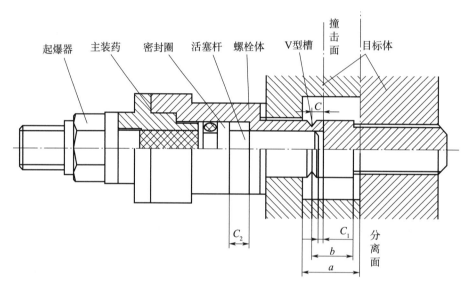

图 2-8　沟槽式爆炸螺栓的连接构型方案

在图 2-8 所示的构型方案中，V 型槽的位置以及活塞杆的位置设计至关重要。

（1）V 型槽与分离面相对位置设计

V 型槽的位置要求在两个目标体的空白区域裸露，保证解锁后两个目标体能分离，根据设计经验，V 型槽距离分离面的距离 b 比空白区域距离 a 要短 3～5 mm，保证 V 型槽能正常切断。

例如，当两个目标体的空白间距为 18 mm 时，V 型槽中心与分离面的距离可设计为 14 mm。这种设计一方面保证了 V 型槽裸露，利于可靠切断；另一方面为螺栓体的安装位置留有调整空间。

（2）V 型槽与螺栓体撞击面相对位置设计

V 型槽与分离面相对位置确定后，还需要确定其与螺栓体撞击面的距离 C。螺栓体撞击面是活塞杆与螺栓体发生撞击运动的关键位置，以该位置为基准，V 型槽的距离不宜太长，也不宜太短。根据以往经验，距离 C 通常取比 V 型槽的宽长 2～3 mm。

例如，某爆炸螺栓 V 型槽的槽宽为 3 mm，V 型槽与螺栓体撞击面的距离可设计为

5 mm。

（3）活塞杆与螺栓体相对位置设计

活塞杆的位置要求具有一定的加速运动行程，一般而言，活塞轴肩处离螺栓体端面距离 C_2 应大于活塞端面至螺栓体前端面距离 C_1，根据经验一般取两者差值为 3 mm。

例如，某螺栓的 C_2 设计为 6 mm，C_1 则可设计为 3 mm，当主装药作用后，活塞杆在爆轰波冲击作用下运动，当运动 3 mm 后开始撞击螺栓体，活塞杆在剩下的 3 mm 运动行程内，使螺栓体在 V 型槽处被断开，实现两个目标体的释放。

根据设计任务要求，爆炸螺栓连接处的拉断力应不小于一定的值，例如要求不小于 85 kN。基于该要求针对爆炸螺栓的构型方案进行分析，确定螺栓体是连接薄弱环节，其中螺栓体的 V 型槽及连接螺纹均需进行强度设计与校核。

例如，针对图 2-9 所示爆炸螺栓进行连接强度校核。

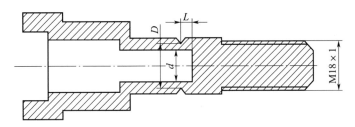

图 2-9　爆炸螺栓的螺栓体构型

（4）M18 连接螺纹处强度设计与校核

螺栓体的材料为 30CrMnSiA，热处理后强度高达 1 290～1 390 MPa（HRC39-43）。连接螺纹处的截面积记为 A_s（以螺纹小径 16.917 mm 进行计算），应用力学理论公式，螺纹处拉断力 F_1 为

$$F_1 = A_s \sigma_b$$

式中 $A_s = 224.7 \ mm^2$，抗拉强度 σ_b 取 1 350 MPa，计算得 $F_1 = 303.4 \ kN$。

（5）V 型槽处强度设计与校核

根据一般拉伸强度公式，计算 V 型槽处拉断力

$$F_0 = \sigma_b \left[\frac{\pi}{4} (D^2 - d^2) \right]$$

螺栓体内径 $d = 12$ mm，抗拉强度为 σ_b 取 1 350 MPa，当 F_0 取技术指标的最低值 85 kN 时，计算出 V 型槽处的直径 $D = 14.9$ mm。

因此，在加工螺栓体 V 型槽尺寸时，要求其槽底直径稍大于 14.9 mm，然后通过拉断力试验以及发火试验进行验证。一方面要保证实现拉断力大于 85 kN 的技术指标，另一方面要保证爆炸螺栓发火能可靠地切断 V 型槽。

例如，某一批爆炸螺栓的螺栓体 V 型槽尺寸为 ϕ15.5 mm～ϕ15.535 mm，同批抽检拉断载荷为 89～96 kN，并通过了产品发火鉴定试验。

2.3.3.3　剪切销的剪切力计算

剪切销在航天器火工装置中通常起到初始限位作用。设计时，需同时兼顾过载的承受

能力和解锁时的阻力。剪切销剪切强度过小，利于解锁分离，但容易引起地面操作段或发射段的误解锁；剪切销剪切强度过大，则剪断它的剪切力相应增大，所需的火药力就要相应地增加，这导致解锁可靠度降低。剪切销的状态一般如图 2-10 所示。

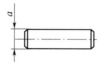

图 2-10　剪切销设计参数

剪切销的剪切力计算公式

$$F = A \cdot \tau \cdot n \tag{2-18}$$

式中　F ——剪切销的剪切力；

　　　A ——剪切面的面积；

　　　τ ——材料的剪切强度；

　　　n ——剪切面数。

以某火工切割器为例，对其剪切销的剪切力进行计算。火工切割器本体组件的典型组成为壳体、雷管、剪切销、密封圈、活动刀和固定刀，如图 2-11 所示。

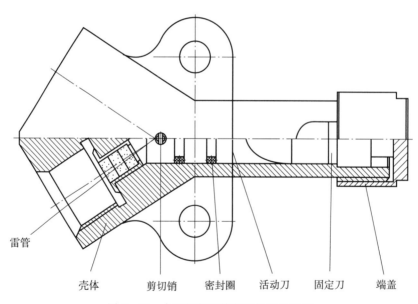

图 2-11　火工切割器执行机构结构组成

剪切销用于实现活动刀的安装定位，其设计要满足两个要求：一是剪切销要有合适的强度，以适应产品使用过程中所面临力学环境的需要，防止产品在承受冲击和过载条件下活动刀意外运动对压紧杆进行切割碰撞，降低压紧杆连接可靠性。二是由于其安装位置位于火工切割器工作后的高压燃腔处，其螺纹应具有足够的连接强度，在装配时加入涂胶密封工艺，提高燃烧腔的密封性能，并避免在高压燃气冲击下剪切销意外飞出，成为多余物。

其剪切销材料选用铝合金材料 5 A03 牌号。抗剪直径为 $\varphi 1.8$ mm，通过热处理保证其剪切强度为 (136 ± 15) MPa，根据剪切力计算公式

$$F = A \times \tau \times n$$

式中　F —— 剪切销的剪切力；

　　　A —— 剪切面的面积；

　　　τ —— 材料的剪切强度；

　　　n —— 剪切面数。

则剪切销对应的剪切力为：$F = A \times \tau \times n = 346$ N

静态时剪切销不受剪切力。在主动段 1 000 g 冲击载荷（假定）作用下，质量为 10 g 的活动刀将受到 100 N 的冲击力，小于剪切销剪切力且有足够的余量，因此，在主动段冲击作用下，活动刀不会意外运动。

2.3.3.4　点火器螺母扭紧力矩计算

通常情况下，点火器与火工装置执行机构的壳体通过螺纹紧固连接，点火器螺母扭紧力矩可以通过以下计算公式确定

$$T = KFd \tag{2-19}$$

式中　T —— 螺母扭紧力矩；

　　　K —— 扭矩系数；

　　　F —— 预紧力；

　　　d —— 螺栓大径。

2.3.3.5　密封与润滑设计

（1）密封设计

火工装置是通过火药燃烧后产生的高压气体实现预定功能的，高压燃气的瞬时压力有的高达数十兆帕，而且火药燃烧过程中往往伴随有毒气体产生，对于在轨运行的载人航天器而言，有时一件火工装置的泄漏，就可能危及航天员的生命安全，所以，火工装置的瞬态高压密封问题是一个非常重要的问题。而非火工装置没有高压气体密封的要求，它的密封要求与普通航天器密封舱的要求相似，即一般为一个大气压压差下的密封问题，可以完全按着常规方法解决，因此对于该问题本书不做讨论。

如图 2-12 所示，火工装置的瞬态高压密封环节有两种典型情况，即点火器与壳体之间的密封，以及活塞与壳体之间的密封。前者属于静态端面密封，后者属于动态径向密封。一般情况下，点火器的密封采取两种措施，首先，在壳体结构上设置封严槽，封严槽的深度一般为 0.3～0.35 mm，封严槽两条边的夹角为 60°。由于封严槽的深度难以检验，一般通过刀具和工装保证。在点火器和壳体结构之间利用金属密封圈密封，密封圈的材料一般选用纯铝。其次，点火器装配时，在其螺纹上涂敷既有防松作用又有密封作用的胶体，例如环氧树脂胶，而后严格控制安装力矩，确保金属密封圈能够发生一定变形。力矩的大小一般要通过分析计算和试验确定，既要保证金属垫圈密封可靠，又要保证不会对点火器造成损伤。

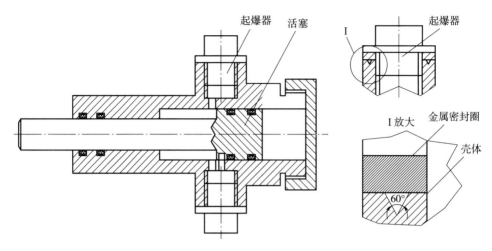

图 2 - 12　火工装置典型密封环节

　　对于径向动密封而言，一般设置两道密封圈，密封圈通常采用耐高温的硅橡胶、丁腈橡胶或氟醚橡胶材料，同时保证必要的压缩率。压缩率太大，会增加装配的难度，以及密封圈损伤的可能性，同时会增大释放时的阻力。压缩率太小则难以保证密封要求。另外，由于火药温度的影响，在释放瞬间，密封圈会膨胀，实际压缩率升高。

　　在径向动密封设计中，密封槽结构形式的不同，会导致燃气压力上升过程中的密封效果不同。而如图 2 - 13 所示的密封槽结构，在压力建立过程中，密封圈与壳体接触的一面先受压变形，导致部分气体泄漏，而后随着压力的增大，才均匀变形起到正常的密封作用。但如图 2 - 14 所示的密封槽，在压力上升过程中，密封圈的一端能够均匀受压，所以在压力建立过程中不会泄漏。所以，在对密封性能要求较高的场合，应该采用图 2 - 14 的密封槽结构，以保证气体压力建立过程中密封圈的均匀受压。

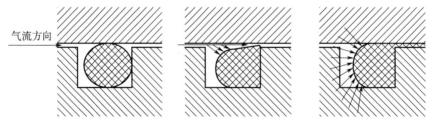

图 2 - 13　密封圈不均匀受压结构

　　对于某些位于特殊位置的火工装置，如密封舱和非密封舱之间的火工装置，密封措施要从系统的角度考虑。一般情况下，密封舱的一端有航天员或重要的试验对象，对燃气密封要求很严，而非密封舱一端对燃气泄漏没有任何要求。那么，此时密封问题就转化为在释放分离过程中，保证整个产品的密封性能，释放分离完成的同时，主动把高压燃气释放到非密封舱或太空中。这样，大大减轻了密封设计的难度，同时，提高了密封舱一端的密封可靠性，因为一旦燃气向非密封舱排放后，泄漏的危险源就消除了。

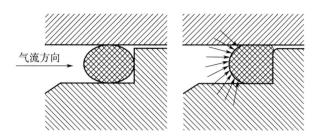

图 2 - 14　密封圈均匀受压结构

现在以图 2 - 11 火工切割器为例介绍其密封设计状态。对于火工切割器结构的密封性能，设计上主要采用以下三种途径来满足密封要求：

1）点火器与壳体之间：采用纯铝垫片进行密封，通过控制拧紧力矩保证密封效果。

2）活动刀与壳体之间：采用两道 O 形橡胶密封圈密封燃气，O 形橡胶密封圈设计按照密封圈相关设计规范进行，设计的结果是要保证密封圈选用以及压缩率、填充率等指标符合规范要求。一般而言，根据设计经验，火工装置使用 O 形密封圈的压缩率范围为 15%～25%，在该范围内尽可能地使密封圈的压缩率接近上限值，密封圈的填充率应不大于 1。

3）剪切销与壳体之间：采用螺纹连接，在螺纹处及末端空腔处涂适量的螺纹胶防松，以提高剪切销孔的密封能力。

例如，某火工切割器点火器与壳体之间设计有材料为 1035 牌号的铝垫圈，且在壳体安装点火器的端面上设计了封严槽（如图 2 - 15 所示），根据点火器螺纹规格，设计其安装力矩为 35 N·m。通过对点火器安装螺纹施加大力矩，将铝垫圈部分材料挤入封严槽内，从而进一步增强了密封效果。活动刀与壳体之间的 O 形密封圈材料选用试 5171 丁腈橡胶，该材料是航天火工装置常用的密封圈材料。剪切销选用 5A03 牌号的铝合金，通过在其螺纹处涂抹环氧树脂胶实现热密封。

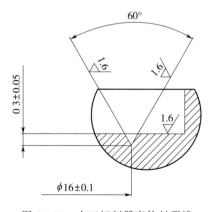

图 2 - 15　火工切割器壳体封严槽

（2）润滑设计

火工装置活动部件最常用的润滑方式是 MoS_2 干膜润滑。MoS_2 干膜具有承载能力大，耐受温度范围宽，工艺实施简单、成本低的优点。一般情况下相对运动的两个表面，一个为轴，一个为孔。细长孔的润滑比较困难，而且润滑的结果也不易检验。所以，在孔轴配合情况下，一般只润滑轴端，而不润滑孔端。对于活塞等零件，在润滑过程中还要保护好密封槽，防止润滑膜对表面光洁度可能带来的影响。润滑膜的厚度较薄，可以做到 5×10^{-3} mm，所以，对于非精密配合零件的润滑，在设计时可以不考虑膜厚对配合性质的影响，但对于精密配合的零件则必须考虑。

2.4.4 可靠性设计

火工装置在研发期间必须开展可靠性设计，然后在分析或验证试验获得的参数信息基础上，结合经典统计学理论进行可靠性评估。因此，火工装置需要根据可靠性模型，在每一次点火测试时尽可能多地获得功能数据，为可靠性评估建立基础。

火工装置的可靠性设计时需要考虑以下要素：

1) 火工装置的可靠性设计应该理解每个组件的构型和变量参数的影响，并确定结构强度、最小能量输入以及结构极限破坏强度等参数。

2) 火药能量在火工装置内部的传递方式至关重要，传火序列的级数、传火裕度在火工装置可靠性设计时均需要充分考虑，对最终的输出可靠性有重要影响。当火工装置的火药能量传递关系确定后，需要针对与实际飞行状态一致的产品开展可靠性样本验证，也可以充分利用研制试验过程中的能量测试信息进行统计分析。如图 2-16 所示，通过比较火工装置完成预定功能的能量需求与传递的能量分布，得出统计学的正态分布情况。很明显，两个分布的间距越远，火工装置成功实现预定功能的把握越大，± 3.89 的标准偏差对应一个包括 99.9% 的数据的正态分布。如果两个分布重合，可能发生失败。

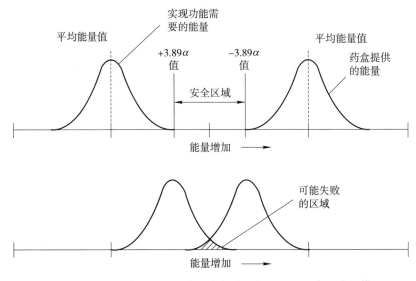

图 2-16 功能需求的能量正态分布与输出能量比对可靠性分析模型

3) 需要考虑火工装置的使用温度范围，以此确定药剂选型。对火药燃烧影响最大的环境因素是温度。在低温下，起爆敏感性和燃烧速率都降低，通常产生最小的能量输出。在高温情况下就相反了，产品结构强度会降低，高燃烧效率和低结构强度的共同作用能使产品的结构强度存在隐患，进而影响产品可靠性。

4）冗余设计能大幅提高火工装置可靠性，冗余设计的等级对最终输出的可靠性指标影响重大。通常而言，航天器火工系统冗余设计分为四个等级，即点火冗余、装药冗余、设备冗余、系统冗余（见图 2-17）。其中点火冗余主要靠多个点火器引燃公共药盒，只要任一点火器成功作用，就可以实现装药序列的引燃；装药冗余通过点火器与药盒并联组合，任意一组"点火器＋药盒"作用就可以推动装置的执行机构作动，实现预定的装置功能；设备冗余通过点火器、药盒、设备执行机构的并联组合，任意一组"点火器＋药盒＋装置执行机构"作用，就可以实现预定的系统功能；系统冗余主要通过两套独立并行的火工装置系统并联运行，任意一组成功作用，都可以保证系统功能的实现。

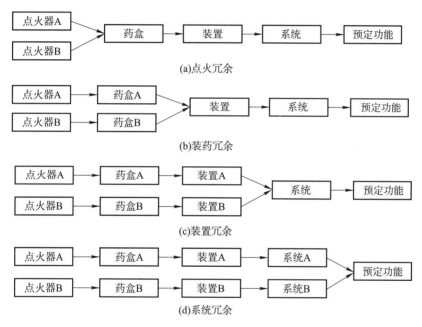

图 2-17　航天器火工装置冗余设计等级

在上述冗余等级设计中，等级 B 装药冗余并不一定就比等级 A 点火冗余等级要好。例如，使用两个药盒在一个火工装置中将会有超过两倍的能量输入，这就提高了燃烧爆炸能量参数。高温高压将使药盒的装药燃烧速率变快，威力增大，进而需要牺牲结构承载能力。此外，一个药盒的结构构型比两个药盒冗余的构型更容易制造、装配。

冗余等级的选择需要综合考虑火工系统功能的危险程度、可靠性指标的实现水平。确切地说，简化设计比全部冗余设计实际上可能是一种改进。例如，就火工组件和接口数量方面而言，火工系统的冗余复杂性会增加失败概率以及意外发火作动的概率。

关于成功和失败的讨论是火工品专家面临的矛盾问题。如图 2-18 所示，防止误起爆与保证成功起爆的需求必须平衡。为防止误起爆，将使用严格的安全设计措施，这些设计可能因为过于保守而导致起爆功能被阻止。为了恰当地平衡，并保证起爆成功，必须做大量的努力来保证这些安全措施能够正常完成预定的功能。相反，为保证实现起爆功能，火工装置对起爆感度必须提高到一个合理的水平，保证不影响设计安全。

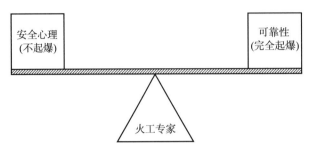

图 2-18　满足安全性和可靠性的火工装置需求描述

在航天器火工装置中，大多数火工装置至少采用了点火冗余设计，它由两个互为冗余的点火器与作动执行机构联合作用。以该种火工装置为例，建立可靠性框图，如图 2-19 所示。

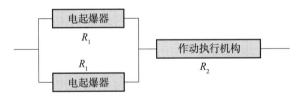

图 2-19　典型航天器火工装置可靠性框图

假设点火器的发火可靠度为 R_1，作动执行机构的工作可靠度为 R_2，则火工装置的可靠性数学模型为

$$R = [1-(1-R_1)^2] \times R_2 \tag{2-20}$$

2.5　一般火工装置设计案例

2.5.1　技术指标

需针对某航天器舱段连接设计一种火工装置，要求具备连接与分离功能，具体技术指标如下：

1）轴向连接承载力：$\geqslant 10\ \text{kN}$；

2）自身分离冲量：$\leqslant 2\ \text{N·s}$；

3）分离作用时间：$\leqslant 10\ \text{ms}$；

4）分离同步性：$\leqslant 1\ \text{ms}$；

5）结构包络尺寸：轴向尺寸 $\leqslant 80\ \text{mm}$，径向尺寸 $\leqslant 25\ \text{mm}$；

6）重量：$\leqslant 150\ \text{g}$；

7）全发火电流：3.5 A；

8）桥路阻值：（0.9～1.1）Ω；

9）绝缘阻值：≥100 MΩ/100 V DC；

10）安全性能：1 A/1 W/5 min 不发火；

11）密封性能：装配后，腔内在 101.3 kPa±10 kPa 气体压差下最大漏率应小于 5×10^{-7} Pa·m^3/s，作用过程无污染、无多余物产生；

12）工作环境温度：−50 ℃～+60 ℃；

13）可靠度：≥0.999 9（$r=0.95$）；

14）寿命：≥5 年。

2.5.2　要求分析

由上述要求可知，火工装置既要有连接功能，又要有分离功能。同时要求分离冲量较高，需采用"强连接、弱解锁"的连接分离方案，保证满足高承载要求的同时，还需具备分离过程产生的冲击低、同步性高等特点。

2.5.3　原理方案确定

根据要求分析进行调研，选择几种合适的结构原理方案进行比较分析与论证，并最终确定采用图 2-20 所示的楔块式解锁螺栓，具备密封、低冲击、小型化、强连接等特征。

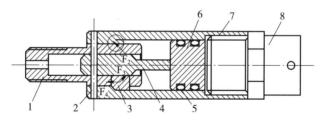

图 2-20　某楔块式解锁螺栓结构组成

1—内筒；2—剪切销；3—楔块；4—活塞；5—密封圈；6—挡板；7—外筒；8—点火器

2.5.4　装药设计

根据常用几种火药的特点，选用 2/1 樟枪药作为主装药，它具有燃速快的特点，易于保证同步性。装药设计时，将 2/1 樟枪药直接装入点火器中，实现起爆药和主装药的一体化设计。

根据方案作用原理，在解锁螺栓的分离过程中，内筒运动前需要克服剪切销、楔块的阻力以及活塞的摩擦阻力。内筒若要开始运动，就需从挡板获得克服所有阻力的推力，而推力主要来自点火器所装的 2/1 樟发射药燃烧产生的高温高压燃气的膨胀作功。因此，需根据所有阻力的大小推算点火器引爆后应该产生的极小压力峰值 P_m，进而根据诺贝尔-阿贝尔方程中燃气压力与药量的关系推算出点火器的临界装药量。

点火器被引爆后，在装置密闭容腔内产生高温高压燃气，分子间的吸引力相对于燃气压力来说很小。一般当压力 $P < 600$ MPa 时，符合诺贝尔-阿贝尔方程。根据有关文献描述，一般火药的燃烧压力在 30 MPa 左右，故认为解锁螺栓点火器的燃烧压力符合诺贝尔-阿贝尔方程。推导结果为

$$P_\psi = \frac{f \Delta \psi}{1 - \dfrac{\Delta}{\rho_p} - \left(\alpha - \dfrac{1}{\rho_p}\right)\Delta\psi} \tag{2-21}$$

式中　f——火药力；

　　　ρ_p——火药密度；

　　　Δ——装填密度；

　　　α——气体余容；

　　　ψ——火药燃烧质量比；

　　　P_ψ——火药燃烧到 ψ 时腔内瞬间的压力。

假设点火器中的火药总质量为 M，在某一瞬间燃烧去的质量为 M_{YR}，则火药燃烧质量比 $\psi = M_{YR}/M$，设螺栓密闭容腔的容积为 V，则装填密度 $\Delta = M/V$。当火药燃烧结束时，$\psi = 1$，密闭容腔中的压力达到最大值 P_m，即 $P_\psi = P_m$，则式（2-21）可变换为

$$M = \frac{P_m V}{f + P_m \alpha} \tag{2-22}$$

式中 2/1 樟发射药火药力 $f = 1.01 \times 10^6$ J·kg^{-1}，气体余容 $\alpha = 0.947 \times 10^{-3}$ m^3·kg^{-1}，密闭腔内容积 $V = 2.7 \times 10^{-6}$ m^3。燃气压力最大值 P_m 可根据压力定义公式进行推算

$$F_0 = P_m \frac{\pi d_1^2}{4} \tag{2-23}$$

式中　F_0——内筒开始运动所需的最小推力；

　　　d_1——密封挡板的直径，已知 $d_1 = 12$ mm。

由于内筒运动过程中克服摩擦的阻力相对于剪断剪切销的作用力而言可以忽略，因此，F_0 近似等效为剪断剪切销所需的最小作用力。经过剪切销的受力分析与计算，得到 $F_0 \approx 990$ N。

联合公式（2-22）和（2-23），可计算出点火器至少要装药量 $M \approx 15.27$ mg，才能使螺栓实现分离，即临界装药量的理论数值为 15.27 mg。但为了保证解锁螺栓能可靠地分离，根据裕度设计要求，最终确定点火器的装药量为 35 mg。这个装药量既使解锁螺栓能可靠实现分离，又可保证点火器装药一致性较好，且不会因为药量过大而导致分离过程产生冗余冲击扰动。

在实际工程研制过程中，药量的设计结果要根据实际试验验证情况进行调整。

2.5.5　连接强度校核

为了从理论角度验证连接强度是否满足设计要求，需要对解锁螺栓进行受力分析，确定薄弱环节，然后应用理论强度计算进行强度校核。

基于方案所示结构，当受到轴向拉力时，单个解锁螺栓的受力部件主要是内筒、外

筒、楔块。为此，需要针对三个主要部件进行强度计算。

（1）内筒

当受到轴向力时，内筒的最薄弱环节有两处，即螺纹段（A 截面）和带有三个孔的地方（B 截面），如图 2-21 所示。

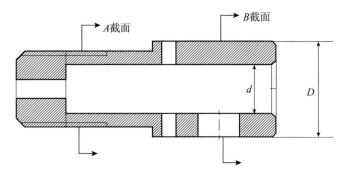

图 2-21　内筒结构图

根据一般拉伸强度公式可推导出 A 截面和 B 截面处极限承载力的计算公式

$$F_0 = \sigma_b \left[\frac{\pi}{4}(D^2 - d^2) - NS_1 \right] \tag{2-24}$$

$$F_1 = A_s \sigma_b \tag{2-25}$$

式中　F_0——B 截面极限承载力；

　　　N ——楔块孔个数；

　　　S_1——单个楔块孔接触面积；

　　　d ——内筒内径；

　　　D ——内筒外径，

　　　σ_b ——内筒材料抗拉强度；

　　　F_1——A 截面极限承载力；

　　　A_s ——内筒螺纹截面积。

（2）外筒

外筒主要承受楔块对其轴向的剪切作用，强度最薄弱环节主要是与楔块接触处的轴向剪切力。根据力学理论可推算外筒所能承受的最大轴向剪切力

$$F_2 = N\tau_{wb}S_2 \tag{2-26}$$

式中　F_2——外筒所受轴向剪切力；

　　　N ——楔块个数；

　　　S_2——单个楔块剪切面面积；

　　　τ_{wb} ——外筒剪切强度。

（3）楔块

楔块是解锁螺栓中的主要受力部件，它同时受到活塞、内筒和外筒的作用力。其薄弱环节有两处，即内筒对其斜角下部的剪切作用 F_3，外筒对其斜角处的挤压作用 F_4，如图

2-22 所示。

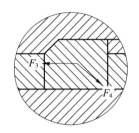

图 2-22　楔块受力分析图

根据力学理论可得楔块两处薄弱环节的受力计算公式：

$$F_3 = N\tau_b S_3 \tag{2-27}$$

$$F_4 = N\sigma_j S_4 \tag{2-28}$$

式中　F_3——楔块受内筒的最大剪切力；

　　　$\tau_b = 0.6\sigma_b$——剪切强度；

　　　S_3——剪切面积；

　　　F_4——楔块受外筒的最大挤压力；

　　　$\sigma_j = 1.7\sigma_b$——挤压应力强度；

　　　S_4——挤压面积；

　　　N——楔块个数。

基于上述公式可对内筒、外筒、楔块进行强度计算，通过综合比较分析就可获得解锁螺栓的极限连接强度以及最薄弱环节，并结合具体计算结果和连接承载力技术要求，完成各零部件的尺寸优化设计。

2.5.6　内弹道性能预示计算

解锁螺栓的分离动力主要来自点火器中火药燃烧后所形成的燃气压力，可依据经典内弹道理论，建立解锁螺栓的内弹道模型，并采用 MATLAB 软件进行仿真运算，对解锁螺栓的分离性能参数进行数值计算，得到解锁螺栓燃气室内的 $P-t$ 曲线，并分析解锁螺栓内部燃气压力随时间变化规律、挡板运动位移随时间变化规律。该预示方法流程如图 2-23 所示。

（1）内弹道物理模型的建立

点火器燃气作用过程是极其复杂的，为了简化计算，作如下假设：

1）不考虑药室参数的空间分布，药室中各点参数相同；

2）点火药的燃烧规律按照火药表面同时着火和平行层几何燃烧情况进行；

3）忽略药粒形状和尺寸的差异；

4）燃烧产物的成分保持不变；

5）在分离前密封性较好，没有气体外泄。

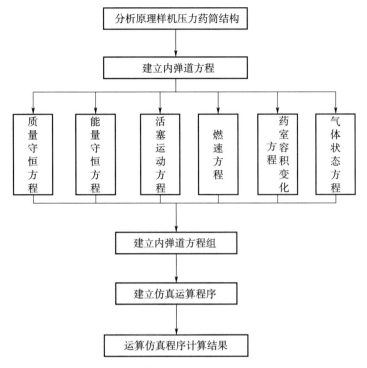

图 2-23　内弹道性能预示分析方法流程图

基于上述假设条件，以点火器产生的燃气为研究对象，设起爆后任一时刻 t 对应燃气的密度和体积分别为 ρ_t、V_t，经 Δt 时刻后，对应燃气密度和体积分别为 ρ、V，燃气的密度、体积以及质量的变化量为 $\Delta\rho$、ΔV、Δm，已知 2/1 樟火药密度为 ρ_P；设火药燃烧面积为 A_b，瞬时燃速为 r，活塞面积为 A，活塞运动速度为 U，内弹道物理模型如图 2-24 所示。

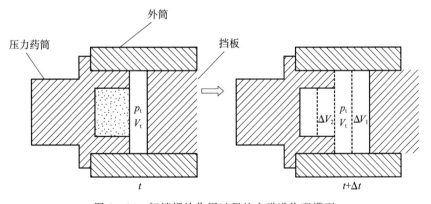

图 2-24　解锁螺栓作用过程的内弹道物理模型

（2）内弹道数学模型的建立

基于内弹道物理模型，可根据质量守恒、能量守恒、燃速方程等理论对点火器燃气作用过程的内弹道关系式进行推导，并组建内弹道方程组：

$$
\begin{cases}
\dfrac{\mathrm{d}\rho}{\mathrm{d}t}=\left[(\rho_P-\rho)A_b r-\rho A v\right]/V & \leftarrow 质量守恒方程 \\[2mm]
\dfrac{\mathrm{d}T}{\mathrm{d}t}=\left[\rho_P A_b r(\chi c_P T_P-c_V T)-pAv\right]/(\rho V c_V) & \leftarrow 能量守恒方程 \\[2mm]
\dfrac{\mathrm{d}V}{\mathrm{d}t}=A_b r+Av & \leftarrow 药室容积变化方程 \\[2mm]
\dfrac{\mathrm{d}e}{\mathrm{d}t}=r_1 p^n & \leftarrow 燃速方程 \\[2mm]
\dfrac{\mathrm{d}U}{\mathrm{d}t}=(pA-F)/m & \leftarrow 活塞运动方程 \\[2mm]
\dfrac{\mathrm{d}s}{\mathrm{d}t}=U & \leftarrow 活塞运动方程 \\[2mm]
A_b=\dfrac{4m_P(D-d)}{\rho_P D^2 L}\left[L+\dfrac{1}{2}(D-d)-2e\right] & \leftarrow 火药燃烧面积 \\[2mm]
p=\rho RT/(1-\alpha\rho) & \leftarrow 气体状态方程
\end{cases}
\tag{2-29}
$$

式中　c_P，c_V ——定压、定容比热；

$\qquad T_P$ ——定压爆温；

$\qquad p$ ——药室压强；

$\qquad \chi$ ——热损失系数；

$\qquad T$ ——药室燃气温度；

$\qquad F$ ——分离阻力；

$\qquad r_1$ ——燃速常数；

$\qquad n$ ——燃速指数；

$\qquad e$ ——任意时刻燃去的肉厚；

$\qquad \alpha$ ——气体余容；

$\qquad L$、D、d ——管状药长度、外径和内径；

$\qquad S$ ——任意时刻表面积；

$\qquad m_P$ ——火药总质量。

（3）内弹道数值计算结果

基于式（2-29）的内弹道数学模型，可通过 MATLAB/Simulink 模块仿真计算出燃气压力—时间（P-t）曲线，计算结果如图 2-25 所示。

一般而言，内弹道性能预示结果基本可以揭示解锁螺栓点火器的燃气压力变化趋势，但压力峰值会存在一些偏差，偏差大小与物理模型假设条件、药剂参数的选取有关。

2.5.7　分离过程数值仿真

通过内弹道性能预示，虽然可以计算出点火器产生的燃气压力，但不能获得解锁螺栓的分离时间、分离冲量、分离位移和分离速度等关键分离性能参数。而且，在实际试验中，也无法通过设备监测解锁螺栓内部运动过程及分离部件的受力情况。为了从理论角度

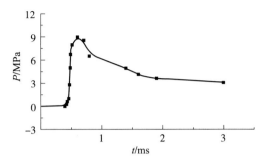

图 2-25　内弹道 P-t 曲线预示结果

验证解锁螺栓的分离性能是否满足设计要求,可采用有限元计算软件仿真分析解锁螺栓的
分离过程,得出可视化分离过程及分离时间、分离冲量、分离位移和分离速度等关键分离
性能参数,揭示产品分离性能参数的设计状态。仿真分析流程如图 2-26 所示。

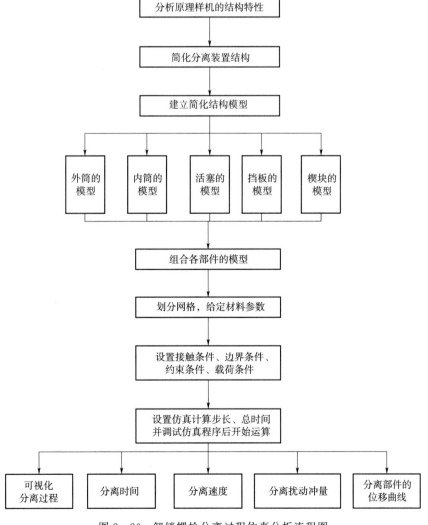

图 2-26　解锁螺栓分离过程仿真分析流程图

（1）有限元模型的建立

解锁螺栓模型由外筒、内筒、活塞、3 个楔块和挡板组成，组件较多且不规则，在网格划分时，需对各个组件进行分割，然后依次采用细网格划分的线性减缩积分单元类型进行网格划分，如图 2-27 所示。

(a) 有限元模型　　　　　　　　　　(b) 网格划分

图 2-27　解锁螺栓的有限元模型及网格划分

为提高模型的收敛性，对外筒施加三维固定约束，其他部件选用面与面弹性接触模型。分离动力源采用内弹道计算得到的 $P-t$ 曲线，并施加在解锁螺栓的挡板中。

（2）仿真分析结果

通过数值模拟仿真，可得到解锁螺栓的可视化分离过程，图 2-28 所示为仿真得到的解锁螺栓在不同时刻的分离运动状态。

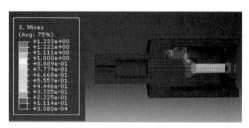

(a) t=0.1750 ms 时刻

(b) t=0.8750 ms 时刻

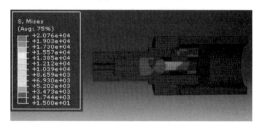

(c) t=1.0500 ms 时刻

图 2-28　解锁螺栓不同时刻的分离运动状态

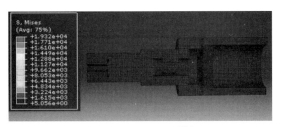

(d) t=1.7500 ms 时刻

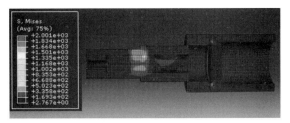

(e) t=2.1000 ms 时刻

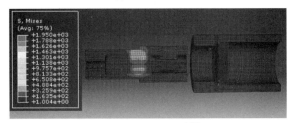

(f) t=2.4500 ms 时刻

图 2 - 28 解锁螺栓不同时刻的分离运动状态（续）

根据解锁螺栓的分离过程仿真结果，可以进一步验证解锁螺栓的作用机理。通过分析外筒、内筒、楔块、活塞及挡板的运动情况，可得出分离过程中，活塞和三个楔块稍微有变形，其他部件几乎无变形，并得到各项分离性能参数。

（a）分离位移和分离时间

通过数值仿真，可直接获取内筒的运动位移-时间曲线，如图 2 - 29 所示。

解锁螺栓的分离时间是从引燃压力药筒开始，直至内筒与外筒完全分离所用时间。根据解锁螺栓的结构尺寸链可知，内筒运动 13.5 mm 后与外筒完全分离。因此，在图 2 - 29 中，以内筒与外筒完全分离的距离（13.5 mm）为纵坐标时，对应的横坐标值即为分离时间，为 2.4 ms。

（b）分离速度、分离冲量和分离加速度

通过数值仿真，可直接获取内筒的分离速度-时间曲线，如图 2 - 30 所示。

从图 2 - 30 所示仿真结果中可以得出分离部件内筒的分离运动趋势为：分离前先增速后减速，分离后匀速运动，内筒的最大分离速度为 8.9 m/s。此外，由于建立解锁螺栓三维实体模型时省去了剪切销，减小了分离阻力，初步预计分离速度的数值仿真值要大于实际值。

根据图 2 - 28 所示的分离过程，内筒与外筒分离后，携带活塞和三个楔块一起向外飞

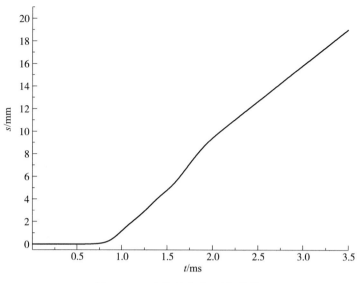

图 2 - 29　内筒的位移-时间曲线

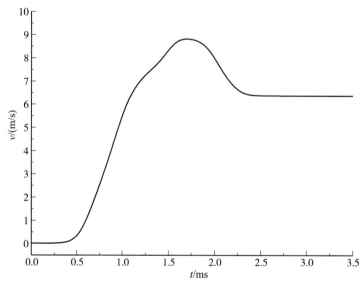

图 2 - 30　内筒的分离速度-时间曲线

出，应将内筒、活塞和三个楔块一起作为分离部件。因此，在计算分离冲量时，应将内筒的最大分离速度，乘以内筒、活塞和三个楔块的总质量。

从表 2 - 6 中可知最大分离冲量理论计算值为 0.101 N·s，远小于技术指标要求的 2 N·s。从理论上预测该解锁螺栓的分离冲量可满足设计要求。

表 2 - 6　解锁螺栓的理论速度与分离冲量

参数	内筒质量/g	活塞质量/g	三个楔块质量/g	总质量/g	仿真速度/ m·s⁻¹	理论分离冲量/N·s
理论值	8.377	2.109	0.930	11.416	8.9	0.101

此外，通过数值仿真，还可直接获取内筒的分离加速度-时间曲线，得出解锁螺栓的理论分离加速度极大值为 8 246 g，小于传统爆炸螺栓的分离冲击加速度，如图 2-31 所示。

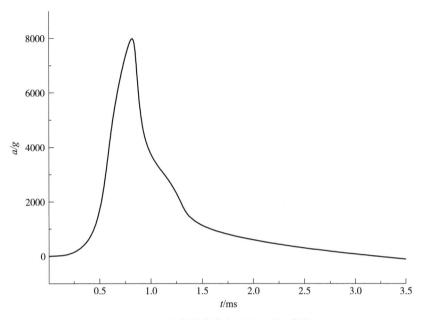

图 2-31 内筒的分离加速度-时间曲线

综合解锁螺栓的连接、分离性能参数理论计算值，与技术指标要求对比，见表 2-7。

表 2-7 解锁螺栓的主要性能参数与技术指标要求对照表

性能参数	理论预算值	指标要求	满足情况
连接承载力/kN	21.6	≥10	满足
分离时间/ms	2.4	≤10	满足
分离冲量/N·s	0.101	≤2	满足
分离时间极大差值/ms	—	≤1	预计满足
密封性能/Pa·m³/s	双密封圈设计	5×10^{-7}	预计满足
结构包络尺寸/mm	63×16	≤80×25	满足
质量/g	23	150	满足
桥路阻值/Ω	1.0	0.9～1.1	满足
绝缘阻值/MΩ/100 V DC	9999	≥100	满足
工作环境温度/℃	−60～+100	−50～+60	满足
可靠度($R=0.95$)	—	≥0.9999	需试验验证
寿命/年	6	≥5	满足

通过表 2-7 的数据对照，可从理论上分析出解锁螺栓性能符合技术要求，后续可进入详细方案设计阶段，通过试验验证和鉴定试验完成产品的定型方案设计。

参 考 文 献

[1] 郝芳. 钢球连接方式火工装置的结构强度校核 [J]. 航天返回与遥感，2006，27（1）：67 - 69.

[2] 张枫，杨树彬等. 一种低冲击分离螺栓的设计 [J]. 火工品，2006（3）：14 - 22.

[3] 祁玉峰，马锐明，刘志全，等. 一种多功能火工装置的设计与试验. 中国空间技术研究院遥感有
效载荷专业组 2007 年学术会议 [C]. 北京：中国空间技术研究院总体部，2007：712 - 714.

[4] Heung - Youl Kim，Yong - Bum Jun，Sang - Hwa Kim. Object separating apparatus using gas [P].
U. S. 7437872，2008.

[5] 叶天源，王毅，汪锡发，等. 水下爆炸螺栓设计探讨 [J]. 水雷战与舰船防护，2007，15（4）：
11 - 14.

[6] 李坤. 高速导弹火工分离系统设计与研究 [D]. 北京：北京理工大学，2008.

[7] 张立华. 载人航天器连接分离装置的选择、设计和模拟分析 [J]. 航天器工程，1996，5（1）：
34 - 43.

[8] 焦绍球，刘冀湘，张为华，等. 宇航用活塞式连接分离火工装置的理论研究与工程计算 [J]. 推
进技术，1996，17（4）：57 - 60.

[9] 孙丕忠，陈广南，张育林. 活塞式分离火工装置分离特性的仿真与试验研究 [J]. 固体火箭技术，
2003，26（3）：4 - 6.

[10] 高滨. 火工分离装置的性能研究 [D]. 长沙：国防科技大学，2005.

[11] MIL - HDBK - 83578. Criteria for explosive systems and devices used on space vehicles [S].
USA，1999.

[12] AIAA S - 113 - 2005. Criteria for explosive systems and devices on space and launch vehicles [S].
USA，2005.

[13] 王建民，李国栋，黄卫瑜. 带有连接结构的导弹动特性试验研究方法 [J]. 强度与环境，2006，33
（1）：53 - 55.

[14] 李国新，焦清介，黄正平. 爆炸测试技术 [M]. 北京：北京理工大学，2007.

[15] 冯西平. 火工品作用时间与 SCB 发火能量测试方法的研究 [D]. 南京理工大学，2004.

[16] GJB 5309.24—2004，火工品试验方法 第 24 部分：点火压力-时间曲线测定 [S]. 北京：国防科学
技术工业委员会，2004.

[17] 梁冬萍. 固体动力装置试验测试方法 [J]，火箭推进，2005，31（1）：59 - 62.

[18] 刘春明. 3CC0 - 900 无污染爆炸螺栓的研究设计 [R]. GF - A0017112G 中国国防科学技术报
告，1995.

[19] 鲁建存，张瑞巧，等. 活塞作动器输出参数的计算与试验 [J]. 火工品，1996，（1）：13 - 16.

[20] 李强，薄玉成，等. 转管机枪膛口振动位移的测试 [J]. 测试技术学报，2005，（4）：408 - 411.

[21] Беляков В. В.，Казаков А. И.，Коробов Ю. Н. Ракета и привод механизма разделения ступеней
ракеты [P]. RU. 2284460，2006.

[22] 张营，杨树彬，王键，等. 直推式低冲击分离装置的设计 [J]. 火工品，2007，（6）：23 - 26.

[23]　李志强．火工装置在航天飞行器上应用 [J]．航天返回与遥感，1997，18 (2)：63 - 66．

[24]　田锡惠．导弹结构·材料·强度 [M]．北京：宇航出版社，1996，8．

[25]　梅凤翔．工程力学 [M]．北京：高等教育出版社，2003，8：252 - 259．

[26]　梁科，夏定纯．MATLAB 环境下的遗传算法程序设计及优化问题求解 [J]．电脑知识与技术，2007，(04)：31 - 34．

[27]　查尔斯 A. 哈珀．产品设计材料手册 [M]．北京：机械工业出版社，2004，131 - 134．

[28]　查尔斯 A. 哈珀．产品设计材料手册 [M]．北京：机械工业出版社，2004，149 - 151．

[29]　查尔斯 A. 哈珀．产品设计材料手册 [M]．北京：机械工业出版社，2004，161 - 169．

[30]　Atsumi MIYAKE，Noritoshi NISHIYAMA，Yasushi OKA，et al. Moisture effect on the rate of corrosion of bridge wire and its lifetime prediction [C]. The 28th International Pyrotechnics Seminars. Adelaide，2001：545 - 551．

[31]　王鹏，杜志明．桥丝式电火工品热点火理论 [J]．火工品，2007，(4)：26 - 30．

[32]　Key - Nam Lee，Myung - Ⅱ Park，Sung - Ho Choi，Chong - Ook Park，Han S Uhm. Characteristics of plasma generated by polysilicon Semiconductor Bridge (SCB) [J]. Sensors and Actuators，2002，A96，(A96)：252 - 257．

[33]　Jongdae Kim，Kee - Soo Nam，K. C. Jungling. Plasma electron density generated by a semiconductor bridge as a function of input energy and land material [J]. IEEE Transactions on Electron Devices，1997，44 (6)：1022 - 1026．

[34]　John A. Holy，Thomas C. Girmann. The effects of pressure on the laser initiation of TiHx/KClO4 and other pyrotechnics [C]. Proceedings of the 13th international pyrotechnic seminar，Cleveland，1988：56 - 58．

[35]　唐文彦，等．一种低冲击分离装置的分离参数测量装置及方法 [P]．中国专利：CN101788407A，2010 - 07 - 28．

[36]　Wen Ming，Hong Yanji，Wang Jun. The principle and accuracy analysisof impulse measurement with impact pendulum [J]. Journal of Instituteof Command and Technology. 2005，166，16 (6)：110 - 113．

[37]　张文峰，高滨，卢志勤．光电测速法在火工装置测试中的应用 [J] 航天返回与遥感，1998，(03)：5 - 9．

[38]　金志明．枪炮内弹道学 [M]．北京：北京理工大学出版社，2004：11 - 16．

[39]　陈劲，郝芳．小过载火工作动筒方案设计探讨 [J]．航天返回与遥感，2002，(01)：11 - 15．

[40]　张垒．分离式点火—起爆序列设计研究 [D]．南京理工大学，2010．

[41]　徐宗．小型管道内气体燃烧火焰传播规律研究 [D]．中北大学，2011．

[42]　张豪侠．世界火炸药手册 [M]．北京：兵器工业出版社，2004：79 - 96．

[43]　王凯民，符绿化．航天火工品输出性能试验及其作用裕度的确定 [J]．火工品，1999，(03)：12 - 16．

[44]　汪靖程，李晓刚，叶耀坤，丁峰，熊诗辉，温玉全．分离螺母多种火药燃烧模型及影响因素 [J]．兵工学报，2022，43 (12)：3070 - 3081．

[45]　陈虹百，叶耀坤，丁锋，王波，柳元青，王文中．分瓣螺母解锁机构关键参数设计研究 [J]．载人航天，2021，27 (04)：451 - 457．

[46]　柳元青，叶耀坤，丁锋，王波，陈昊，陈虹百，王文中．分瓣解锁机构多目标优化设计 [J]．载人航

天，2021，27（04）：495-500.

[47] 叶耀坤，刘天雄，温玉全，丁锋，满剑锋. 航天火工连接分离机构设计技术研究 [J]. 载人航天，2016，22（01）：62-68.

[48] 叶耀坤，严楠. 低冲击火工解锁螺栓的内弹道特性分析 [J]. 北京工业大学学报，2012，38（09）：1332-1336.

[49] 严楠，叶耀坤. 小型快速火工解锁机构的设计与试验研究 [J]. 火工品，2011，（01）：1-4.

[50] 叶耀坤，严楠，杨立欣. 钢球式解锁螺栓分离装置的强度计算 [J]. 航天返回与遥感，2010，31（06）：66-72.

[51] 叶耀坤，严楠. 楔块式火工分离机构的设计与强度校核 [J]. 火工品，2010，（05）：1-4.

[52] 叶耀坤，章奇书，罗毅欣，严楠，李新立，李委托，丁锋，张玉强，朱佳林，冯俊，赵彪. 一种用于深空探测器中样品封装容器的压紧解锁装置：CN201921159695. 2 [P]. 2020-06-19.

[53] 严楠，王刚，耿万钧，叶耀坤，娄文忠，温玉全，焦清介，任慧. 一种火工驱动的滑块作动器：CN201310468247. 1 [P]. 2014-01-08.

[54] 严楠，叶耀坤，张静伟，毕文辉，何春全，杨立欣，曾雅琴，何爱军，傅宏. 密封型的小型低冲击解锁螺栓：CN200910260377. X [P]. 2010-11-03.

[55] 严楠，张静伟，朱峰，何爱军，焦清介，叶耀坤，曾雅琴，傅宏. 具有装药高度最佳结构的微型雷管：CN200910265828. 9 [P]. 2010-05-26.

[56] 严楠，叶耀坤，何春全，杨立欣，毕文辉，曾雅琴，何爱军. 一种小型、快速分离的火工解锁螺栓：CN201010607006. 7 [P]. 2011-08-17.

[57] 李新立，李委托，满剑锋，叶耀坤. 一种航天器分离电连接器强脱装置：CN201310160966. 7 [P]. 2013-09-04.

[58] 晋宏杨，张洪喆，叶耀坤. 一种新型火工装置发火控制电路：CN201320031453. 1 [P]. 2013-10-02.

[59] 晋宏，杨张洪喆，叶耀坤. 一种便携式火工装置起爆控制仪：CN201320031452. 7 [P]. 2013-09-11.

[60] 叶耀坤，严楠，杨立欣. 钢球式解锁螺栓分离装置的强度设计. 中国空间技术研究院科技委返回与回收专业组 2009 年学术交流会 [C]. 北京：中国空间技术研究院 508 所，2009：267-274

[61] 严楠，叶耀坤. 火工解锁螺栓设计新方法的探讨. 第六届航天运载器结构技术交流—航天分离结构专业发展专题研讨会 [C]. 北京：中国运载火箭技术研究院总体部，2011：19-29.

第 3 章　新型火工装置设计

3.1　概述

随着我国高端航天器的飞速发展，对火工装置的要求越来越高。传统的常规火工装置难以适应新需求，例如，高精度光学、电子载荷要求大幅降低火工装置作动产生的冲击，避免高频冲击引起载荷损伤，且对火工装置的密封能力的要求也更高；且随着运载火箭能力的大幅提升，航天器也朝着大吨位发展，其中对舱段间的连接承载能力要求更高，对连接解锁类火工装置的承载能力的需求也随之大幅增加；此外，随着月球探测的发展，面临月面长时间高温工作环境，各类机构对火工装置的耐高温能力要求也越来越高。

综上所述，为了适应航天器的高速发展，新型火工装置的发展方向朝着低冲击、大承载、高可靠、耐高温、强密封等方向发展。因此，由需求改变引起的相关设计理论与工程经验也显得十分宝贵。本章节重点针对上述新型火工装置的设计进行阐述。

3.2　低冲击火工解锁装置设计

3.2.1　技术内涵

火工连接解锁技术是一项重要的航天器技术，主要用于实现航天器本体和部件之间、舱段之间、航天器与运载火箭之间的牢固连接，也可以按特定需求实现载荷或设备的在轨解锁与释放，具有连接与解锁两项重要功能。

从 20 世纪 80 年代中期至今，航天器的星箭、舱段或太阳翼、天线等设备解锁过程冲击过大的问题一直困扰着国内外研究人员。美国 C. J. Moening 先生曾对 1963 年至 1984 年大约 600 次世界航天器发射活动进行了调查研究。根据研究结果，有 83 项航天器故障与火工装置产生的冲击有关，其中约一半故障对航天器飞行任务带来严重影响。例如，1971 年 6 月 29 日，在联盟 11 号飞船与礼炮 1 号成功对接后的返回途中，由于返回舱与轨道舱解锁时，12 个火工解锁装置同时工作，产生了较大的火工冲击，致使位于返回舱上的阀门错误打开，导致整个飞行任务失败。

目前，我国航天器上应用的连接解锁装置多为火工装置，其主要优点是可靠性高、结构简单紧凑、比能量大、作动速度快；不足的地方是冲击大、易产生污染物，且只能一次性使用，试验费用昂贵。随着我国航天技术的快速发展，航天器的星箭、舱段、太阳翼、天线等环节面临的解锁冲击过大问题日益突出。例如，我国北斗二期为了解决星箭连接分离装置作用后产生的冲击过大问题，组织了攻关团队，先后进行了 10 次 3 种工况的星箭分离缩比模型试验，5 次整星分离冲击试验，通过大量的降冲击试验，虽然最终满足了型号需求，但并没有从火工装置的源头解决低冲击分离装置研制难的问题。另外，我国空间站采用了膨胀管线式分离装置，其分离过程冲击高达 15 000 g，通过试验验证发现冲击过大对空间站设备安全构成一定的威胁。还有我国某型号卫星在太阳翼展开过程中，因为释放装置作用过程产生了很大的爆炸冲击，致使某设备的晶振元件损伤，最终导致设备失效。上述问题虽然通过系统工程改善办法，最终满足了航天器需求，但并没有从根本上解决火工解锁装置的降冲击设计方法问题。

一般而言，火工解锁装置作用过程的冲击有三个来源：火药燃烧产生的高频冲击、解锁装置内部机构高速瞬态运动（撞击、剪切等）产生的冲击、连接预紧力瞬间释放产生的冲击。

随着国内外航天器技术的飞速发展，在研制经费代价更小、研制周期更短的前提下，如何快速完成火工解锁装置的降冲击设计，已经成为国内外相关行业研究人员面临的一项共性技术难点。

3.2.2　基于数据流驱动的降冲击设计方法

3.2.2.1　基本思想

现有火工解锁装置的降冲击设计方法，基本都依靠设计师经验进行设计，即"结构设计生产—冲击试验验证—结构改进设计生产—再冲击试验验证"的设计方法。这种设计方法不仅需要消耗大量的试验样品，花费较多的科研经费和占用较长的设计周期；还会导致设计人员对自己设计产品的冲击特性没有究根揭底的认识；且当产品在实际应用过程中出现冲击过大问题后，设计人员都无法判断问题源自何处。

目前，随着仿真手段的进步，有一些设计师已逐步采用内弹道仿真计算研究火工解锁装置内部火药的燃气压力随时间变化的规律，但其针对火工解锁装置的降冲击设计方法和研究手段依然相对单调，缺少系统性的快速设计方法。但基于数据流驱动的火工解锁装置降冲击设计方法，不仅可以实现火工解锁装置的快速降冲击设计，还可以大幅降低设计成本、缩短设计周期，并从深度揭示作用原理的角度，提高产品的可靠性与安全性设计水平。

为了实现火工解锁装置快速降冲击设计，从火工解锁装置的冲击来源分析入手，针对火药燃烧产生的高频冲击，通过迭代装药量进行火药燃烧特性分析；针对机构高速瞬态运动及连接预紧力瞬间释放产生的低频冲击，通过迭代结构缓冲方案进行有限元冲击动力学分析；最后通过火工解锁装置的几何数据、火药燃烧产生的动力源特性数据、机构运动特性数据的融合迭代驱动降冲击设计，设计方法的思路如下：

1）通过火工解锁装置的功能、性能及外部接口等要求分析，基于"强连接、弱解锁"思想，完成火工解锁装置的构型设计，并针对冲击性能要求分析，设计结构缓冲措施，如增加铝蜂窝缓冲模块、抗冲击材料结构模块等，并融入火工解锁装置的构型设计中，以此作为火工解锁装置的几何数据流。

2）基于火工解锁装置的构型设计方案，建立解锁机构启动时所需的气动压力数据模型，并根据诺贝尔—阿贝尔方程，初步估算临界装药量，并按照 2 倍裕度初步确定装药量，以此作为火工解锁装置的装药量数据。

3）基于火工解锁装置的构型设计方案，选择火工药剂类型，并建立火药燃烧驱动解锁机构运动的物理模型及数学模型，包括火药质量守恒方程、能量守恒方程、药室容腔变化方程、火药燃素方程、驱动解锁机构运动方程、火药燃烧面积方程、气体状态方程；以上述序列方程构建方程函数组，采用 MATLAB 的 Simulink 模块编制计算程序，并将装药量、初始容腔、运动机构质量、摩擦系数等初始条件输入程序中启动计算，输出火药燃烧压力与时间的关系曲线，以此建立火工解锁装置的动力源数据流。

4）采用变容积密闭爆发器进行 1 次火药燃烧压力测试，对火药燃烧驱动解锁机构运动的条件参数进行修正，并对 Simulink 模块计算程序进行修正。

5）基于火工解锁装置的构型设计以及缓冲方案，采用 ABAQUS 软件或 DYNA 软件，建立火工解锁装置的三维有限元仿真模型，并将火药燃烧压力——时间曲线作为动力源，加载在有限元仿真模型中，启动仿真计算，获得机构高速瞬态运动的可视化全过程，建立机构运动的位移、速度、形变等动力学特性数据流，并提取火工解锁装置目标位置的冲击响应与时间的关系曲线。

6）采用高速响应非接触式激光位移传感器开展 1 次火工解锁装置运动机构的位移特性测试，对火工解锁装置的三维有限元仿真模型进行修正。

7）将仿真分析获得的火工解锁装置冲击响应数据与冲击性能要求对比，如果冲击值满足要求，则完成火工解锁装置的降冲击设计；如果不满足要求，则采取两种方法进一步开展降冲击设计：第一个方法通过减小装药量，迭代到 Simulink 模块计算程序中，并将输出的火药燃烧压力与时间的关系曲线，迭代加载到火工解锁装置的三维有限元仿真模型中，直至冲击值满足要求为止；如果第一个方法中装药量减小至 1.5 倍临界装药量后，冲击值仍然无法满足要求，则需要通过优化结构缓冲措施，如增厚铝蜂窝缓冲模块、增厚结构材料、设置冲击传递抑制模块等，然后迭代到火工解锁装置的三维有限元仿真模型中进行计算，直至仿真分析输出的冲击值满足要求为止。

8）降冲击设计时，装药量最小只能减小至 1.5 倍临界装药量，主要考虑火药的燃烧威力存在散差，且解锁机构运动的启动力受温度等环境因素影响，存在不确定度。根据以往开展的火工解锁装置的气动解锁试验数据统计分析，火药燃烧威力散差及温度环境影响可以造成解锁机构运动的启动压力增加至 1.1～1.4 倍，因此，为了保证火工解锁装置的解锁功能可靠性及安全性，装药量至少要保证不小于 1.5 倍临界装药量。

与传统的通过试验降低冲击的方法相比，基于数据流驱动的降冲击设计方法有以下优势：

1）可以有效、快速实现火工解锁装置的降冲击设计，对火工解锁装置的冲击特性分析更加全面，且对装置的作用可靠性、安全性有充分的保证。

2）实现了对火工解锁装置运动全过程的可视化研究，可以深入摸清其作用机理。

3）可以大幅缩减火工解锁装置的降冲击设计成本。以某火工解锁装置的降冲击设计为例，如果采用传统的试验法，一般需要 20 次以上火药燃烧冲击试验，航天火工解锁装置按照单件 10 万元计价，则至少需要花费 200 万元以上；如果采用基于数据流驱动的降冲击设计方法，则仅需要 2 次试验，费用不超过 20 万元，可以将试验费用降低 90%。

4）可以大幅缩短火工解锁装置的降冲击设计时间。以某火工解锁装置的降冲击设计为例，如果采用传统的试验法，一般需要 20 次以上火药燃烧冲击试验，按照单次试验以及产品结构改进需要的时间为 10 天，则至少需要 200 天；如果采用基于数据流驱动的降冲击设计方法，则仅需要 2 次试验，时间为 20 天，再加上数据驱动迭代运算 40 天，总的时间约为 60 天，可以将火工解锁装置的降冲击设计时间缩短 70%。

3.2.2.2　降冲击设计流程

图 3-1 是基于数据流驱动的火工装置降冲击设计方法的原理流程图，分为四个大步骤，第一步是完成几何数据，第二步是通过几何数据驱动动力源数据，第三步是通过动力源数据驱动机构运动特性数据，第四步通过机构运动特性数据驱动冲击性能数据的迭代，以此获得最终满足冲击性能要求的火工解锁装置设计方案。第一步中的几何数据主要包括火工解锁装置的几何构型以及结构缓冲构型尺寸；第二步中的动力源数据主要指的是火药燃烧压力与时间的关系曲线，它是表征火药威力的重要特征参数，是驱动解锁机构运动的动力源泉；第三步中的机构运动特性数据主要包括机构瞬态高速运动的位移、速度以及冲击加速度等参数；第四步中的冲击性能迭代数据是指火工解锁装置每一次优化改进设计后通过迭代运算得到的冲击值，该数据主要用于与冲击性能要求对比，直至满足要求后，火工解锁装置的降冲击设计迭代过程方能停止。

3.2.3　设计案例

图 3-2 是根据某火工解锁装置的几何数据，基于 MATLAB 的 Simulink 模块编制的火药燃烧压力计算程序示例。

图 3-3 是基于某火工解锁装置火药燃烧压力计算程序，获得的火药燃烧压力与时间关系曲线示例。

图 3-4 是变容积密闭爆发器的结构原理图。图中爆发器两端是可拆卸式圆柱形，初始容积为 10 cm³。火药筒起爆后爆发器容积可变，爆发器本体安装有压力传感器，可以测量火药筒作用后的燃气压力与时间关系曲线，用于修正基于 Simulink 模块编制的火药燃烧压力计算程序。

图 3-5 是基于火药燃烧压力与时间关系曲线，驱动有限元仿真模型迭代运算获得的冲击加速度与时间关系曲线。最终将火工解锁装置的时域冲击峰值降低到 10 000 g 以下。

图 3-6 是基于降冲击设计后，理论预测的冲击加速度曲线与实测结果的对比示例，其证明基于数据流驱动的降冲击设计方法是可行的。

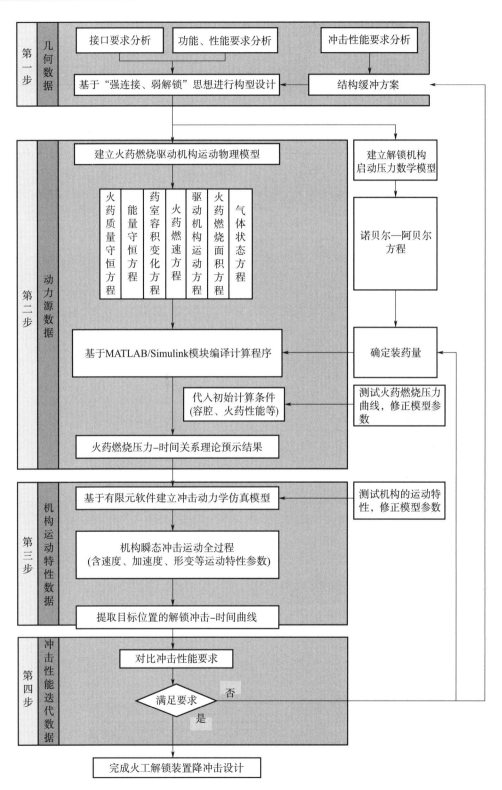

图 3-1　基于数据流驱动的火工装置降冲击设计方法原理流程图

图 3-2　火药燃烧压力计算程序界面

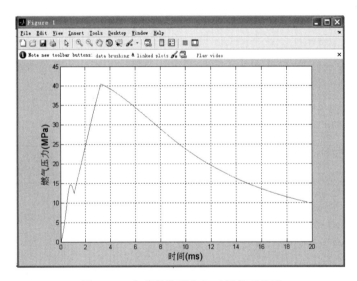

图 3-3　火药燃烧压力与时间关系曲线

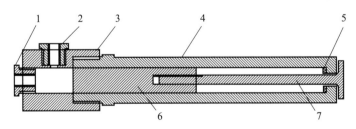

图 3-4　变容积密闭爆发器结构

1—火药筒转接头；2—压力传感器转接头；3—爆发器本体；4—活塞筒；

5—橡胶垫；6—活塞杆；7—传递杆

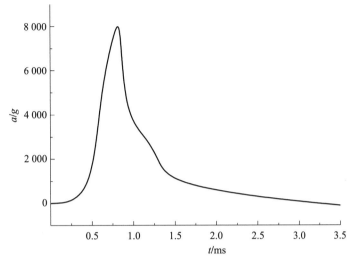

图 3-5　基于火药燃烧压力与时间关系曲线

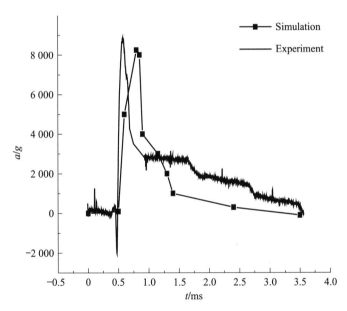

图 3-6　理论预测的冲击加速度曲线与实测结果的对比示例

3.3　高可靠大承载火工连接分离装置设计

3.3.1　技术内涵

　　航天器火工装置很重要的一类产品是实现连接与解锁分离功能，肩负着航天器本体与部件之间、舱段之间以及机构之间的牢固连接与可靠解锁分离任务。

　　与我国实施的探月工程二、三期任务研究相比，未来载人登月时的舱段质量更大，结构更为复杂；与神舟飞船相比，未来新型天地往返载人飞行器以及载人登月飞船组成的复杂性、大质量以及飞行任务的多样性将对舱段间的连接承载能力提出更高要求。当前的舱段连接分离装置包括轨道舱-返回舱间的火工机构锁Ⅰ和返回舱-推进舱间的火工连接分离装置，轴向承载能力分别为 200 kN、85 kN。面对未来舱段重量增加 3 倍以上的条件，现有的连接分离装置难以直接应用到载人登月任务中去，需要研究具有更大连接承载能力的舱段连接分离装置，并进行轻量化设计，为整船节省重量资源。

此外，可靠性一直是载人飞船设计的重要前提和保证，关系到航天员的生命安全，甚至关系国家太空安全战略的发展。

随着我国商业航天的飞速发展，未来新型天地往返载人飞行器以及载人登月工程也必将面临市场竞争，优化产品冗余设计、试验验证方法、环境试验项目和条件等，降低单机产品研制成本，缩短产品研制周期，提高产品研制效率，支撑国内外市场竞争，势在必行。从降低连接分离装置研制经费代价角度出发，非常有必要开展仿真分析研究，减少试验消耗量，并借助仿真分析手段对产品进行优化设计，从先进设计角度节省试验经费，提升工程设计水平，是火工装置研究的一个重要方面，也是研究初期必须解决的一个关键问题。

总之，面向我国未来载人登月、木星探测、月球基地建设等重大航天任务的连接分离需求，开展具备高可靠、大承载的火工连接分离技术研究，为未来大型舱段航天器任务中的成功应用奠定基础，有着十分重要的意义。

3.3.2 高可靠大承载火工连接分离装置设计方法

3.3.2.1 基本思想

对于大型舱段连接分离系统，通常使用大承载高可靠火工装置进行模块化组合使用，确保系统实现大承载连接以及高可靠解锁功能。其具体思路是通过多个大承载非火工连接分离模块的组合布局使用，保证在发射和在轨运行阶段大质量舱段之间的可靠连接与降落、返回时的可靠分离。基于该思路，大承载高可靠火工装置的设计思路如图 3-7 所示。

图 3-7 所示流程的设计思路内容包括以下方面：

（1）大型、复杂航天器舱段连接、分离设计需求分析

根据未来大型航天器工作全周期的任务总体需求和系统约束，在深入调研国外已有研究成果的基础上，充分利用我国在载人飞船工程和月球探测工程二、三期连接分离装置研制过程中积累的经验，从未来大型航天器面临的大型复杂舱段、设备、载荷连接分离需求分析入手，通过连接分离装置模块组合以及构型布局优化，研究新型舱段连接分离方案，满足大型、复杂航天器舱段之间的大承载连接、高可靠分离要求。

（2）大承载连接力的实现途径与方法研究

围绕大承载连接、高可靠分离的目标，从新方法、新原理、新材料等角度出发，基于多级减力机构的原理，通过承载传力途径的放大设计与分离性能匹配优化分析，为新型大承载高可靠火工装置方案研究提供关键支撑。

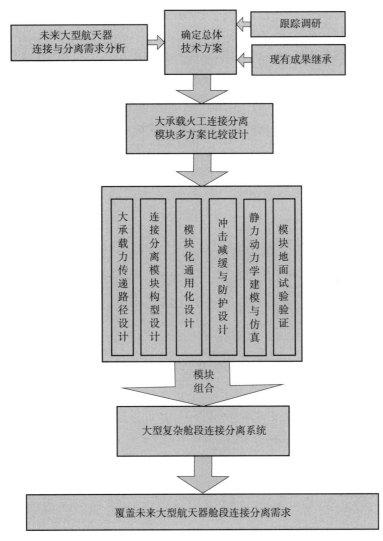

图 3-7　大承载高可靠火工装置设计思路流程图

（3）可适应在轨连接分离火工装置的模块化/通用化设计技术

从在轨应用角度出发，基于多级减力机构的原理研究可适应在轨的大承载高可靠火工装置，并将装置进行模块化、通用化、标准化设计，满足航天器全周期各阶段的连接分离模块组合使用。

根据连接分离装置模块功能、性能指标需求，针对单个火工装置模块开展相应的性能验证试验方案研究，获得装置的连接承载力、分离过程冲击特性、作用时间、温度适应性等参数，为后续工程应用奠定基础。

（4）连接与分离过程动力学建模与仿真技术

针对火工装置模块开展动力学建模和仿真分析研究，摸清预紧释放过程以及作用机理，优化承载传力路径以及能量的转换效率，在此基础上探索研究连接分离模块组合系统的动力学过程，并结合相关试验对模型进行验证、修正，进一步提高仿真分析的精度，并用于指导连接分离模块的迭代优化设计。

3.3.2.2　高可靠设计方法与案例

对于火工装置而言，其可靠性模型主要和冗余设计状态相关，一般而言，单个火工装置的冗余等级包括点火冗余、装药冗余以及执行机构冗余设计。要保证火工装置的高可靠性，核心方法是针对点火、装药盒执行机构三部分都进行冗余设计。

以某探测器舱段火工连接解锁装置的高可靠设计为例。其由火工组件、弹性环、密封铝垫圈、活塞、O形密封圈、活塞杆、活塞筒、锁块、剪切销、缓冲环、齿环、座体、锁母组件、连接螺栓、球形垫、预紧螺母、簧片等零部件组成，如图3-8所示。

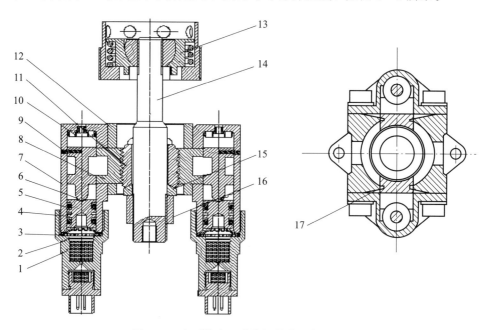

图3-8　高可靠火工连接解锁装置产品结构

1—火工组件；2—弹性环；3—密封铝垫圈；4—活塞；5—O形密封圈；6—活塞杆；7—活塞筒；8—锁块；9—剪切销；10—缓冲环；11—齿环；12—座体；13—锁母组件；14—连接螺栓；15—球形垫；16—预紧螺母；17—簧片

上述装置采用了"双点火＋双药盒＋双执行机构"设计，正常工作状态是双边点火实现解锁功能。装置的连接、双边解锁、单边解锁状态如图3-9所示。

连接时，装置的连接螺栓施加预紧力，实现钛管与器间支架的连接，进而保证航天器的两舱在连接状态下可承受发射过程载荷。

装置在双边解锁时，如图3-9（b）所示，两个火工组件同时通电发火，引燃主装药产生高温高压气体，推动活塞和活塞杆运动，活塞杆剪断剪切销向缓冲环方向运动，解除对锁块的径向约束力，预紧载荷产生的应变能被瞬间释放，驱动两侧的锁块同时快速向活塞杆方向回缩，并与齿环脱开。随后通过两个簧片分别实现两侧锁块的止回，此时锁母组件的球铰部分在弹簧的作用下带着连接螺栓、齿环、预紧螺母的组合体一起与座体分离，

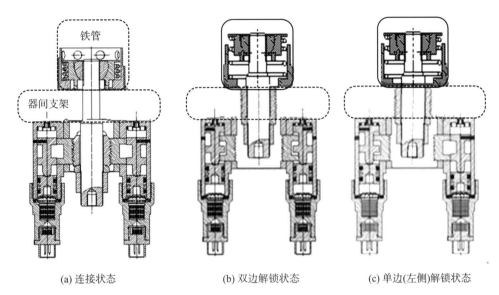

(a) 连接状态　　　　　　(b) 双边解锁状态　　　　　(c) 单边(左侧)解锁状态

图 3-9　高可靠火工连接解锁装置解锁前、双边解锁、单边解锁状态

实现器间支架与钛管解锁功能。

　　装置在单边解锁时，单侧火工组件通电发火，另一侧火工组件、活塞杆、锁块维持原位。如图 3-9（c）所示，左侧火工组件通电发火后引燃主装药产生高温高压气体，推动左侧的活塞、活塞杆运动，活塞杆剪断剪切销向缓冲环方向运动，解除对左侧锁块的径向约束，预紧载荷产生的应变能被瞬间释放，驱动左侧锁块快速向活塞杆方向回缩，并与齿环脱开。随后通过左侧簧片分别实现对应锁块的止回，此时锁母组件的球铰部分在弹簧的作用下带着连接螺栓、齿环、预紧螺母的组合体偏转绕开右侧锁块，然后与座体分离，实现器间支架与钛管解锁功能。

3.3.2.3　大承载设计方法与案例

　　（1）大承载设计思想

　　针对未来大型星箭、舱段以及设备、载荷等分离任务需求，为了提高火工装置的承载力，一般采用"强连接、弱解锁"思路进行设计。在"强连接"与"弱解锁"之间的权衡主要通过多级减力机构实现。具体设计方法的思路如图 3-10 所示。

　　上述方法的核心思想如下：

　　1）采用大减力比承载机构、小能量释放元件解锁、弹性储能元件分离的模块化组合实现总体需求；

　　2）从分析连接载荷传力途径入手，确定预紧力载荷需求，然后开展模块化、大减力比的连接释放机构设计；

　　3）通过把小型火工拔销器等低冲击作动元件设计为末端解锁元件，在保证解锁时间较短的前提下，确定大承载火工装置的方案；

　　4）采用机械储能元件的模块化组合与布局设计，实现稳定的分离力。

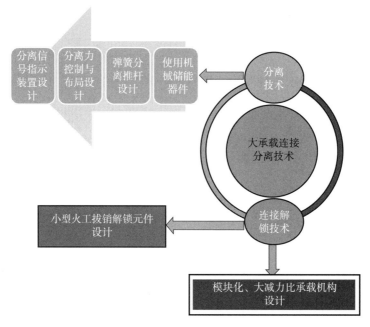

图 3－10　大承载火工连接分离装置实现方法思路

（2）减力机构设计思想

在上述思想中，针对载荷的传力途径进行减力机构设计是关键。通常而言，从一级载荷传递到末端载荷过程，采用的减力方式包括以下常见方式：

1）采用螺纹传动，依靠螺纹升角实现减力；

2）通过滑动传力，依靠摩擦系数实现减力；

3）通过联杆机构传力，依靠力臂杠杆实现减力；

4）通过齿轮机构传力，依靠传动比实现减力；

5）采用绳系机构传力，依靠多级摩擦实现减力。

在大承载装置设计过程，有时采用上述方式组合实现多级减力。例如，针对包带式星箭连接解锁机构设计过程，承载传力路径从发射载荷入手，然后依次分解到夹块、包带、连接杆、减力机构以及解锁元件，并通过迭代优化分析获得各个环节的最佳传力路径，将轴拉载荷 200 kN/m 转换为百牛量级的解锁力，最终依靠解锁元件克服百牛级的解锁阻力，实现最终"弱解锁"功能。其承载传力路径减力过程如图 3－11 所示。

为了实现大预紧力载荷，减力机构基于螺纹传动原理进行设计，并采用飞轮、扭簧等传动元件大减力比，降低末端解锁力，构型如图 3－12 所示。

工作原理：飞轮与连接杆进行螺纹链接，由扭簧限位器、棘轮与扭簧一端连接，主体与扭簧另一端连接。在扭簧限位器、棘轮的共同扭转作用下，扭簧直径变小，挤压销，使销紧固在飞轮的凹槽中，限制飞轮的转动。此刻飞轮与连接杆紧固。解锁时，棘轮经解锁元件动作，连同扭簧限位器共同释放扭簧，扭簧恢复原型，直径变大，销失去紧固力。此时飞轮在连接杆的预紧载荷作用下发生高速旋转，销因失去紧固力失效，连接杆在飞轮的

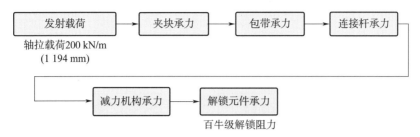

图 3-11　承载传力路径减力过程

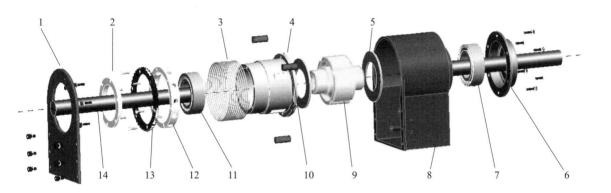

图 3-12　大承载连接释放机构组成

1—壳体端盖；2—轴承端盖；3—扭簧；4—主体；5—挡圈；6—外端盖；7—右轴承；8—壳体；

9—飞轮；10—销；11—左轴承；12—扭簧限位器；13—棘轮；14—连接杆

旋转作用下解锁。

在上述方案中，末端解锁动力源是实现最终解锁功能的关键所在，为了实现快速解锁，采用小型火工拔销器的点火冗余构型，如图 3-13 所示。

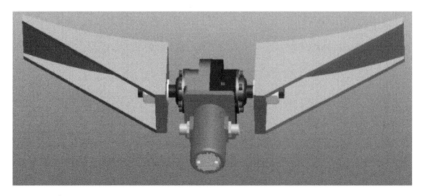

图 3-13　基于小型火工拔销器的解锁元件（点火冗余）

（3）减力机构设计案例一

某连接解锁装置需要实现 90 kN 连接预紧力，采用天平式双顶杆设计方式，将负载通过众多元件传递快速释放，从而其承载能力、寿命、抗冲击性、刚度高，传力结构的构型如图 3-14 所示。

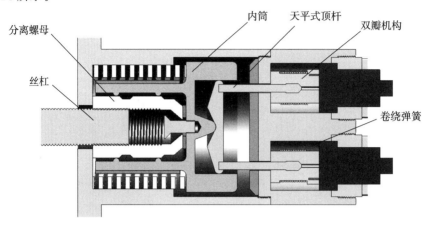

图 3-14　某连接解锁装置的传力结构构型

图 3-14 所示的连接解锁装置的传力途径设计采用五级减力方式，如图 3-15 所示。

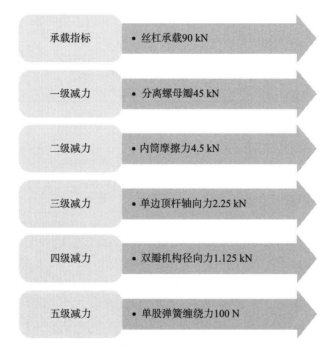

承载指标	• 丝杠承载90 kN
一级减力	• 分离螺母瓣45 kN
二级减力	• 内筒摩擦力4.5 kN
三级减力	• 单边顶杆轴向力2.25 kN
四级减力	• 双瓣机构径向力1.125 kN
五级减力	• 单股弹簧缠绕力100 N

图 3-15　某连接解锁装置减力路径

丝杠加载的连接力通过分螺纹副转换为分离螺母的径向力，实现第一级减力；内筒依靠压缩弹簧推力克服与分离螺母间摩擦力，实现第二级减力；内筒将剩下的推力传递给天平式顶杆，实现第三级减力；顶杆通过锥角将单边顶杆轴向力转换为双瓣机构的径向力，实现第四级减力；末端作动元件通过卷绕弹簧缠绕拉紧双瓣机构，实现第五级减力。最终将 90 kN 连接力转换为 100 N 左右力，将末端作动机构解锁所需克服的力降低至一个非常小的水平，一方面可以实现预紧力的缓慢释放，另外一方面为作动元件的降冲击设计提供了前提条件。

（4）减力机构设计案例二

行星滚柱丝杠本身具有承载能力强、传动效率高、滚动摩擦小等特点，且工业用重载丝杠静载能力相对较高，是实现大承载连接解锁装置的途径之一，其构型如图 3-16 所示。

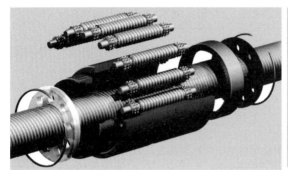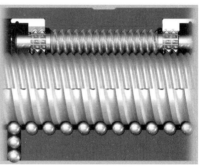

图 3-16　行星滚柱丝杠结构示意图

相比滚珠丝杠，行星滚柱丝杠用螺纹滚柱代替了滚珠，将负载通过众多接触点快速释放。基于行星滚柱丝杠连接分离装置的传力结构如图 3-17 所示。

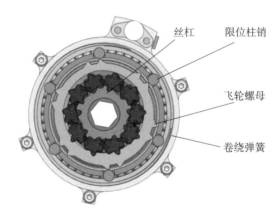

图 3-17　基于行星滚柱丝杠原理的连接结构示意图

行星滚柱丝杠连接分离模块传力途径设计采用了四级减力方式，如图 3-18 所示。

丝杠加载的连接力通过螺纹副转换为飞轮螺母扭矩，实现第一级减力；飞轮螺母通过 6 个限位柱销实现第二级减力；卷绕弹簧对 6 个限位柱销进行限位，实现第三级减力；末端作动元件通过杠杆原理将卷绕弹簧进行缠绕拉紧，实现第四级减力，最终将 90 kN 连接力转换为 20 N 左右力，而末端火工作动机构解锁只需提供 20 N 以上的克服力即可完成装置解锁，大幅降低火工作动产生的冲击。

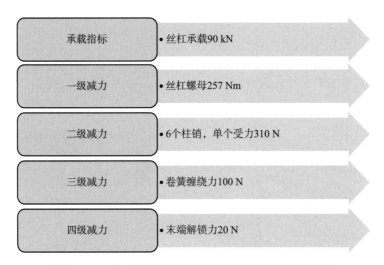

图 3-18　基于行星滚柱丝杠原理的连接装置减力路径

3.3.3　连接预紧载荷分析方法

对于部件连接分离装置而言，连接性能是一个重要的设计要素。在连接与分离机构产生释放动作之前，需要保证两个被连接件（航天器与运载火箭、航天器舱段与航天器舱段）之间的牢固连接关系。为此，需要依靠连接件预先对被连接的两个对接面施加相互压紧的适当预紧力。

确定适当预紧力值非常重要，预紧力太小不足以保证运动部件的可靠连接或压紧；预紧力太大可能影响连接件的强度。以下参照机械设计中火工分离螺母预紧连接的分析方法来分析预紧力。如图 3-19 所示，分别表示了连接件和被连接件的刚度线（连接件与被连接件的载荷-变形曲线），它们相交于 A 点。

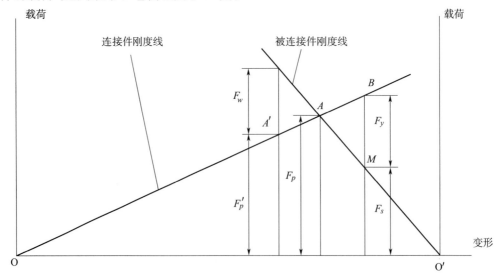

图 3-19　连接件与被连接件的载荷-变形曲线

设施加的初始预紧力为 F_p，作用的外载（拉力）为 F_y。在无外载荷状态下，被连接件上的预紧力为 F_p；作用在连接件中的实际拉力也为 F_p（在连接件和被连接件刚度线上均为 A 点）。在有外载荷 F_y 状态下，被连接件上的预紧力从 F_p 减少到 F_s（在被连接件刚度线上为 M 点，在连接件刚度线上为 B 点）。根据图 3-19 所示的几何关系，可以直接推导出 F_s（称为剩余预紧力）为

$$F_s = F_p - (1-k)F_y \tag{3-1}$$

式中　k——连接的相对刚度系数。

$$k = C_b/(C_b + C_m)$$

式中　C_b——连接件的刚度系数；

　　　C_m——被连接件的直接受力构件（如航天器舱段的对接框）的刚度系数。

相应地，连接件中所受的实际载荷从 F_p 增加到 F

$$F = F_p + kF_y \tag{3-2}$$

因此，在外载作用时，可以由式（3-1）来计算被连接件所受的预紧力；由式（3-2）来计算连接件所受的力。

利用式（3-1）和式（3-2），可以确定航天器舱段之间的预紧力值。

1）预紧力的最大值。它应该满足连接件的强度要求，即根据式（3-2）计算的连接件载荷应满足强度要求。结合式（3-2），可以得到预紧力应满足以下条件

$$F_p \leqslant F_u - fkF_y \tag{3-3}$$

式中　F_u——连接件的破坏载荷值；

　　　f——在强度验证中对载荷添加的安全系数。

应注意到，这个安全系数 f 仅需添加在外载荷 F_y 上。

2）预紧力的最小值。它应保证在外载荷下对接框不开缝，即根据式（3-1）确定的剩余预紧力应该大于最小预紧力 F_m。结合式（3-1），可以得到预紧力应满足以下条件

$$F_p \geqslant f_m F_m + (1-k)F_y \tag{3-4}$$

式中　f_m——对最小预紧力添加的相应安全系数。

因此，火工装置的预紧力应该同时满足式（3-3）和式（3-4），由此可以确定实际需要的预紧力 F_p 值。

当被连接件较重时，如果在地面为垂直安装，则其重量对预紧力的影响不能忽视。此时，连接件在地面的实际状态图 3-19 中的 A' 点，相当的预紧力 F_p' 为

$$F_p' = F_p - kF_w \tag{3-5}$$

式中　F_w——被连接件在地面的重量。

因此，如果以 F_p' 来控制预紧力值，则到空间失重状态下，实际预紧力和在外载下的剩余预紧力均会增加 kF_w，因而连接件所受载荷也增加 kF_w。

上述连接刚度 k 值一般不易正确确定，为此，可通过试验来反推。例如，先通过测定的载荷——变形关系曲线，找出连接开缝（$F_s = 0$）时的外载荷，然后根据已知的 F_p 和 F_y 值，由式（3-1）反算出 k 值。

3.3.4　非接触式连接预紧载荷标定方法

　　火工连接分离装置的连接预紧载荷分布确定后，一般需要通过预紧力进行标定与测试验证，传统的方法采用应变片和拉伸试验机相结合的方法。随着超声波测量技术的推广应用，出现了非接触式预紧力标定与监测方法，其原理是测量超声波在连接杆中传递的时间差，以达到测量连接杆预紧力的目的，如图 3-20 所示。

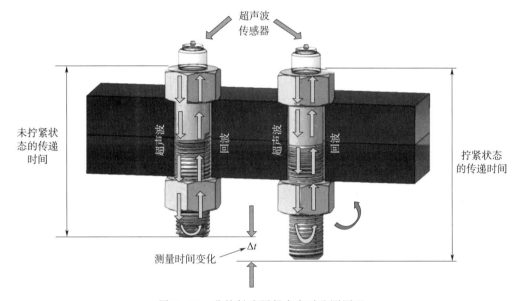

图 3-20　非接触式预紧力实时监测原理

　　连接杆在自由状态下，内部不存在预紧力，而连接杆在紧固状态下，由于预紧力的作用，连接杆将发生形变，此时连接杆的变形量为 ΔL，监测系统依据 ΔL 与预紧力 F 之间的数学关系，计算得到预紧力 F，该数学关系如下：

$$F = \frac{E \cdot S \cdot \Delta L}{L} \tag{3-6}$$

式中　F——连接杆的预紧力；

　　　E——连接杆材质的弹性模量；

　　　S——连接杆截面积；

　　　ΔL——连接杆的变形量；

　　　L——连接杆副的装夹长度。

　　依据公式（3-6），监测系统依据 ΔL 计算得到当前连接杆的预紧力 F。

　　监测系统发射和接收超声波脉冲电信号、测量并计算发射和回波电信号之间时间差。连接杆在自由状态下，发射和接收电信号之间的时间差为 T_0，连接杆在紧固状态下，连接杆发射和接收电信号之间的时间差为 T_1，由此依据电信号收发时间差与连接杆的变形量的关系，得到连接杆的变形量，式中 v 为机械纵波在连接杆内的传播速度，最终由预紧力监测系统依据 ΔL 并结合公式（3-7）可得到当前状态下的连接杆的预紧力。

$$\Delta L = \frac{1}{2}(T_1 - T_0) \cdot v \qquad\qquad (3-7)$$

3.4　耐高温火工装置设计

3.4.1　技术内涵

火工装置在航天器发射过程中的作用类似于"螃蟹运输"时的捆绑绳索，太阳翼、天线、相机、机械臂等操控设备类似于"蟹腿"，因受制于火箭包络空间狭窄的约束，运输时必须依靠火工装置将"蟹腿"牢牢捆绑实现压紧收拢，避免运输"颠簸"造成设备损伤，入轨活动时依靠地面遥控点火实现快速解绑释放。

可靠释放是各类操控设备在太空中完成后续任务的首要前提。我国嫦娥系列月球探测器、空间站、火星探测器等航天器系统结构复杂，用于舱段分离与在轨操控设备解锁等环节的火工装置多达 100 余处，且安装位置多暴露于舱外，还直接面临极为恶劣的深空高低温交变环境，如月球探测任务会面临 30 天、$-100\ ℃\sim +150\ ℃$ 的工作要求。

火工装置在低温环境下可以采取主动加热措施将温度控制在 $-60\ ℃$ 以上，而在高温环境下只能靠自身耐温能力硬抗，其耐高温能力决定了航天器的在轨寿命与可靠性。更高的工作温度会导致解锁分离故障，因此，随着人类探索宇宙需求发展，航天器对火工装置的耐高温能力需求日益突出。

3.4.2　耐高温火工装置设计要素

火工装置在长时间宽温域环境下，主要存在极端高温环境下密封圈分子链断链、密封胶脱粘、药盒老化微裂纹扩展以及火工药剂输出威力下降等多种失效模式，且温度越高失效速度越快。其中密封圈、药盒、密封胶、火工装药均要选用耐高温材料。因此，相对一般火工装置而言，耐高温火工装置的设计要素重点要突出以下方面：

1）点火器的点火药、作功的主装药相对预示工作温度要高至少 30 ℃以上，在考虑药剂作功性能满足需求的基础上，尽可能地选择起始分解温度更高的药剂，该部分内容将在本书的第 4 章进行重点阐述。

2）固定火工药剂的药盒高温起始分解温度相对预示工作温度要高至少 30 ℃以上。传统的赛璐璐药盒难以适应长时间 100 ℃温度环境，且随着长时间高温条件会发生分解反应。因此，在耐高温火工装置中尽可能选择金属作为药盒材料。

3）火工装置常用固化胶作为密封环节。在长时间高温环境下，固化胶容易发生软化导致密封强度下降；在火药产生的高温高压作用下，容易发生密封失效。因此，耐高温火工装置实现过程，采用密封胶的地方需要选择耐高温密封胶，例如耐高温的环氧树脂胶。

4）密封圈是火工装置实现密封功能的主要元件，航天器火工装置密封圈多数采用丁腈橡胶胶料，其耐受温度范围为 $-60\ ℃\sim 100\ ℃$。面临 100 ℃以上高温环境，则需要选择耐高温能力更高的橡胶材料，例如 FM - 1D 氟醚橡胶胶料，其在 $+200\ ℃$ 条件下可长期使用，耐高温性能较好。如果火工装置对密封圈摩擦力较为敏感，具体使用前则需要考虑密封圈在高温环境下的摩擦力变化情况。

例如，某火工装置密封圈材料为丁腈橡胶胶料。在前期研制过程中，针对该两种密封圈的耐温性进行了影响分析及试验验证，具体试验情况如下：取氟醚、丁腈密封圈各 6 件，保证相同的压缩率设计参数情况，装配到火工装置试验件中，首先在常温下测试摩擦力，然后高温在 115_{-0}^{+4}℃的条件下贮存 4 天后在 115_{-0}^{+4}℃ 条件下测试摩擦力。氟醚密封圈、丁腈密封圈在不同温度条件下的摩擦力试验结果分别见表 3 - 1 和表 3 - 2。

表 3 - 1　氟醚密封圈不同温度条件下的摩擦力试验结果

试件编号	氟醚密封圈摩擦力/N	
	常温条件测试	115_{-0}^{+4}℃贮存 4 天后 115_{-0}^{+4}℃条件测试
1	59 N	83 N
2	87 N	87 N
3	65 N	66 N
4	67 N	105 N
5	84 N	80 N
6	85 N	95 N
均值	74.5 N	86.5 N

表 3 - 2　丁腈密封圈不同温度条件下的摩擦力试验结果

试件编号	丁腈密封圈摩擦力/N	
	常温	115_{-0}^{+4}℃贮存 4 天后 115_{-0}^{+4}℃
114	69 N	48 N
120	43 N	36 N
126	80 N	37 N
127	50 N	32 N
131	65 N	50 N
132	80 N	38 N
均值	64.5 N	40.2 N

通过试验可以看出，经历高温贮存后，装有氟醚密封圈的试验件在高温下摩擦力相对常温状态增加 15.4%，而装有丁腈密封圈的试验件减小 37.7%。原因是经历高温贮存后，丁腈橡胶发生了严重的老化现象，部分弹性失去并不可恢复，导致密封能力下降。虽然高温下仍有热胀冷缩现象，但最终表现为摩擦力下降；而氟醚密封圈由于没有老化，在高温状态下因为热胀冷缩现象导致密封性增加，最终表现为摩擦力增加。

失效机理分析为丁腈密封圈，由丁二烯和丙烯腈组成，其中丁二烯容易受到热氧攻击，在高温 100 ℃ 以上的温度下会加速热氧老化，导致化学双键断裂、交链等现象，因该化学变化过程不可逆，最终表现为密封圈失去弹性且不可恢复。

5）其他各类材料均需要满足预示高温使用要求，且对于执行机构的活动部件要充分考虑热线胀系数的匹配关系，确保在高温环境下可顺畅运动，且不存在异常运动阻力。

3.4.3　设计案例

3.4.3.1　总体构型

以某耐高温火工切割器设计为例，其要求满足高温＋150 ℃使用要求。

装置主要由点火器、雷管套、双向雷管、壳体、密封圈、活动刀、固定套、固定刀、端盖、销子等组成，结构如图 3 - 21 所示。

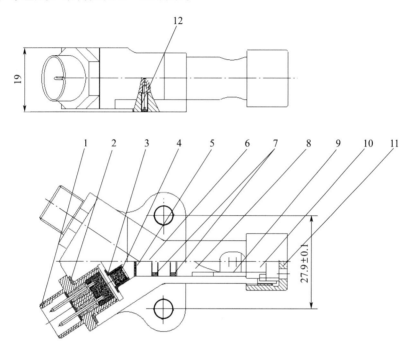

图 3 - 21　耐高温火工切割器组成示意图

1—点火器；2—密封垫圈；3—雷管套；4—双向雷管；5—垫片；6—壳体；
7—密封圈；8—活动刀；9—固定套；10—固定刀；11—端盖；12—销子

装置的作用原理为：当点火器接收到电能时，桥丝产生的热能点燃其内部镁点火药，镁点火药输出的火焰引爆雷管内装药羧甲基纤维素氮化铅，二者产生的能量剪断销子后推动活动刀向前运动并切断钛杆，完成作功，其工作流程如图 3 - 22 所示。

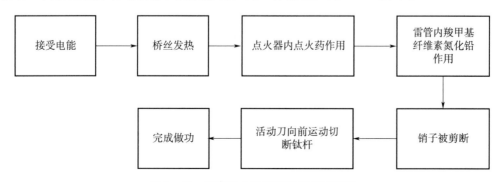

图 3 - 22　耐高温火工切割器工作原理图

耐高温火工切割器完成切割前后的状态如图 3 - 23 所示。

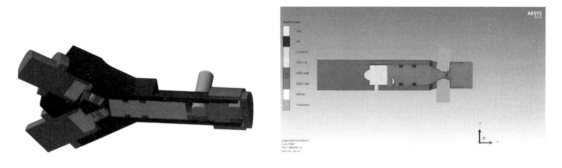

　　　　　　(a) 切割前　　　　　　　　　　　　　　　(b) 切割后

图 3 - 23　耐高温火工切割器切割压紧杆前后状态

3.4.3.2　耐高温点火器药剂选型

根据耐高温火工切割器满足高温＋150 ℃使用要求，点火器选用的药剂需要至少满足＋180 ℃使用要求，选用了镁点火药。

镁点火药为镁粉、二氧化碲、氮化硼三种成分机械混合外加氟橡胶粘合剂混制后涂制而成，其中，镁粉为粉末状，熔点为 650 ℃，热稳定性良好，着火点为 480 ℃，在 406 ℃时才开始加速分解，此分解温度之前的热安定性没有显著变化，安定性良好。二氧化碲为白色粉末状态，不易燃烧，熔点为 743 ℃，一般应用于制造特殊性能的玻璃制品，耐高温性能好，在高温下材料热稳定性高。氮化硼（BN）中，层内原子之间呈很强的共价结合，B－N 原子间距小，所以结构致密，不易破坏，要到 3 000 ℃以上才分解，其热稳定性较好。因此，点火器使用的药剂能够承受切割器的＋150 ℃使用温度环境，耐高温性能满足使用要求。

3.4.3.3　耐高温双向雷管设计

根据耐高温火工切割器须满足高温＋150 ℃使用要求，双向雷管的药剂需要至少满足＋180 ℃使用要求。因此，综合考虑其作功能力满足切割功能前提条件下，选用了羧甲基纤维素氮化铅。

羧甲基纤维素氮化铅在 330 ℃时开始加速分解，分解之前药剂热安定性良好，通过药量摸底试验以及设计验证试验，确定雷管的装药量为 100 mg，设计状态如图 3 - 24 所示。

3.4.3.4　密封圈选型与设计

耐高温火工切割器的密封圈选用了 FM－1D 氟醚密封圈。为了符合 QJ1035《O 形橡胶密封圈的选用和密封腔设计规范》中的要求，将密封圈尺寸设计为（$\phi 6 \pm 0.12$）×（$\phi 1.47 \pm 0.07$）。

O 形密封圈安装在活动刀上，具体尺寸为：活动刀外径 $D_0 = \phi 8.5_0^{+0.02}$，密封槽内径 $d_0 = \phi 6.2_{-0.05}^0$，密封槽宽 $h = 1.65 \pm 0.08$。

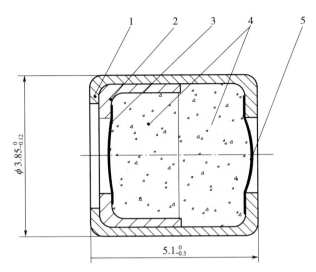

图 3-24 耐高温火工切割器用双向雷管结构示意图

1—雷管壳；2—口帽；3—绸垫；4—羧甲基纤维素氮化铅；5—绸垫

O 形密封圈拉伸率校核

$$Y_{max}\% = \frac{d_{0max} - d_{min}}{d_{min}} \times \% = \frac{6.2 - 5.88}{5.88} \times \% = 5.44\%$$

$$Y_{min}\% = \frac{d_{0min} - d_{max}}{d_{max}} \times \% = \frac{6.15 - 6.12}{6.12} \times \% = 0.49\%$$

O 形密封圈压缩率校核

$$E_{max} = \left(1 - \frac{D_{0min} - d_{0min}}{2W_{max}}\right) = \left(1 - \frac{8.5 - 6.2}{2 \times 1.54}\right) = 25\%$$

$$E_{min} = \left(1 - \frac{D_{0max} - d_{0min}}{2W_{min}}\right) = \left(1 - \frac{8.522 - 6.15}{2 \times 1.4}\right) = 15.29\%$$

O 形密封圈填充率校核

$$T_{max} = \frac{\pi\left(\frac{W_{max}}{2}\right)^2}{\frac{(D_{0min} - d_{0max})}{2} \times h_{min}} = \frac{3.14 \times \left(\frac{1.54}{2}\right)^2}{\frac{(8.5 - 6.2)}{2} \times 1.65} = 0.98$$

$$T_{min} = \frac{\pi\left(\frac{W_{min}}{2}\right)^2}{\frac{(D_{0max} - d_{0min})}{2} \times h_{max}} = \frac{3.14 \times \left(\frac{1.4}{2}\right)^2}{\frac{(8.522 - 6.15)}{2} \times 1.73} = 0.749$$

基于上述设计，密封圈内径拉伸率为 0.49%～5.44%；截面压缩率为 15.29%～25%，填充率为 0.74～0.98，均符合 QJ 1035《O 形橡胶密封圈的选用和密封腔设计规范》中内径拉伸率 0～8%，截面压缩率 15%～25%，填充率 0.7～1 的要求。火工装置密封圈设计如图 3-25 所示。

图 3-25　耐高温火工切割器密封圈设计状态

3.4.3.5　密封胶选型

耐高温火工切割器的点火器与壳体之间螺纹连接、剪切销与壳体之间螺纹连接、端盖与壳体螺纹之间、双向雷管与雷管套之间均需采用密封胶实现密封。为了适应高温使用要求，均统一采用了可耐高温的环氧树脂胶实现密封，并通过试验进行了充分验证。

3.5　强密封火工装置设计

3.5.1　技术内涵

一般而言，航天器火工装置的核心组成相似，通常由发火组件、主装药和活塞运动部件构成，其中，活塞运动部件通常采用 O 形密封圈设计，为火炸药爆炸过程建立高压环境提供密封作用，一旦密封圈没有起到密封作用，发生了爆炸燃气泄漏现象，则会严重影响装置的功能，甚至导致作动功能完全丧失。这对航天器系统而言，关系到任务成败，是完全不可接受的。

美国 C. J. Moening 先生曾对 1963 年至 1984 年大约 600 次世界航天器发射活动进行了调查研究，根据研究结果，有多个航天器故障与爆炸作动解锁螺栓装置的密封失效有关，最终对航天器飞行任务带来严重影响。1986 年 1 月 28 日，美国"挑战者"号航天飞机升空后发生了爆炸，7 名航天员在这次事故中丧生。根据调查这一事故的总统委员会的报告，其爆炸原因是一个 O 形密封环失效所致。这个密封环位于右侧固体火箭推进器的两个低层部件之间，失效的密封环使炽热的气体点燃了外部燃料罐中的燃料。

现有火工装置的密封设计方法，基本都是采用行业惯用的双 O 形橡胶密封圈，并按照企业标准《O 形橡胶密封圈的选用和密封腔设计规范 QJ 1035.2-86》中的径向活塞密封方法，对装置的活塞进行设计，然后依靠设计师经验进行装置的密封试验验证。这种方法采用的模式为：即"密封件设计—发火试验验证—密封改进设计—再发火试验验证"。

随着对火炸药爆炸特性研究的深入，人们逐渐认识到火工装置的密封设计是一个静密封与动密封的交叉融合问题。在火炸药爆炸前，O 形密封圈起到的静密封作用，航天器发射过程主要保证活塞部件可承受力学环境条件；在火炸药爆炸时，也需要起到静密封作用，保证密封腔内快速建立爆炸燃气压力，以提供强大的动力源；在火炸药爆炸后，起到可靠动密封作用，保证活塞运动过程没有爆炸燃气泄漏，提供稳定的动力源。

随着航天器上使用的星敏、光学设备越来越多，对火工装置密封性能的要求也越来高。例如，我国军事侦查、高分辨率观测、陆地资源和海洋监测等卫星配备的相机分辨率要求从 10 米级提高至亚米级，真空环境下相机附近的火工装置工作后一旦产生燃气泄漏弥漫附着于相机镜片表面，将会导致相机成像产生盲区。此外，探月三期工程无人采样机械臂解锁所用火工装置一旦泄漏，真空环境下会严重污染月壤样本，影响科学探测目标。因此，如何保证火工装置在极端高温、低温等条件下实现强密封，特别针对爆炸高压驱动活塞作动的火工装置而言，如何实现百兆帕级高压条件下的强密封，为产品的强密封设计提供理论与工程支撑，已经成为了一项重要的技术挑战。

3.5.2　超高压强密封设计方法

　　航天器火工装置爆炸驱动活塞运动的容腔直径为 10 毫米级，增加密封措施难度大。针对该种微小结构的密封设计，国内外普遍采用双 O 形橡胶圈冗余密封结构和控制橡胶圈压缩率来实现不同压强下的密封效果，但其不能彻底解决 −60 ℃ 低温超高爆压下的微量泄漏问题，例如某火工装置在 −60 ℃ 低温下验证试验时发生了燃气泄漏现象，对附近设备产生了严重污染，如图 3 - 26 所示。

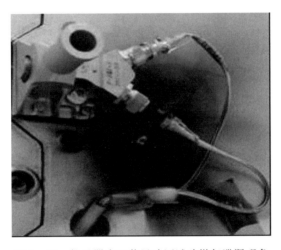

图 3 - 26　航天器火工装置验证试验燃气泄漏现象

　　针对上述泄漏问题，可以通过建立微小尺寸变容腔条件下火工装置作动全过程耦合仿真模型与算法，研究火炸药能量瞬态释放、燃爆腔体容积快速变化与解锁机构高速运动的多物理场实时流固耦合过程。

　　相关研究表明，在低温条件下，O 形橡胶圈受深低温冷缩作用可诱发压缩率从初始值的 20% 降至 5%，进而导致泄漏率增大若干数量级以上，且橡胶圈韧性下降发生脆化，致使抗爆压能力下降 70% 以上。以氟醚橡胶圈（FM - 1）为例，其低温脆化温度为 −50 ℃，在低温 −60 ℃ 条件下，氟醚橡胶圈材料变硬、变脆，弹性和伸长率下降，其在不同温度条件下的漏率测试数据见表 3 - 3。

表 3 - 3   氟醚密封圈不同温度条件下漏率检测试验数据

序号	试验温度	漏率检测结果 Q / (Pa·m³/s)
1	+25 ℃（首次）	5.49×10^{-7}
2	−60 ℃	1.41×10^{-3}
3	−55 ℃	2.20×10^{-3}
4	−50 ℃	7.67×10^{-5}
5	−45 ℃	2.78×10^{-7}
6	+25 ℃（末次）	3.84×10^{-7}

基于上述试验数据可以绘制氟醚橡胶圈漏率与温度关系曲线，如图 3 - 27 所示，充分表明低温对密封圈的性能影响较为明显。

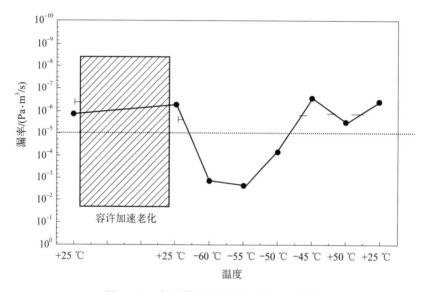

图 3 - 27   氟醚橡胶圈漏率与温度关系曲线

低温条件下密封圈性能下降后，火炸药工作时，在微小容腔内可形成瞬态 100 MPa 级爆压、1 000 ℃爆温的燃气与炽热粒子，并伴随大量级的高频冲击波扰动。由于 O 形橡胶圈恢复韧性的响应时间为秒级，而高压冲击波在纳秒级响应时间内即可造成第一道 O 形橡胶圈产生局部损伤，这会导致高温高压燃气和炽热粒子在微米级配合间隙通道中加剧冲击损伤，进而致使第二道 O 形橡胶圈的热密封和气密封结构发生瞬态失效；随着腔内温度迅速飙升，第二道 O 形橡胶圈韧性和压缩率又恢复正常，最终表现为脉冲式微量燃气泄漏。当第二道橡胶圈在高压燃气下产生局部损伤时，将会形成贯穿型的高温热流和高压气流微通道，这可进一步导致金属壳体发生严重"烧蚀"贯穿现象，最终表现为"井喷式"泄漏，其发生概率取决于密封圈受损状态。

在上述泄漏机理研究的基础上，可以建立适用于深低温微小空间下超高爆压的强密封方法，包括双层阻隔前置密封法、活塞预置消爆腔调节波形法、双 O 形密封圈中间预置泄爆槽密封法以及"软基＋硬基"末端自封闭密封法。并基于仿真模型优化设计出对应的密封结构，克服火炸药作用后的高热流与高气压耦合效应冲击下的强密封控制难点，有效解决深低温微小空间下的瞬态超高爆压微量燃气泄漏问题。系列密封方法如图 3 - 28 所示。

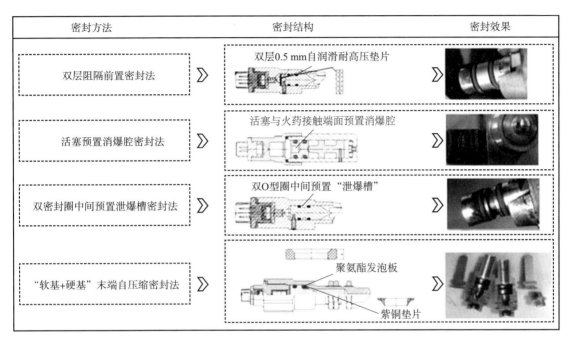

密封方法	密封结构	密封效果
双层阻隔前置密封法	双层0.5 mm自润滑耐高压垫片	
活塞预置消爆腔密封法	活塞与火药接触端面预置消爆腔	
双密封圈中间预置泄爆槽密封法	双O型圈中间预置"泄爆槽"	
"软基+硬基"末端自压缩密封法	聚氨酯发泡板 紫铜垫片	

图 3 - 28 航天器火工装置微小空间下瞬态超高爆压密封方法

（1）双层阻隔前置密封法

在主装药前端预置双层聚四氟乙烯自润滑冲击防护垫层，在确保不增大活塞运动阻力前提下，将瞬态高频冲击波扰动的峰值大幅降低，为第一道 O 形密封圈提供了"强盾"保护。

（2）活塞预置消爆腔调节波形法

将高燃爆压力的瞬态窄脉冲高峰值转变为宽脉冲低峰值，在确保不改变压力做功总能量的前提下，可大幅削减作用在第一道 O 形密封圈的瞬态爆压峰值。

（3）双 O 形密封圈中间预置泄爆槽密封法

对透过第一道 O 形密封圈的高压燃气峰值进行快速泄压、截留炽热粒子，增强对第二道 O 形橡胶圈的防护。

（4）"软基＋硬基"末端自封闭密封方法

在高温高压作用下形成了活塞运动末端的压缩焊接自封闭密封层，实现了对末端燃气、炽热粒子的"强盾"阻隔。

3.5.3 强密封火工装置设计案例

（1）活塞式爆炸作动装置密封设计案例

某活塞式爆炸作动装置的密封采用"双层阻隔前置密封法"和"双 O 形密封圈中间

预置泄爆槽密封法"相结合的方法,结构如图 3 - 29 所示。

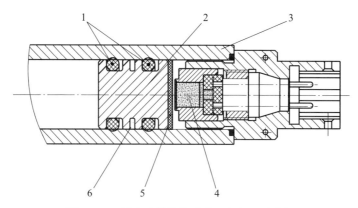

图 3 - 29　活塞式爆炸作动装置密封设计结构

1—O 形密封圈；2—活塞；3—外壳；4—火炸药；5—非金属垫片；6—泄爆槽

上述装置的密封设计步骤如下:

1) 第一步采用径向活塞密封形式,按照《O 形橡胶密封圈的选用和密封腔设计规范 QJ 1035.2 - 86》,直接在活塞上设计两个密封槽,用于安装两个 O 形密封圈;

2) 第二步在活塞的两个密封槽之间增加一个宽度 0.5~1 mm、深度 1~2 mm 的泄爆槽;

3) 第三步依据装置的工作温度选用可耐受的 O 形密封圈的材料;

4) 第四步基于活塞的两个密封槽尺寸进行双 O 形密封圈圈的冗余密封设计;

5) 第五步设计密封圈压缩率,控制压缩率在 15%~25% 之间;

6) 第六步在活塞与火炸药之间增加一个非金属垫片,其直径尺寸与活塞外径相同;

7) 第七步采用 GD - 414 胶粘剂将非金属垫片与靠近火炸药方向的活塞端面进行贴合粘结。

(2) 爆炸螺栓密封设计案例

某爆炸螺栓的密封采用"软基＋硬基"末端自封闭密封方法和单 O 形密封圈密封法相结合的方法,结构如图 3 - 30 所示,其中垫圈的结构如图 3 - 31 所示。

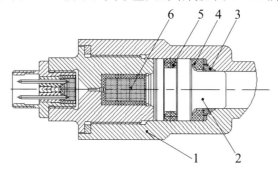

图 3 - 30　爆炸螺栓密封设计结构

1—外壳；2—活塞；3—紫铜垫；4—垫圈；5—O 形密封圈；6—火炸药

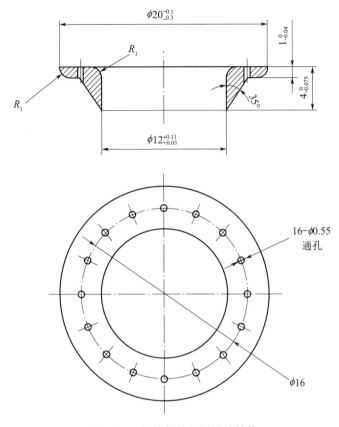

图 3 - 31　爆炸螺栓垫圈设计结构

上述装置的密封设计步骤如下：

1）第一步在火工装置与壳体之间采用螺纹连接的方式，并在螺纹上均匀涂敷 914 密封胶，火工装置与壳体之间装有铝垫圈并预紧。

2）第二步采用径向活塞密封形式，在活塞上设有密封槽。活塞作为套装 O 形密封圈的基体，采用的是密封与作动部件一体化设计思想，传统的密封形式是按照《O 形橡胶密封圈的选用和密封腔设计规范 QJ 1035.2 - 86》，直接在活塞上设计密封槽，用于安装 O 形密封圈。

3）第三步依据装置的工作温度选用可耐受的密封圈材料。例如，某爆炸螺栓装置的工作温度范围为－40 ℃～＋100 ℃，对应选择的密封圈材料的极限低温适应范围应该在－40 ℃ 以下，极限高温适应范围应该在＋100 ℃ 以上。

5）第四步设计密封圈压缩率，控制压缩率在 15％～25％ 之间。

6）第五步在活塞与壳体之间增加垫圈和紫铜垫。紫铜垫内径尺寸略大于活塞小端外径，外径略小于螺栓壳体配合段内径；垫圈内径大于活塞小端外径，外径略小于螺栓壳体配合段内径。该步骤的作用是：当火工装置中的雷管爆炸以后，形成高温、高压爆燃气体，推动活塞相对壳体开始运动，此时 O 形密封圈的作用由静密封变成动密封。在活塞运动过程中，冲击压缩垫圈与紫铜垫，垫圈与紫铜垫的内径尺寸设计可以保证即使在

-60 ℃ 或 $+75$ ℃ 的条件下也不会发生活塞抱死现象，而且在活塞运动过程中，紫铜垫被挤压后，16 个 $\phi 0.55$ 孔提供了变形的空间，能对活塞起到一定的缓冲作用，且挤压变形后能有更好的密封效果。经过理论计算及实验验证，垫圈的厚度 4 mm 不仅保证了装配时活塞的位置，还能为活塞提供足够的运动量使螺栓装置成功解锁。

3.6　长寿命火工装置设计

3.6.1　长寿命需求

随着我国探月工程任务的成功实施，后续还会开展小行星探测、木星探测等任务。小行星探测器、木星探测器等遇到的一个突出的不确定性因素是在空间环境下连续飞行数年之久，其上的火工装置在经历数年的空间环境作用以后，是否还能正常工作。这直接关系到小行星、木星探测任务的完成。因此，如何确认火工装置在经历数年空间环境下保持高可靠性状态是一个关键问题。

例如，小行星探测器在飞行过程中的空间环境异常复杂，主要包括热环境、真空环境和空间辐照环境等。一是热环境为 $+60$ ℃～-60 ℃，在接近小行星时火工装置会暴露在探测器外，热环境变为 $+120$ ℃、持续 4 个小时；二是真空环境为 6.5×10^{-3} Pa；三是空间辐照环境有太阳紫外辐射、原子氧侵蚀、电离辐射、等离子体氛围等，空间辐照环境是地面最强辐射强度的 $10 \sim 15$ 倍。这些空间环境对火工装置性能的影响直接关系着小行星探测器能否完成规定的任务。

对于长期高温环境来说，药剂会发生缓慢的分解反应，造成药剂性能的下降。考虑一种极端的情况，假如火工装置在高温 60 ℃ 下持续 3.5 年后需可靠工作，依据现行国军标 GJB 736.8 — 1990《71 ℃ 试验法》进行寿命评估的话，相当于要求该火工装置在室温 21 ℃ 下保存 168 年后能正常工作。

对于低温环境来说，火工装置上的氟醚橡胶密封圈在 -60 ℃ 下长时间服役后，其密封性能会下降。氟醚橡胶 FM-1 在低温下会发生玻璃态变硬变脆的现象，弹性大幅下降，橡胶表面产生微细裂纹；在 -30 ℃～-45 ℃ 的压缩耐寒系数为 $0.09 \sim 0.12$（弹性恢复量），一般认为耐寒系数大于 0.2 时具有足够的密封性能。同样，低温环境对环氧树脂胶的性能也会产生较大的影响。

在真空环境下，药剂的输出性能会不会发生变化？有文献报道，在相同温度环境条件下，CPN 药剂在常压和真空环境中的输出性能无明显差别。说明真空环境条件对 CPN 药剂的输出性能无明显影响，并且在真空环境中也能够可靠发火，药剂具有较好的真空环境适用性。

关于空间辐照的影响，目前在载人飞船配套火工装置上进行了空间辐照环境的试验考核，辐照试验剂量为 1.5×10^{6} rad（Si）（2 年）；为了验证高轨配套火工装置的适应能力，在某卫星型号中又开展了剂量为 4.75×10^{6} rad（Si）（45 天）的试验考核，表明空间辐照环境对火工装置性能的影响不大。

从空间环境对火工装置性能影响的分析可以看出，长期高温环境对药剂性能有较大影响，长期低温环境对氟醚橡胶密封圈、环氧树脂胶性能有较大影响，真空和空间辐照对火工装置性能的影响不明显。但是由于在空间环境下飞行时间长，空间环境会对其性能产生综合影响，目前火工装置在长期空间环境综合作用下的性能变化情况和可靠性变化情况缺乏更多的验证试验和历史数据的支持，给我国小行星、木星探测器任务的完成带来了很大的不确定性和巨大的风险。

3.6.2　火工装置面临极端环境温度的寿命分析方法

3.6.2.1　基本思想

为了确保火工装置在空间环境下可靠工作，可以采用地面模拟环境下的长贮试验验证。鉴于长贮试验周期长、风险大的不利因素，也可以采用加速性能退化试验方法配合长贮试验进行交叉验证。通过加速性能退化试验，获得火工装置在长期空间环境作用下性能的变化规律，给出火工装置空间寿命评估方法，获得定量的性能裕度水平。与通过长贮试验获得的性能裕度进行对比验证，为小行星探测器、木星探测器等航天器配套的火工装置空间寿命评估和可靠性保证提供理论支撑，降低行星探测器完成任务隐含的风险。其验证基本思想如图 3 - 32 所示。

3.6.2.2　分析方法

以某火工切割器为例，讲述其面临小行星探测应用过程的长寿命分析方法，具体过程如下：

1）对某火工切割器，分析其在小行星探测器中所处的局部空间环境特性，包括高温、低温及温度变化过程，真空环境和空间辐照环境在飞行过程中随时间而变化的特性，收集表征各个空间环境条件的物理参数（如温度、强度、作用时间等）及其范围数据，从理论和试验两方面来分析不同空间环境条件对火工切割器性能的影响及影响程度。理论分析是指通过物理、化学理论等对火工切割器的材料性能及结构性能变化机理进行分析。试验分析是指抽取少量的产品在模拟空间环境条件下进行试验，通过微观和宏观角度了解产品的结构、材料及性能变化，掌握火工切割器在空间环境下的性能变化规律。

2）对经过试验的产品进行拆解、理化分析，分析点火器装药及其组分、火焰雷管装药的关键性指标，如热失重、纯度、产气量、分解气体产物辨识、分解固定产物辨识、输出威力（燃烧反应 p-t 峰值、输出冲击波压力）等；分析非金属材料如氟醚橡胶密封圈、密封胶的关键性指标，如常压泄漏率、高压泄漏率、耐寒压缩系数、热失重、弹性、摩擦阻力等；密封胶的关键性指标如粘接强度、脱粘强度、塑性等；进一步确定火工切割器在空间环境下的性能变化规律和性能敏感参数。

3）结合火工切割器的结构、功能、工作原理，通过 FTA 和 FMEA 进行潜在失效模式及失效机理/失效原因分析，定位薄弱环节及其关键失效模式。从具体的产品结构功能出发，围绕产品中可能诱发故障的设计、材料、工艺、使用方式等细节，分析出潜在的、高概率的、后果严重的、难以测试到的失效模式，并研究其失效机理/失效原因中的主要

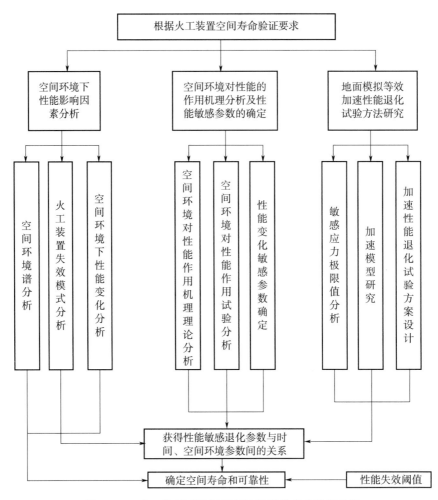

图 3-32　火工装置面临极端环境温度的寿命验证思路

诱发应力。以分析所得的主要应力，梳理出导致火工切割器在空间环境下失效模式的潜在敏感应力集。其次，利用试验、性能数据分析、仿真等手段进一步确定敏感应力。

4）收集、梳理现有的加速模型，分析其适用性。进行敏感应力之间的相关性分析，确定应力之间是否存在耦合关系。对于空间环境下的火工切割器而言，不同应力会导致不同的故障模式，也可能多种应力共同导致某种故障模式发生。最后基于现有模型，结合火工切割器性能变化特点，构建多应力综合加速模型。

5）根据火工切割器在空间环境下的功能和任务要求，以及其在空间环境条件下的失效机理，结合各个性能参数的失效阈值，确定火工切割器的失效判据。根据火工切割器的敏感性能参数和敏感应力，设计火工切割器加速性能退化试验方案，包括确定模拟试验设备、试验时间、环境条件参数、试验样本量、需测试的性能参数、测试仪器和设备、测试间隔等。也可以对火工切割器关键部件或材料级产品（如药剂、非金属件等）进行加速性能退化试验，以了解关键部件或材料在空间环境条件下的性能变化规律，为火工切割器性能变化规律及失效规律提供对比验证依据，使建立的火工切割器空间寿命评估方法更符合实际。

　　火工切割器加速性能退化试验可以分为两大类：一类是关键材料或元件（如氟醚橡胶密封圈、环氧树脂胶、镁点火药、2/1 樟烟火药和叠氮化铅起爆药等）的加速性能退化试验。这一类的试验方案设计流程图以氟醚橡胶密封圈为例，如图 3-33 所示。

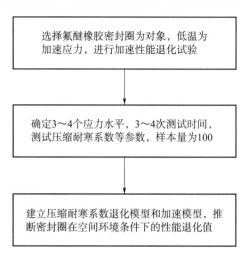

图 3-33　氟醚橡胶密封圈加速性能退化试验方案设计流程图

　　另一类是针对火工切割器的加速性能退化试验，包括高温、低温、空间辐照单因素加速性能退化试验和高温真空、低温真空双因素加速性能退化试验。这一类的试验方案设计流程图以火工切割器高温、真空双因素加速性能退化试验为例，如图 3-34 所示。

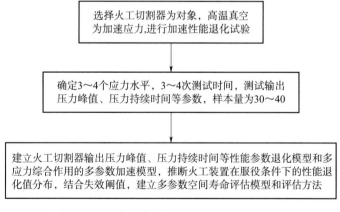

图 3-34　火工切割器高温真空加速性能退化试验方案设计流程图

　　6）根据测得的不同加速应力水平下的多个性能退化值，首先判别各敏感参数相关性，按敏感性能参数间的协方差运算方法，判断多种性能参数之间的相关性。由于产品的差异性，不同产品随试验时间和应力变化产生不同的变化过程，性能参数分布参数既是试验时间的函数，又是应力组合水平的函数。一般而言，时间和应力组合水平的变化只改变性能参数分布函数的分布参数，并不影响其分布类型。因此通过对不同测量时刻、不同应力组合水平产品性能参数所服从的分布参数的处理，可以找出其分布参数与时间及各应力之间的关系，从而得到多应力综合作用的加速模型，然后得到空间环境条件下的多参数性能退化模型的联合分布函数，以此为基础，建立火工切割器空间寿命可靠性评估模型和评估方法。试验数据处理流程如图 3-35 所示。

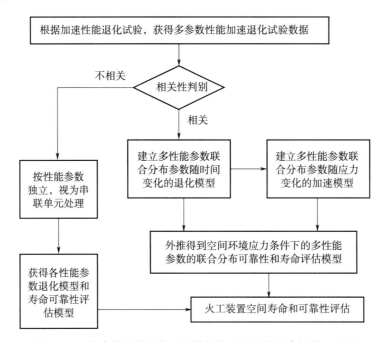

图 3-35　多参数性能退化试验数据处理及空间寿命评估流程图

对于火工切割器空间寿命验证与评估，以双应力（温度、真空）为例，进行双加速应力的加速性能退化试验，获得不同应力水平组合下的性能退化数据，并对多个性能参数进行相关性检验，然后采用多元回归分析技术确定性能退化模型和加速模型，即确定火工切割器性能参数与时间、双加速应力之间的关系，可以求出火工切割器正常服役时空间环境条件 S_0（包括空间温度应力 $S_0^{(1)}$ 和大气压力 $S_0^{(2)}$）下火工切割器性能参数随时间变化的函数关系，从而得到性能参数的联合分布密度函数 $f_{S_0}(x^{(1)}, x^{(2)}, x^{(3)} \mid t)$。当性能参数联合分布为正态分布时，可得到其联合分布概率密度函数为

$$f_{S_0}(x^{(1)}, x^{(2)}, x^{(3)} \mid t) = (2\pi)^{-\frac{3}{2}} \mid M_{S_0}(t) \mid^{-\frac{1}{2}} \mathrm{e}^{\left\{-\frac{1}{2}[X - \mu_{S_0}(t)]^T M_{S_0}^{-1}(t)[X - \mu_{S_0}(t)]\right\}} \quad (3-8)$$

式中　$\boldsymbol{X} = [x^{(1)}, x^{(2)}, x^{(3)}]^T$ ——火工切割器性能参数向量；

$\boldsymbol{M}_{S_0}(t)$ ——火工切割器在正常空间环境条件下 t 时刻各性能参数的协方差矩阵；

$\mu_{S_0}(t) = [x_{\mu S_0}^{(1)}(t), x_{\mu S_0}^{(2)}(t), x_{\mu S_0}^{(3)}(t)]^T$ ——在正常空间环境条件下 t 时刻各性能参数的均值向量。

假定各性能参数的技术指标为 $C_i (i=1, 2, 3)$，则该火工切割器在空间飞行了 t 时间后的可靠度 $R(t)$ 为

$$\begin{aligned} R(t) &= P\{X^{(1)} \leqslant C_1, X^{(2)} \leqslant C_2, X^{(3)} \leqslant C_3\} \\ &= \int_0^{C_3} \int_0^{C_2} \int_0^{C_1} f_{S_0}(x^{(1)}, x^{(2)}, x^{(3)} \mid t) \mathrm{d}x^{(1)} \mathrm{d}x^{(2)} \mathrm{d}x^{(3)} \end{aligned} \quad (3-9)$$

当火工切割器的性能参数服从联合正态分布时，在 t 时刻的可靠度为

$$R(t) = \int_0^{C_3} \int_0^{C_2} \int_0^{C_1} \left\{ (2\pi)^{-\frac{3}{2}} \left| M_{S_0}(t) \right|^{-\frac{1}{2}} e^{\left\{ -\frac{1}{2} [X - \mu S_0(t)]^T M S_0^1(t) [X - \mu S_0(t)] \right\}} \right\} dx^{(1)} dx^{(2)} dx^{(3)}$$

$$(3 - 10)$$

相应地，根据式（3-9）或式（3-10），在给定的可靠度指标要求下，可计算火工切割器的空间寿命。

参 考 文 献

[1] 王鹏，杜志明 . 火工烟火装置裕度研究与设计方法综述 [J]. 火工品，2005，(02)：21 - 25.

[2] 马景 . 航天火工装置可靠性设计、试验、评估实用方法与程序 [J]. 航天返回与遥感，2006，(02)：1 - 5.

[3] Bement，L，J. Pyrotechnic system Failures：causes and prevention [J]. NASA TM 10633，June 1988 (03)：43 - 48.

[4] Mocning，C，J. Pyroshock flight failures [C]. Proceedings of 31st Annual Technical Meeting of the Institute of Environmental Sciences，May 3，1985.

[5] 汪佩兰，王翠珍 . 火工品系统失效分析的有效方法-故障树分析 [J]. 火工品，1993 (3)：30 - 35.

[6] 严楠 . 火工品失效分析概论 [J]. 失效分析与预防，2006，(01)：23 - 29.

[7] 涂小珍 . 火工品失效模式及影响因素的分析 [D]. 北京：北京理工大学，2005.

[8] 田万衡，李洪福 . 开口薄壁杆件理论在车辆强度计算中的应用 [J]. 大连铁道学院学报，1984，(04)：21 - 27.

[9] 毕春长 . 渐开线圆柱齿轮强度计算的程序设计 [J]. 矿山机械，1987，(06)：13 - 19.

[10] 闻邦椿 . 机械设计手册 [M]. 北京：机械工业出版社，2010：249 - 251.

[11] 郭攀成，魏建民，李新勇 . 斜刃剪切力的精确计算 [J]. 锻压机械，2001，(03)：14 - 18.

[12] 林乐锋，刘强，等 . 影响剪切加工质量的因素及注意事项 [J]. 锻压装备与制造技术，2007 (02)：11 - 18.

[13] 刘鸿文 . 材料力学 [M]. 北京：高等教育出版社，2004：132 - 135.

[14] 天津大学物理化学教研室 . 物理化学 [M]. 北京：高等教育出版社，2009：32 - 35.

[15] 天津大学物理化学教研室 . 物理化学 [M]. 北京：高等教育出版社，2009：52 - 56.

[16] 徐文娟 . 两种可燃药筒燃气生成规律的分析比较 [J]. 兵工学报，1990 (03)：7 - 12.

[17] 魏志芳，陈国光 . 火药燃烧性能的矢量计算方法 [J]. 弹箭与制导学报，2005 (S1)：20 - 25.

[18] 罗运军，多英全，等 . 钝感火药膛内燃烧规律的实验研究 [J]. 燃烧科学与技术，1999 (01)：13 - 17.

[19] 贺居锋 . 基于 MATLAB/Simulink/GUIDE 的 PID 工具箱的设计 [D]. 东北大学，2005.

[20] 张双选，刘兴堂，郇战 . 一种扩展 Simulink 使用的有效方法 [J]. 计算机仿真，2003 (03)：21 - 25.

[21] 聂春燕 . MATLAB/Simulink 在动态系统仿真中的应用 [J]. 长春大学学报，2001 (01)：14 - 19.

[22] 杨涛，张为华 . 导弹级间分离连接装置有限元分析 [J]. 弹箭与制导学报，2006 (03)：21 - 26.

[23] 张立华 . 载人航天器连接分离装置的选择、设计和模拟分析 [J]. 航天器工程，1996，5 (1、2)：34 - 43.

[24] 崔卫东，程涛 . 火工分离装置的深水分离模拟试验装置设计 [J]. 火工品，2006 (1)：5 - 9.

[25] 王玉镯 . ABAQUS 结构工程分析及实例详解 [M]. 北京：中国建筑工业出版社，2010：3 - 5.

[26] 刘展 . ABAQUS6.6 基础教程与实例详解 [M]. 北京：中国水利水电出版社，2008：1 - 15.

［27］ 石亦平，周玉蓉 . ABAQUS 有限元分析实例详解［M］. 北京：机械工业出版社，2009：1 - 25.

［28］ 曹金凤 . ABAQUS 有限元分析常见问题与解答［M］. 北京：机械工业出版社，2009.

［29］ Hibbitt，Karlsson & Sorensen，Inc. ABAQUS/Explicit 有限元软件入门指南［M］. 北京：清华大学出版社，1999：89 - 100.

［30］ 詹友刚 . Pro/ENGINEER 中文野火版 5.0 曲面设计教程［M］. 北京：机械工业出版社，2010：1 - 447.

［31］ 和青芳，王立波，周四新 . Pro/E 野火版 4.0 精选 50 例详解［M］. 北京：北京航空航天大学出版社，2010：1 - 320.

［32］ 牛磊，董海平，叶耀坤，王旭，付东生，严楠 . 基于热减量法 2/1 樟发射药安全贮存寿命预估［J］. 装备环境工程，2024，21（02）：45 - 50.

［33］ 牛磊，董海平，叶耀坤，吕智星，高鑫，张楠，杨立欣，严楠 . 不同高温条件下中性斯蒂芬酸铅的寿命预测［J］. 装备环境工程，2022，19（02）：27 - 32.

［34］ XIONG Shihui，LI Yanhua，YE Yaokun，WANG Jingcheng，MU Huina，WEN Yuquan. Quantitatively Decoupling the Impact of Preload and Internal Mechanism Motion on Pyrotechnic Separation Shock.［J］. International Journal of Aeronautical And Space Science，2021，22（05），1106 - 1117.

［35］ 叶耀坤，柳元青，丁锋，王波，陈昊，陈虹百，王文中 . 分瓣解锁机构冲击特性分析与优化［J］. 载人航天，2021，27（03）：367 - 372.

［36］ HUANG Jiangping，MANJianfeng，YANG Jianzhong，YE Yaokun，LIU Rongqiang，DENG Zongquan. Experimental Research on Thermal Environment Adaptability of Aluminum Honeycomb ［J］. Manned Spaceflight，2016，22（03）：313 - 316

［37］ 魏汉青，叶耀坤，刘立武，张志春，冷劲松 . 大承载无冲击形状记忆复合材料释放装置的设计和分析［A］. 第二届中国国际复合材料科技大会论文集［C］. 中国复合材料学会，2015：144 - 149.

［7］ 叶耀坤，严楠 . 降低火工解锁螺栓分离冲击的技术研究［J］. 火工品，2011，（01）：13 - 16.

［38］ YE Yaokun，DING Feng，ZHU Jialin，WANG Haowei. Design of Connection Unlocking Device Based on Energy Release Control and Research on Sensitive Factors. Proceedings of the 2nd International Conference on Mechanical System Dynamics. ICMSD 2023［C］. Lecture Notes in Mechanical Engineering. Springer，Singapore，2024，3565 - 3579.

［39］ 魏汉青，叶耀坤，刘立武，史文华，张志春，冷劲松 . 大承载形状记忆复合材料释放装置研究. 2015 空间机构技术学术研讨会［C］. 载人航天编辑部，2015：201 - 206.

［40］ 黄江平，满剑锋，杨建中，叶耀坤，刘荣强，邓宗全 . 铝蜂窝材料温度环境适应性试验研究［J］. 载人航天，2016，22（03）：313 - 316.

［41］ 姜生元，鄢青青，李建永，成志忠，王印超，孙国鹏，李林，张伟伟，叶耀坤，苏小波，马超，蔺雪瑞 . 一种绳索缓释机构：黑龙江省，CN113859591B［P］. 2024 - 05 - 03

［42］ 罗毅欣，刘卫南，祁玉峰，丁锋，叶耀坤，钱世杰，侯武艺，张旭 . 一种四冗余火工机构锁：北京市，CN117360804A［P］. 2024 - 01 - 09

［43］ 罗毅欣，庄原，赵会光，何宗波，张泽洲，祁玉峰，叶耀坤，殷新喆，刘卫南，关发财，李昊伦，许焕宾，高洁，刘欣 . 一种适用于航天器压紧机构的预紧加载装置：北京市，CN115783305A［P］. 2023 - 03 - 14

［44］ 郭一竹，高峰，丁锋，杨雷，李潇，李林，白春生，刘峰，叶耀坤，吴琼，贾杰 . 一种可重复展开和收

拢的飞船保护罩：北京市，CN113022892B［P］.2022－07－29

［45］　叶耀坤，丁锋，祁玉峰，罗毅欣，吴琼，孙康，吴永胜，郝宝新，张欢，王晓姝.一种火工连接解锁装置：北京市，CN112298620B［P］.2022－07－26

［46］　孙国鹏，王宇，李委托，刘学，刘峰，何永强，罗毅欣，鄢青青，王波，叶耀坤.一种地外天体采样返回舱的自动开关舱门：北京市，CN112278333B［P］.2022－03－25

［47］　杨飞，庄原，王波，李伟杰，王文龙，叶耀坤，刘卫，孙凯，岳洪浩.旋转T型头式空间对接锁释机构：黑龙江省，CN111688955B［P］.2022－03－22

［48］　韩润奇，王波，庄原，刘芃，王耀兵，李伟杰，孙国鹏，潘博，李林，叶耀坤，赵震波.一种具有大角度容差的高精度电磁对接机构：北京市，CN111994306B［P］.2022－03－04

［49］　叶耀坤，丁锋，祁玉峰，史文华，李委托，陈祥伟，从强，王文龙，孙国鹏，李潇，王波.一种活塞式爆炸作动装置密封方法：CN201710430916.4［P］.2017－09－29.

［50］　叶耀坤，丁锋，祁玉峰，李委托，王文龙，孙国鹏，陈祥伟，从强，史文华，李潇，王波.一种强密封爆炸螺栓装置：CN201710430885.2［P］.2017－09－22.

［51］　叶耀坤，丁锋，王波，赵航，关发财，马国成.一种复合式大承载非火工连接分离装置：CN201911142472.X［P］.2020－01－17.

［52］　赵航，关发财，马国成，叶耀坤，丁锋，王波.一种非火工熔断连接分离装置：CN201922016715.7［P］.2020－09－18.

［53］　许焕宾，李伟杰，史文华，王文龙，叶耀坤，李潇，曾福明，丁锋，石文静.一种可重复展收的桁架结构及其胞元：CN201610264168.2［P］.2016－09－07.

［54］　祁玉峰，谭春林，刘永健，孙国鹏，罗毅欣，叶耀坤，王文龙.多自由度调节指向机构和方法：CN201510292126.5［P］.2016－12－07.

［55］　李晓刚，温玉全，焦清介，叶耀坤.爆炸零门的数值模拟与试验研究［J］.含能材料，2008.（已录用）.

第 4 章　火工装置空间环境适应性评估

4.1　概述

航天器的主要工作环境是空间环境，是一个很难控制的环境，它对火工装置材料可能会产生不利的影响，因此需要特别重视。空间环境对火工装置材料的主要影响有如下几方面：

1）真空条件。在高真空条件下，材料的蒸发、升华和分解效应，会造成材料的质量损失、改变和性能降低。

2）带电粒子辐射条件。在各种能量和强度的电子和质子的长期辐照下，材料将受到一定的辐射剂量，当剂量过大时，可能使材料（尤其是合成材料）性能发生退化。

3）太阳紫外辐射条件。航天器表面将受到各种波长的太阳光辐射，特别是量子能量较高的紫外辐射，它会影响材料的光学和热性能，以及影响某些薄膜结构材料的弹性性能。

4）高低温度交变条件。在低温条件下，有些材料会变脆；在长期温度交变条件下，有些材料会产生热疲劳或热损伤，因而产生裂纹、脱胶、分层、变硬等现象。

5）原子氧条件。它可引起高分子材料的化学裂解，因而造成材料的损伤。

火工装置一般处于密封状态，仅壳体外漏，其对空间环境适应性的薄弱环节主要是极端温度环境。因此，火工装置空间环境适应性评估的关键问题主要围绕极端高温、极端低温环境开展，且重点围绕火工药剂在极端温度环境下的适应性进行评估。

4.2　火工装置空间极端温度环境下适应性评估方法

针对航天火工装置在空间极端温度环境适应性问题，核心问题需要围绕火工药剂在极端温度环境下的适应性评估。

图 4-1 所示为火工药剂极端温度环境的适应性评估与试验方法思路，其对典型火工药剂在经历空间高低温环境前后的物理性能、化学性能及爆炸性能进行综合分析，最终综合确定火工药剂在极端温度环境下的安定性与适应性。

火工药剂极端温度环境的适应性评估与试验方法的基本思想：

1）极端温度环境对火工装置的药剂物理适应性和化学适应性的影响。需要验证的项目有：纯度、表观形貌（密度、颗粒尺寸、颗粒表面形貌等）、热失重、吸热峰起始温度和最大分解温度、放热峰起始温度和最大分解温度、反应热等，研究其变化规律及影响程

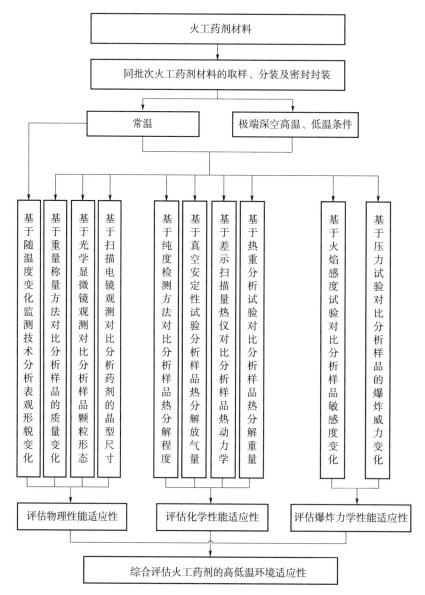

图 4-1　火工药剂极端温度环境的适应性评估与试验方法

度。为适合精密仪器的热分析，药剂样品一般采用粉末状态，采用粉末药剂耐温性能替代实际装药性能。

2）极端温度环境对火工装置模拟装药组件功能适应性的影响。对火工装置功能需要验证的试验项目有：电发火感度、内部装药火焰传递效能、作功能力。针对火工装置整机试验价格较高的问题，采用点火器和压力药筒模拟组件替代整机来验证关键功能。

3）通过上述系列验证试验，对火工装置在极端温度环境下的适应性进行综合评估，提出保障火工装置装药使用可靠性的有效措施。

综上所述，选出的极端温度环境下药剂适应性评估试验和检验项目有：热失重、纯度、DSC 热分析、火焰感度、压力-时间（$P-t$）曲线、药剂颜色、颗粒尺寸、颗粒形貌细观结构等，首选相关国军标试验方法作为适应性评估方法。

（1）安定性和相容性测定

安定性和相容性是评定火工药剂及接触材料在特定使用环境下稳定性的重要指标。依据 GJB 772A—1997《炸药试验方法》、GJB 770B—2005《火药试验方法》、GJB 5383.11—2005《烟火药安定性和相容性试验差热分析和差示扫描量热法》的相关内容，用 DSC 分析、TGA 分析对药剂的起始分解温度、最大分解温度、反应热等变化量进行分析。

DSC 法安定性的推荐性等级判据为：加热速率趋于零时 DSC 试验的峰温 T_{p0} 高出使用温度越高，其安定性越好。DSC 法评价相容性的推荐性等级判据为：

1）峰温改变量 $\Delta T_p \leqslant 2 \ ℃$，表观活化能改变率 $\Delta E/E_a \leqslant 20\%$，相容性为好，1 级；

2）$\Delta T_p \leqslant 2 \ ℃$，$\Delta E/E_a > 20\%$，相容性为较好，2 级；

3）$\Delta T_p > 2 \ ℃$，$\Delta E/E_a \leqslant 20\%$，相容性为较差，3 级；

4）$\Delta T_p > 2 \ ℃$，$\Delta E/E_a > 20\%$，相容性为差，4 级。

根据以往火工药剂 DSC 分析经验积累，选择峰温改变量 $\leqslant 2 \ ℃$ 为良好，$2 \ ℃ \sim 5 \ ℃$ 为中等，$> 5 \ ℃$ 为严重。

（2）纯度分析

药剂及组分的纯度是评定火工药剂感度和作功能力的重要指标。依据 GJB 737.12-93《火工品药剂试验方法起爆药含铅量测定》中的有关内容，用化合滴定法测定起爆药的铅含量，用于单质和混合起爆药中的含铅量测定。

合格判据：样品经历极端温度环境作用前后的纯度和铅含量不超出药剂制备工艺规程中规定的合格指标范围。例如，对于起爆药的铅含量、钡含量的合格范围一般为额定值的 $\pm 0.3\%$，叠氮化铅的合格范围纯度为 $\geqslant 97.5\%$，镁点火药的活性镁含量合格范围为额定值的 $\pm 0.75\%$。

（3）$P-t$ 曲线分析

$P-t$ 曲线峰值压力和压力上升时间是评定作功火工品作功能力的重要指标。依据 GJB 5309.24—2004《火工品试验方法第 24 部分：点火压力-时间曲线测定》中的有关内容，对电点火器与压力药筒模拟组件作功性能安定性变化进行分析。

合格判据：峰值压力和压力上升时间指标不超出合格范围，或 t 检验法（检验两个均值是否相等）检验样品的 $P-t$ 曲线峰值压力经历极端温度环境作用前后是否发生显著性变化。

（4）火焰感度分析

火焰感度的临界点火距离是评定药剂被上层装药输出火焰引燃的难易程度的重要指标。依据 GJB 5383.6—2005《烟火药感度和安定性试验方法第 6 部分：火焰感度试验导向管法》中的有关内容，对火工药剂的临界点火距离的火焰感度性能安定性变化进行分析。

合格判据：t 检验法（检验两个均值是否相等）检验样品的临界点火距离经历极端温

度环境作用前后是否发生显著性变化。

（5）尺寸、重量、密度测量

尺寸、重量是评定样品外形尺寸、重量发生变化的重要依据。采用高倍数码显微镜测量样品高温试验前后的尺寸、体积和密度变化；采用精密天平测量样品高温试验前后的重量变化。

合格判据：不超出合格范围，或 t 检验法（检验两个均值是否相等）检验样品密度、外形尺寸经历极端温度环境作用前后是否发生显著性变化。

（6）热失重分析

用精密天平测量松散药剂样品经历一定温度、一定时间内加热前后的重量减少。热失重计算式为 $W = (m_1 - m_2)/m \times 100\%$。$m_1$ 为加热前试样和试管重量，m_2 为加热后试样和试管重量，m 为加热前试样重量。

合格判据：不超出合格范围，或 t 检验法（检验两个均值是否相等）检验样品的重量经历极端温度环境作用前后是否发生显著性变化，以热失重 $\leqslant 1\%$ 为热安定性好的评定标准。

（7）颗粒尺寸、颗粒形貌、颜色观测

颗粒形貌分析是观察火工药剂发生颜色变化、晶粒破碎、失结晶水、晶型变化、相变、挥发、迁移等现象，是火工药剂安定性评估的物理性能指标。用扫描显微镜、高倍光学数码显微镜、数码照相机观测药剂的颜色、颗粒表观形貌、晶体颗粒形状、颗粒尺寸、粘结剂软化与凝结、体积膨胀、晶体裂纹、组分界面、组分迁移、颗粒迁移、物相变化、晶体表面麻坑、晶体缺陷、杂质等外观是否发生变化。

合格判据：根据样品的外观形貌经历极端温度环境作用前后的变化程度，配合纯度、真空安定性等其他化学分析方法进行综合分析。

（8）t 检验法检验样本差异分析

在两个样本的总体方差未知，且为小样本时（$n < 30$），用 t 检验法检验。用来检验两个样本平均数与其各自所代表的总体的差异是否显著。评估采用 t 检验法求 p 值的方法，$p > 0.05$ 时，认为不存在显著性差异，$p < 0.05$，认为存在显著性差异。

4.3 火工药剂性能随温度变化的连续监测方法

有时为了快速直观地连续监测火工药剂性能变化，可以采用图 4-2 所示火工药剂性能随温度变化的连续测试方法。

其原理是采用高清数码相机和差示扫描量热仪相结合的方法，敞开差示扫描量热仪的盖子，将少量火工药剂试样置于坩埚中，对差示扫描量热仪从常温开始以一定变温速率连续升温或降温，并用高清数码相机拍摄照片以记录试样物理表观相貌，以此连续测试火工药剂随温度发生的物理变化现象。该方法既可以进行火工药剂的化学性能随温度变化分析，又可以进行松散或压实火工药剂的物理性能随温度变化分析，且兼顾了操作简单、安

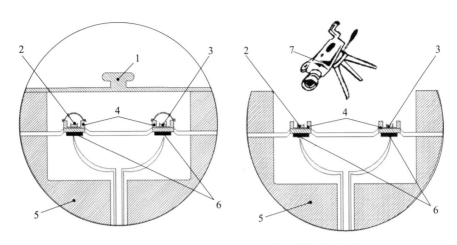

图 4-2　火工药剂性能随温度变化的连续测试方法

1—盖子；2—火工药剂试样；3—参比物；4—坩埚；5—加热块；6—热电偶；7—高清数码相机

全的特性，对火工药剂随温度的变化分析更加全面，不仅适应于各类火工药剂随温度的变化分析，还适应于其他药剂试样随温度的变化分析，具有较好的通用性。

4.4　典型火工药剂极端高温环境失效机理

对于火工药剂而言，空间极端高温环境的影响往往更凸显，在长时间高温条件下面临加速分解而失效的风险。

4.4.1　中性斯蒂芬酸铅单质点火药的高温影响机理

中性斯蒂芬酸铅又称为正盐斯蒂芬酸铅，学名三硝基间苯二酚铅，英文缩写 N-LTNR 或 LTNR。是一种弱起爆药，火焰感度、电热感度和点火能力好，微装药条件下还适合作为推销器、推冲器作功装药。它的分子式为 $C_6H(NO_2)_3O_2Pb \cdot H_2O$，相对分子质量为 468.30，理论含铅量为 44.23%（合格范围 43.5～45%）。结晶是桔黄色苯环形棱形柱状晶体，通常水分含量≤0.03%。中性斯蒂芬酸铅的吸湿性很小。一般情况下，中性三硝基间苯二酚铅每个分子含有一个结晶水（水合物），结晶理论含水量为 3.84%（质量比）。它的结晶水结合比较牢固，加热到 115 ℃、16 h 才能脱去；若加热到更高温度（135 ℃～145 ℃），脱水速度可加快，如 135 ℃加热 6 h，145 ℃加热 3 h 均会失去结晶水。在潮湿大气或有水分蒸汽环境中，又能吸水重新成为水合物。失去结晶水的斯蒂芬酸铅性能并无显著变化。该药剂属于一种爆炸性能较弱的起爆药，爆轰成长期较长，火焰感度高，与金属相容性较好，常作火焰敏感点火药、桥丝热敏感点火药、针刺药热敏感主组分。缺点是粉末状态时静电感度高，起爆威力小。

N-LTNR 的热安定性可以通过逐步升温加热方式观察药剂的物理和化学性能变化进行评估。由 DSC 热分析曲线可知，在 10 ℃/min 升温速率下，N-LTNR 的加热温度升至

138 ℃时开始显著吸热，升到 188.58 ℃时有一个吸热峰，升到 207 ℃时吸热峰结束，吸热峰起始温度与峰温相差 50 ℃，与结束温度相差 69 ℃；升到 237 ℃时开始显著放热，升到 293.38 ℃时有一个放热峰，升到 313 ℃时放热峰结束，放热峰起始温度与峰温相差 56 ℃，与结束温度相差 76 ℃。根据 N‑LTNR 物理和化学性能分析，对应于 293.38 ℃放热峰，是由于 N‑LTNR 晶体在高温条件下发生了快速热分解，这属于化学安定性变化；对应于 188.58 ℃吸热峰，是由于 N‑LTNR 晶体在高温条件下失去结晶水时发生的吸热现象，这属于物理安定性变化。N‑LTNR 的结构式如图 4‑3 所示，DSC 热分析曲线如图 4‑4 所示。

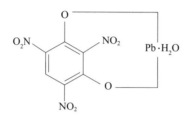

图 4‑3　　N‑LTNR 的分子结构

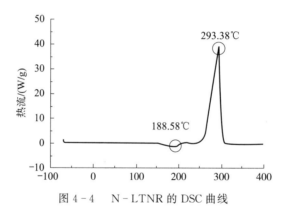

图 4‑4　　N‑LTNR 的 DSC 曲线

单质点火药的典型热分解反应形式

$$A(固) \xrightarrow{高温} B(固) + C(气)\uparrow + Q(放热)$$

点火药的典型失结晶水反应形式

$$A \cdot H_2O(固) \xrightarrow{高温} A(固) + H_2O(气)\uparrow - Q(吸热)$$

N‑LTNR 点火药的主反应方程式为

$$C_6H(NO_2)_3O_2Pb \cdot H_2O(固) \xrightarrow{188.58\ ℃} C_6H(NO_2)_3O_2Pb(固) + H_2O(气) - Q(吸热)$$

$$C_6H(NO_2)_3O_2Pb(固) \xrightarrow{293.38\ ℃}$$

$$5CO(气)\uparrow + CO_2(气)\uparrow + \frac{3}{2}N_2(气)\uparrow + PbO(固) + \frac{1}{2}H_2(气)\uparrow + Q(放热)$$

另外，其真空安定性试验（VST）的特征参量 V_s mL/g（放出气体量）的变化规律为：100 ℃，48 h，0.4；120 ℃，48 h，0.3；100 ℃热失重试验，100 ℃，48 h，0.38%；100 ℃，96 h，0.73%。真空安定性试验合格判据为放出气体量≤2 mL/g。

中性 LTNR 因分子中含有结晶水，在 137.81 ℃～184.87 ℃阶段（升温速率 10 ℃/min 条件下）会发生失去结晶水的现象，中性 LTNR 失去结晶水的同时会发生颗粒表观形貌变化：药剂变色、失重明显、晶体破碎、装药密度变蓬松等现象。同时也存在以下反应的可能性，即发生中性 LTNR 失去结晶水导致火工品内部其他药剂吸湿、变质或催化反应。如失结晶水形成凝聚态水分，会成为分子和离子迁移、加速反应的溶剂或介质；会进一步使混合药剂组分间相容性变差，导致氧化剂和盐类原料的腐蚀性增强，进而腐蚀桥丝、桥带、金属表面等形成连锁物理变化和化学反应。可以预见，在 100 ℃ 以上时，由于中性 LTNR 将发生失结晶水现象，还将发生物理安定性变差、化学安定性不好、爆炸性能变化的可能反应机理。经历 130 ℃环境试验后，除了发生上述物理性能变化，还发生了火焰感度提高 5%，P-t 峰值压力略有增加、压力上升时间明显缩短 20%～30% 等爆炸性能变化。

4.4.2　镁点火药的高温影响机理

镁点火药组成为镁粉、二氧化碲、氮化硼、氟橡胶，是一种满足 1 A 1 W，5 min 不发火的桥丝式钝感点火药，其主要成分外观见图 4-5。

(a) 镁粉　　　　　　　　　　　(b) 二氧化碲粉末　　　　　　　　　　(c) 氮化硼

图 4-5　镁点火药三种组分单质外观的照片

镁点火药的 DSC 分析曲线如图 4-6 所示。根据 DSC 分析结果，镁点火药存在两个反应过程：一个预反应过程和一个主反应过程。预反应峰温为 421.09 ℃、453.74 ℃。

烟火药的典型固-固相反应形式

$$A（固）+ B（固）\xrightarrow{高温} C（固）+ D（气）\uparrow + Q（放热）$$

烟火药的典型固-气相反应形式

$$A（固）+ B（气）\xrightarrow{高温} C（固）+ Q（放热）$$

镁点火药属于烟火药，其主反应方程式为

$$TeO_2（固）\xrightarrow{421 ℃} TeO_2（熔化）- Q（吸热）\xrightarrow{>500 ℃} TeO + \frac{1}{2}O_2 + Q（放热）$$

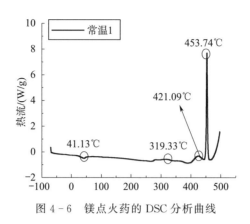

图 4-6　镁点火药的 DSC 分析曲线

$$Mg(固) \xrightarrow{>570\ ℃} Mg(熔化) - Q(吸热)$$

$$Mg + O_2(气) \xrightarrow{>550\ ℃} MgO + Q(放热)$$

镁点火药各组分的物质特性如下：

1）镁，分子式 Mg，原子量 24.3，熔点 648 ℃，沸点 1 107 ℃，密度 1.74 g/cm³。镁粉，银白色有金属光泽的粉末，活泼金属单质，遇湿易燃物品，燃烧时产生强烈的白光和高热。不溶于水、碱液，溶于酸。镁能与 O_2 发生氧化还原反应，还能与 CO_2 发生燃烧反应，遇水或潮气发生猛烈反应放出 H_2 和生成 Mg（OH）$_2$，伴有大量放热，引起燃烧或爆炸。镁粉在粉末状态下的燃点约 500 ℃，自燃温度 550 ℃。镁有比较强的还原性，工业上主要用作还原剂，在含能材料领域常用作烟火药的可燃剂。镁粉 DSC 曲线在 452.72 ℃有吸热峰，吸热峰反应热为 2.336 J/g，为镁合金熔化吸热。镁粉和氧气反应热为 6 008 J/g。镁热反应的温度为 4 500 ℃，高于铝热反应的温度 3 000 ℃。镁粉 DSC 曲线有两个反应峰，第一个吸热峰发生在 460 ℃附近，对应的温度区间为 450 ℃～490 ℃，主要是镁合金中第二相发生熔化吸热所致。第二个反应峰为 610 ℃附近，对应温度区间为 570 ℃～700 ℃，为镁粉基体熔化过程。

2）二氧化碲，分子式 TeO_2，相对分子质量 159.60，化学品类别为半导体无机氧化物，白色粉末，密度（5.49～6.02）g/cm³，熔点 773 ℃，沸点 1 260 ℃，升华点 450 ℃，主要用于制备二氧化碲单晶、红外器件、电子元件材料等。受高热分解生成氧气和氧化碲，可用作耐高温烟火药氧化剂。二氧化碲粉末 DSC 曲线在 449.63 ℃有吸热峰，反应热为 3.19J/g。

3）氮化硼，分子式 BN，化学组成为 43.6%的硼和 56.4%的氮，有四种不同的变体，常见六方晶系结晶氮化硼（HBN），白色松散粉末，密度 2.25 g/cm³。晶体结构与石墨极为相似，俗称白石墨。1 200 ℃以上开始在空气中氧化，熔点 3 000 ℃，稍低于 3 000 ℃时开始升华。工业上用作耐高温润滑剂、耐腐蚀陶瓷、高强度刀具等。六方氮化硼具有摩擦系数低、高温稳定性好、导热系数好、耐腐蚀稳定性好等优点。在烟火药中用作导热材料添加剂，可提高药剂传热耐热性能，提高电火工品安全电流。

4）氟橡胶，是指主链或侧链的碳原子上含有氟原子的合成高分子弹性体。氟原子的引入，赋予橡胶优异的耐热性、抗氧化性、耐油性、耐腐蚀性和耐大气老化性。氟橡胶在 250 ℃ 下可长期使用，300 ℃ 下短期使用。如在 300 ℃、100 h 空气热老化后的氟橡胶的物性，其扯断伸长率可保持在 100％ 左右；在 350 ℃ 热空气老化 16 h 之后保持良好弹性，在 400 ℃ 热空气老化 110 min 之后保持良好弹性。因此，氟橡胶可以在 200 ℃ 下长期使用。

以上耐温特性分析表明，镁点火药的各组分均可在 200 ℃ 下长期使用。

4.4.3　羧甲基纤维素叠氮化铅的高温影响机理

羧甲基纤维素叠氮化铅（下文简称叠氮化铅）英文缩写 CMC‑LA 或 LA，是起爆能力较优的一种起爆药。优点是爆轰成长期短，起爆能力大，热安定性好。叠氮化铅分子式通式为 $Pb(N_3)_2$，相对分子质量 291，分子结构如图 4‑7 所示。

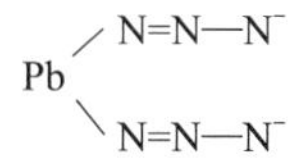

$$Pb \begin{array}{l} \diagup N{=}N{-}N^- \\ \diagdown N{=}N{-}N^- \end{array}$$

图 4‑7　$Pb(N_3)_2$ 分子结构

叠氮化铅单颗粒为透明结晶体，在堆积状态下呈白色粉末，常见的晶型有 α 型、β 型。α 型为短柱形晶体，是一种稳定的晶型，结晶密度 4.71 g/cm^3，表观密度（1.2～1.6）g/cm^3；β 型为针状晶体，在干燥状态下是稳定的晶型，稳定性较 α 型差。在日光照射下，氮化铅表面层有显著的分解，晶体表面可以分解出游离的铅和氮，使晶体表面由透明色变成浅粉红色，在堆积状态下呈粉红色粉末，光照严重时出现灰褐色。发生光分解时，氮化铅晶体表面会出现细小铅核，呈灰色，每个铅核附近会形成小麻坑，表面显得无晶体光泽。在分解时间较长或分解较严重时，晶体表面会出现裂缝，这是由于有氮气分解离开晶体的原因。值得说明的是，氮化铅光分解现象仍然属于热分解机理，所以可用热分解机理解释光化学反应机理，反之亦然。

叠氮化铅主要爆炸特性为：DSC 分解峰温为 333.21 ℃（图 4‑8 所示），5 s 爆发点 327 ℃，活化能 99 kJ/mol（340 kJ/kg），火焰感度 50％ 点火距离<8 cm，真空安定性 0.43 mL/g（120 ℃），爆热 1 500 kJ/kg，爆温 4333 ℃，爆容 308 L/kg，爆速 5 276 m/s（4.05 g/cm^3）。在慢速加热条件下，354 ℃ 以下为热分解反应，359 ℃ 以上为热爆炸反应，两种反应的产物组分比例显著不同。

为了改善叠氮化铅晶形、流散性，形成了粉末氮化铅、石蜡钝化氮化铅、糊精氮化铅、聚乙烯醇氮化铅、羧甲基纤维素氮化铅等品种，使用最普遍的是羧甲基纤维素氮化铅，其装药耐压性优于其他品种。叠氮化铅在一定条件下会发生热分解、光化学、水解反应方。

氮化铅热分解和爆炸反应方程式

$$Pb(N_3)_2 \longrightarrow Pb + 3N_2 + Q(放热)$$

氮化铅光照下分解反应方程式

$$Pb(N_3)_2 \xrightarrow{光照} Pb + 3N_2 + Q(放热)$$

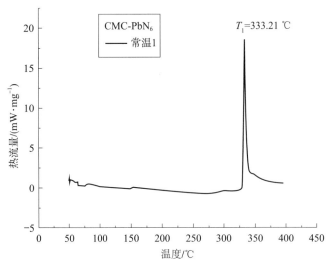

图 4-8　CMC-Pb（N$_3$）$_2$ 的 DSC 曲线

光照下会产生游离的铅和氮气，晶体表面会变成黄色或灰褐色。

氮化铅长期与水接触作用会发生水解反应，生成一碱价氮化铅和氮氢酸，继续反应生成碱式氮化铅、水和氮氢酸

$$Pb(N_3)_2 + H_2O \longrightarrow Pb(OH)N_3 + HN_3 \uparrow$$

$$Pb(OH)N_3 + H_2O \longrightarrow Pb(OH)_2 + HN_3$$

$$Pb(N_3)_2 + Pb(OH)_2 \longrightarrow Pb(N_3)_2 \cdot PbO + H_2O$$

当空气中有二氧化碳时会加速氮化铅水解反应，生成氢氧化铅碳酸盐（白色粉）和氮氢酸

$$3Pb(N_3)_2 + 4H_2O + 2CO_2 \longrightarrow Pb(OH)_2 \cdot 2PbCO_3 + 6HN_3$$

氮化铅表面生成一薄层碱式碳酸盐，降低氮化铅火焰感度。氮化铅与水、高温环境共热时会加速氮化铅水解反应

$$Pb(N_3)_2 + 2H_2O \xrightarrow{\text{高温}} Pb(OH)_2 + 2HN_3$$

4.4.4　铝点火药的高温影响机理

铝点火药属于航天器火工装置常用的一种钝感点火药，由铝粉、高氯酸钾、硝化棉混合而成，其中铝粉的熔点是 659 ℃，在空气中的燃点是 800 ℃，与空气中的氧接触有缓慢氧化反应，造成铝粉活性降低、火焰感度和燃速下降；高氯酸钾的熔点是（400～610）℃，分解温度是 588 ℃。单独组分高氯酸钾的 TG-DTA 联动热分析结果如图 4-9 所示。

在升温速率 10 ℃/min 条件以及 120 mL/min 的 N$_2$ 保护气氛下，KClO$_4$ 开始吸热分解温度为 306.6 ℃，放出氧气变成 KClO$_3$；614.66 ℃ 为 KClO$_3$ 开始分解变为 KCl，627.30 ℃ 有一分解放热峰。

其相关的反应方程式

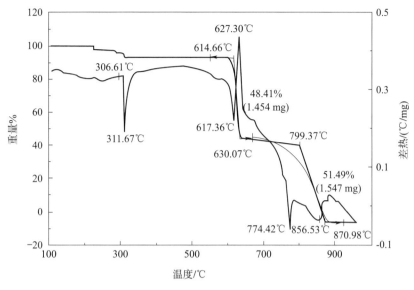

图 4 - 9　高氯酸钾 TG - DTA 联动热谱图

$$KClO_4（正方晶系）\xrightarrow{300\ ℃}KClO_4（立方晶系）\xrightarrow{600\ ℃左右}KClO_4（熔化）\longrightarrow KCl+2O_2\uparrow$$

　　热分析结果表明，氧化剂组分 $KClO_4$ 在 200 ℃ 以下没有热分解反应，是安定的；在 300 ℃ 附近时发生正方晶系向立方晶系晶型转变，600 ℃ 左右熔化和快速分解。

4.4.5　发射药 2/1 樟枪药的高温影响机理

　　发射药 2/1 樟枪药组分如表 4 - 1 所示，其中硝化纤维素为能量组分，二苯胺作安定剂，樟脑作钝感剂，石墨作光泽剂。

表 4 - 1　发射药 2/1 樟枪药组分参数

2/1樟发射药组分	二苯胺/%	樟脑/%	石墨/%	硝化纤维素/%	硝化纤维素硝化度/mL·g⁻¹	剩余挥发份/%
	1.2～2.0	0.9～1.8	0.2～0.4	94～96	>2.9	1.7～3.4

　　2/1 樟枪药在 120 ℃ 以上热安定性不好，在 135 ℃ 以下开始分解，5 s 爆发点为 237.1 ℃。在 120 ℃ 以上时，2/1 樟热安定性变差，分解放气量高于 2mL/g（安定性临界值），属于高温安定性不好；在 135 ℃ 以上时，将导致 2/1 樟枪药热分解加速，感度和爆炸威力性能有明显下降；170 ℃ 以上时，硝化棉组分发生分解；174 ℃ 以上时，樟脑组分将发生熔化。

　　2/1 樟枪药在 120 ℃ 以上时会热分解，不能长期使用；170 ℃ 以上时，因硝化棉发生分解加速，2/1 樟发射药的火焰感度和爆炸威力性能会大幅下降。

　　纯硝化纤维素的常温热安定性较好，其燃点范围为（160～170）℃，在（65～100）℃ 下，连续几个月加热纯硝化纤维素都不发生明显分解。但是含有杂质的硝化纤维素就比较容易受热分解。如果在硝化纤维素加热引起分解过程中，放出氮的氧化物，应及时将反应产生气体除去（加入樟脑的作用），则分解反应是等速进行的；否则，分解过程将自催化加速进行。因为分解释出的酸性产物 $N_2O_2 + H_2O$ 对分解反应有加速作用，这就是硝化纤维素热分解的自催化性质。硝化纤维素的自催化加速分解，随分解热积累而进一步加速，最终将导致发生爆燃或爆炸。所以在硝化纤维素的制造和使用中，热安定性的改善始终是一个重要问题。含氮量高的硝化纤维素的热安定性比含氮量低的要好。

低氮量硝化棉在冷却情况下也易与盐酸作用；中等氮量的硝化棉（11%~12%N）则仅仅在与盐酸煮沸时才发生分解；而高氮量硝化棉（13%N）则须在盐酸中长时间煮沸才能分解脱硝。单组分硝化棉（13.54%N）的 DSC 曲线如图 4-10 所示。

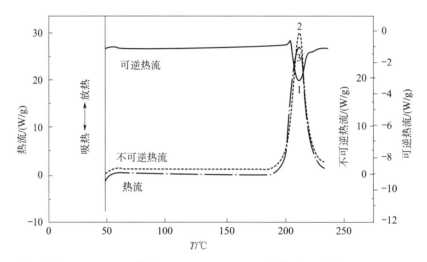

升温速率：10 ℃/min；气氛：N_2，50 mL/min；熔化过程：熔点 206.69 ℃，
熔融吸热焓 74.9 J/g；分解过程：外推终止温度 198.46 ℃，分解放热量 −2 053.9J/g

图 4-10　硝化棉（13.54%N）的 DSC 曲线图

以单位质量受热分解释出气体量表示高氮量硝化棉的热分解程度，得到不同温度热分解的动力学曲线，如图 4-11 所示。

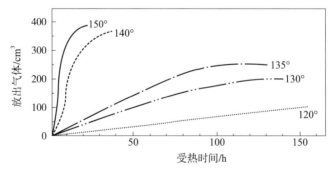

图 4-11　不同温度下高氮量硝化棉的热分解

从图 4-11 可以看出，随着温度升高，高氮量硝化棉分解速度呈现急剧加速的趋势。光照可以引起硝化纤维素的部分解聚和脱硝。将 11.74%N 的硝化纤维素经光照 48 h，其含氮量下降到 10.81%。如果硝化纤维素长时间置于日光下，其将分解成为能溶于水的黄

色胶状物质。1g 强硝化棉在不同温度和加热时间条件下的热失重及放出的气体体积如表 4 - 2 所示。

表 4 - 2　1 g 硝化棉在不同温度和加热时间条件下的热失重及放气体积

加热温度/℃	加热时间/h	放出气体体积/mL	失重/%	氮的损失/%
125	150	162	49.7	64
135	150	236	61.8	83
140	40	310	66.5	91
150	20	325	70.2	98

备注：药剂安定性的合格判据，放气量≤2mL/g。

根据硝化棉分解气体成分分析，计算出气体分解产物

$$C_{24}H_{29}O_9(NO_3)_{11} \xrightarrow{125\,℃} 2.5CO_2 + 1.6CO + 1.98NO + 2.52N_2 + 14.5H_2O$$

$$C_{24}H_{29}O_9(NO_3)_{11} \xrightarrow{140\,℃} 5.03CO_2 + 2.1CO + 2.93NO + 3.04N_2 + 14.2H_2O$$

$$C_{24}H_{29}O_9(NO_3)_{11} \xrightarrow{150\,℃} 6.27CO_2 + 3.58CO + 5.37NO + 2.7N_2 + 8.0H_2O$$

因此，高温环境下硝化棉由于热分解几乎把 N 完全失去。

4.5　典型火工装置极端温度环境适应性评估案例

以 1.4.4 节的火工切割器为例，采用火工装置极端温度环境下适应性评估方法以及火工药剂性能随温度变化的连续监测方法，进行持续 5 天空间极端温度－40～＋100 ℃条件下的适应性评估。考虑含能材料试验温度须高于预示温度 30 ℃，将极限环境温度定为持续 5 天－70～130 ℃，以此为条件评估火工切割器在极限温度环境下的安定性和性能是否发生变化。

4.5.1　极端温度环境失效模式分析

火工切割器组成材料有镁点火药、沥青斯蒂芬酸铅（LTNR）、羧甲基纤维素叠氮化铅 3 种火工药剂以及金属材料、橡胶、粘合剂。根据各种材料的相变温度，仅斯蒂芬酸铅的相变温度与＋130 ℃相接近，低于 30 ℃安全裕度范围。因此，火工切割器在－70～＋130 ℃条件下的环境适应性分析，主要考虑斯蒂芬酸铅的物理安定性和化学安定性，及结合火工切割器功能考虑其发火感度和爆炸性能安定性。

沥青 LTNR 的失效模式分析主要从其功能失效和材料失效两方面着手。该点火药在火工切割器中的作用是接受点火器火焰后引燃作功药，其功能应包括火焰激励发火功能和引燃下级装药功能。

沥青 LTNR 点火药可能的失效模式有：瞎火、迟发火、点火延迟时间超差、点火能力不足。在极限低温环境下，可能的失效模式有火焰感度钝化或敏化、迟发火、点火能力不足等；在极限高温环境下，除了功能失效模式外，作为含能材料失效模式，它还可能发

生失结晶水、低温下又凝水或结冰、药剂吸潮、颗粒破碎、装药裂纹、装药膨松、纯度降低等异常现象；作为 LTNR 的钝化剂沥青材料，它可能发生高温软化、迁移、团聚、脱粘、低温下重新凝结等失效模式或性能退化。针对以往对沥青 LTNR 性能的认识，认为它的晶体高温失结晶水、晶体高温破碎、沥青高温软化和迁移是在新的极限温度环境下发生失效原因的薄弱环节。

4.5.2　极端温度环境下适应性评估方案

针对火工切割器沥青 LTNR 点火药的失效模式及其影响因素分析，制定了四种装药状态的极端温度环境适应性评估，包括松散装药、压实药饼、模组组件、真实样品的四种装药状态，从不同的失效机理角度开展极端温度环境适应性评估。

1）松散药剂安定性评估：验证松散药剂在极限高温、低温下的化学安定性和物理安定性。松散药剂更便于利用各种试验方法和分析仪器进行试验评估。

2）压实药饼安定性评估：验证对应火工切割器装药密度状态在极限高温、低温下的化学安定性和物理安定性。压实药饼能够更真实反映真实装药条件的失效过程。

3）模拟组件安定性评估：验证对应火工切割器传火序列在极限高温、低温下的爆炸安定性；模拟组件能够真实反映能量传递序列的工作特性，降低试验成本，弥补使用真实样品难以进行安定性定量评估的不足。

4）为了确保火工切割器的装药全部满足持续 5 天 -70 ℃ ～ $+130$ ℃ 条件使用要求，适应性分析将碱式 LTNR 进行比较分析，以备作为沥青 LTNR 的替代药剂。

4.5.3　极端空间温度环境下的物理性能适应性评估

4.5.3.1　沥青 LTNR 的物理性能适应性评估结果

（1）松散药剂颗粒温循后变色、晶体破碎行为的显微镜图像分析

松散沥青 LTNR 经历 5 天温度循环试验（-70 ℃ ～ 130 ℃）后，用高倍数码显微镜观测药剂表面形貌可以得出：沥青 LTNR 在常温下呈现深褐色，颗粒较大（200～400）μm；经过温度循环后，沥青 LTNR 颗粒发生了变色、晶体破碎，颗粒成为粉末状（<50 μm），颗粒颜色由深褐色变成了棕黄色，如图 4 - 12 所示。

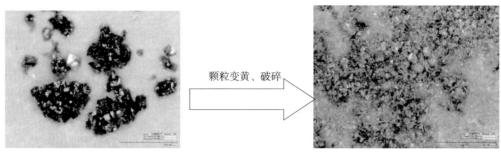

　　(a) 温度循环前(深褐色)　　　　　　　　　　　　　　(b) 温度循环后(棕黄色)

图 4 - 12　沥青 LTNR 经历温度循环前后的显微镜图像

（2）松散药剂升温过程出现变色、破碎、膨松行为的实验观测

为了进一步分析松散沥青 LTNR 经历温度循环后发生变色、破碎的现象是由于高温还是低温导致，采用了火工药剂性能随温度变化的连续监测方法，设计了连续升、降温的观测试验：将少量（约 0.5 mg）试样置于坩埚中，用 DSC 仪器从 10 ℃开始以 10 ℃/min 加热速率连续升温至 200 ℃，观察极限高温对沥青 LTNR 形貌的影响，每隔 10 ℃拍照一次样品外观形貌，如图 4 - 13 所示。

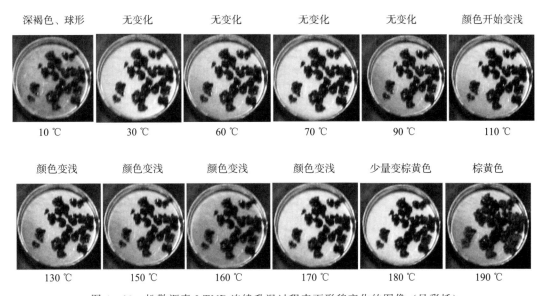

图 4 - 13　松散沥青 LTNR 连续升温过程表面形貌变化的图像（见彩插）

结果表明：沥青 LTNR 在 110 ℃前颜色变化还不明显，到 110 ℃时开始颜色变浅，到 180 ℃时少部分药剂变成棕黄色，到 200 ℃时基本全部变成棕黄色。原因是晶体高温出现破碎，显露出原有 LTNR 的颜色（棕黄色）。

（3）压实药饼高温出现膨胀、裂纹行为的实验观测

为了模拟真实压实装药状态，进一步研究极限高温对压实沥青 LTNR 药饼的影响，设计观测实验如下：将 60 mg 沥青 LTNR 压装至铝坩埚内，用压力药筒工艺规定的装药压力将沥青 LTNR 压实成药饼，用 DSC 仪器将样品从 10 ℃连续升温至 200 ℃，升温速率 10 ℃/min，每间隔 10 ℃拍照一次样品外观形貌，观测极限高温对压实沥青 LTNR 药饼安定性的影响过程。试验过程如图 4 - 14 所示。

结果表明：110 ℃高温前，压实沥青 LTNR 颜色未变；到 110 ℃时开始发生颜色变化，从 110 ℃升温至 200 ℃过程中，压实药剂一方面表面颜色逐渐变成棕黄色，分析原因是沥青熔化、药剂失去结晶水、晶体破碎所致；另一方面发生药剂体积膨胀、出现明显鼓包、裂纹、药剂表面冒出坩埚的现象，分析原因是药剂晶体破碎、变膨松，坩埚底部药剂因底部中央温度最高而失去结晶水、晶体破碎较多，并在药剂底部中央处形成较大压强和应力，进一步导致药饼内产生热应变，最终导致压实药饼的中间部分出现鼓包、裂纹。该结果进一步证实了沥青 LTNR 在温度高于 110 ℃时物理安定性发生了明显变化。

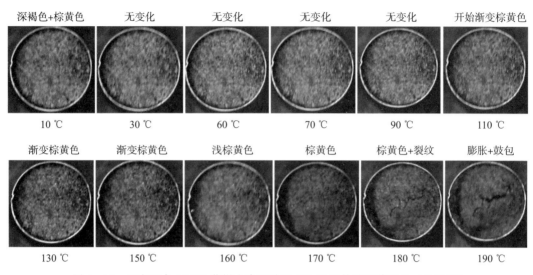

图 4 - 14　压实沥青 LTNR 药饼由常温升至 190 ℃ 的外观形貌对比（见彩插）

（4）松散药剂低温出现晶体脆裂、自行跳动行为的实验观测

为了进一步分析沥青 LTNR 经历温度循环后的颜色和体积变化的原因是高温还是低温引起的，设计了如下验证试验：将少量（约 0.5 mg）松散沥青 LTNR 置于坩埚中，用 DSC 仪器将样品从 10 ℃ 连续降温至 −70 ℃，降温速率 10 ℃/min，每间隔 10 ℃ 拍照一次样品外观形貌，观测极限低温对沥青 LTNR 形貌的影响。试验过程如图 4 - 15 所示。

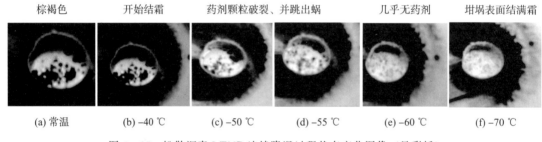

图 4 - 15　松散沥青 LTNR 连续降温过程状态变化图像（见彩插）

结果表明：药剂表面在 −40 ℃ 前只发生了结霜现象，而到 −50 ℃ 时，沥青包覆 LTNR 颗粒开始脆裂、破碎，少部分药剂颗粒出现自行跳动行为，可跳出坩埚，蹦出距离可达 10 mm 以上；到 −55 ℃ 时，大部分药剂粉破碎成细小颗粒状；降到 −60 ℃，大部分颗粒已跳出坩埚，造成坩埚内药剂所剩无几，剩余颗粒变得越来越细。分析原因是低温导致沥青 LTNR 晶体变形、破裂，而变成粉末。分析沥青 LTNR 晶体发生低温破裂，是药剂颗粒蹦出坩埚的原因。

（5）压实药饼低温出现膨松、变色行为的实验观测

为了研究极限低温对压实沥青 LTNR 药饼的影响，设计如下验证试验：用 DSC 仪器将 60 mg 压实沥青 LTNR 从 10 ℃ 连续降温至 −70 ℃，与常温药剂形貌对比，分析极限低温对压实沥青 LTNR 的影响，试验结果如图 4 - 16 所示。

深褐色药饼　　　　颜色变深、变膨松　　　　深褐色药饼　　　　颜色变深、变膨松

(a) 常温俯视　　　　(b) -70 ℃俯视　　　　(c) 常温侧视　　　　(d) -70 ℃侧视

图 4 - 16　压实沥青 LTNR 在常温与 -70 ℃的状态对比（见彩插）

结合松散沥青 LTNR 连续降温的试验结果，由图 4 - 16 可见：从 10 ℃降温至 -70 ℃过程中，压实药饼也发生了极限低温下颜色变深、晶粒破裂、装药变膨松的行为，并导致密度下降。

4.5.3.2　碱式 LTNR 的物理性能适应性评估结果

由于沥青 LTNR 晶体含结晶水、有沥青包覆，使药剂晶体在温度循环、极限高温、低温试验中发生了高温出现变色、破碎，低温出现脆裂、破碎、蹦跳等现象，这是在通常地面环境条件下未曾观测到的现象，表明沥青 LTNR 在极限温度下存在物理安定性变差的问题。为进一步验证结晶水对 LTNR 在极限温度下的安定性影响，设计了用不含结晶水的碱式 LTNR 进行极限温度循环安定性试验研究，与沥青 LTNR 特性作对比分析。

（1）松散药剂温度循环后无变化的显微镜图像分析

碱式 LTNR 不含结晶水和沥青，理论分析它在极限温度下不会发生失结晶水、组分挥发的现象，因此可作为沥青 LTNR 失效分析的参比样品。用高倍光学数码显微镜观测松散碱式 LTNR 经历温度循环试验前后的颗粒外观形貌图像，结果未发现颗粒颜色、晶形、颗粒大小发生变化的现象。如图 4 - 17 所示。

(a) 温度循环前(棕红色)　　　　(b) 温度循环后(棕红色)

图 4 - 17　松散碱式 LTNR 经历温度循环前后的外观形貌显微镜图像

（2）松散药剂在升温过程中无变化的图像观测

为对比碱式 LTNR 与沥青 LTNR 的高温安定性变化，设计验证试验如下：将松散碱式 LTNR 从 0 ℃连续升温到 180 ℃，未发现晶体有颜色、形状的变化。试验过程如图 4 - 18 所示。

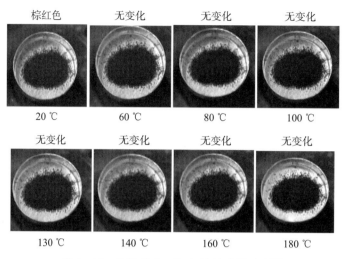

图 4 - 18　松散碱式 LTNR 连续升温对比图

（3）松散药剂在低温过程中无变化的图像观测

为对比碱式 LTNR 与沥青 LTNR 的低温安定性变化，设计验证试验如下：将松散碱式 LTNR 从 0 ℃连续降温到－70 ℃，除了表面结霜外，未发现晶体有颜色、形状的变化。试验过程如图 4 - 19 所示。

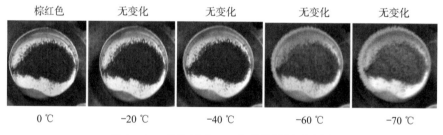

图 4 - 19　松散碱式 LTNR 连续降温对比图

（4）碱式 LTNR 外观形貌安定性分析结论

极限温度试验表明：碱式 LTNR 经历极限温度循环后无颜色、形态变化，极限温度下物理安定性良好。

4.5.3.3　中性 LTNR 的物理性能适应性评估结果

为进一步验证存在结晶水、沥青包覆对 LTNR 在极限温度下的安定性特性，设计了中性 LTNR 在连续升温、降温过程的变化现象观测试验，与沥青 LTNR 对比分析。

（1）松散药剂在升温过程中变疏松、颜色变深的图像观测

将松散中性 LTNR 从 0 ℃连续升温到 190 ℃。变化过程如图 4 - 20 所示。

从上述过程中发现：药剂在 110 ℃时开始出现颜色变化，到 130 ℃颜色逐渐加深，到 170 ℃以后变疏松，颜色从最初的棕黄色变成深红褐色。

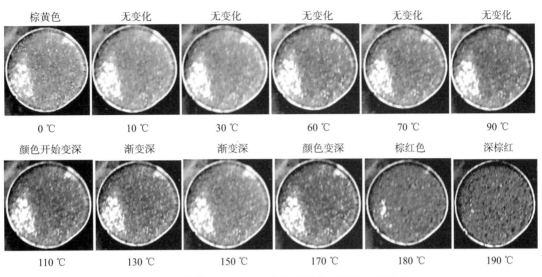

图 4-20　松散中性 LTNR 连续升温的对比图（见彩插）

（2）松散药剂在低温过程中出现晶体破碎、自动跳动行为的图像观测

将松散中性 LTNR 从 −10 ℃连续降温到 −80 ℃后，恢复至 0 ℃。在这个过程中，发现药剂在 −40 ℃时开始自动跳动，并致使药剂颗粒脆裂，但在 −70 ℃时平静下来。但恢复到 0 ℃时，样品表面上的霜快速消融，表面聚有黄色的水珠。如图 4-21 所示。

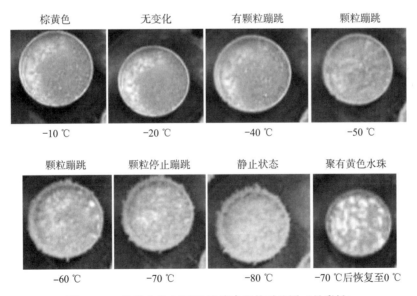

图 4-21　松散中性 LTNR 连续降温的对比图（见彩插）

（3）压实药饼在升温过程中出现裂纹、药剂疏松现象的图像观测

将压实中性 LTNR 从 10 ℃连续升温到 190 ℃。过程中发现药剂在 110 ℃时开始出现颜色变化，到 130 ℃颜色逐渐加深，在 170 ℃以后开始膨胀，致使药剂变疏松，颜色从最初的棕黄色变成棕红色，且压实药柱开始出现裂纹。如图 4-22 所示。

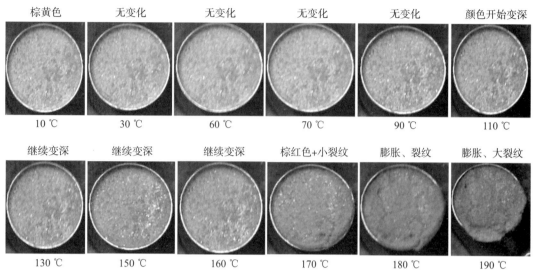

图 4-22　压实中性 LTNR 连续升温的对比图（见彩插）

（4）压实药饼在降温过程中出现药剂膨胀、跳动行为的图像观测

将压实中性 LTNR 从 0 ℃连续降温到 -70 ℃。在这个过程中，发现药剂表面有结霜现象，且出现药剂膨胀、疏松现象。如图 4-23 所示。

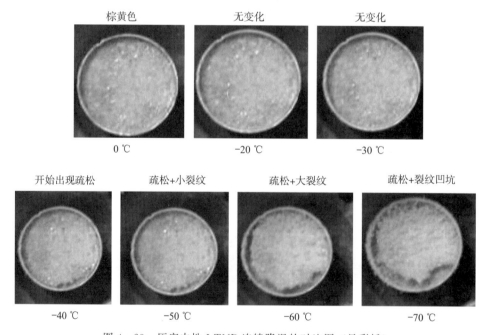

图 4-23　压实中性 LTNR 连续降温的对比图（见彩插）

（5）中性 LTNR 外观形貌安定性分析结论

通过上述试验得出，中性 LTNR 在高温 110 ℃开始颜色变化，当温度升到 170 ℃左右，中性 LTNR 会因为失去结晶水而由棕黄色变成红褐色；高温导致压实药饼的疏松而

形成小裂纹。松散药剂在－40 ℃时开始自动跳动，并致使药剂晶体破碎；低温致使压实药饼变疏松，密度下降。

上述现象和沥青 LTNR 的现象基本相同，而根据沥青 LTNR 与中性 LTNR 的共同点是带有结晶水，可证明沥青 LTNR 的高温变色、膨胀鼓包、低温晶体破碎等现象是由于中性 LTNR 含结晶水以及沥青高温软化所致。

4.5.4 极端空间温度环境下的化学性能适应性评估

4.5.4.1 沥青 LTNR 与碱式 LTNR 药剂真空安定性分析结果

真空安定性试验是目前火工药剂最权威的安定性评定方法。按照 GJB 737.1—1989《火工品药剂试验方法 真空安定性试验》，对沥青 LTNR、碱式 LTNR 两种松散药剂进行了极限高温热安定性试验分析。有别于 GJB 737.1—1989 规定的试验条件的不同之处是使药剂设定在 130 ℃高温环境下、连续加热 5 天的激源刺激。不合格判据是：每克试样放气量不超过 2 mL。安定性分析结果见表 4－3 所示。

表 4－3 松散药剂真空安定性试验结果

试样序号	沥青 LTNR 放气量/mL・g^{-1}	碱式 LTNR 放气量/mL・g^{-1}
1	0.92	0.61
2	0.76	0.57
3	0.79	0.40
均值	0.82	0.53
标准偏差	0.09	0.11
结论	放气量均小于 2 mL,药剂真空安定性好	

从试验数据可以得出：沥青 LTNR、碱式 LTNR 的放气量均小于 2 mL/g，表明两种药剂在高温 130 ℃、恒温 5 天条件下均具有良好的热安定性（即化学安全性）。其中沥青 LTNR 的放气量比碱式 LTNR 大 33.7%，分析主要原因是沥青 LTNR 含有结晶水。当在130 ℃高温连续加热时，沥青 LTNR 晶体中的结晶水会以水气形式缓慢挥发出来，因而其放气量多于碱式 LTNR 晶体。

试验表明沥青 LTNR 在 130 ℃高温环境下有一定量的组分发生了热分解，放出气体（0.82 mL/g），其中有 65%属于化学组分分解，有 35%属于物理组分分解（结晶水）。试验结果表明沥青 LTNR 的物理安定性不如碱式 LTNR 好。

4.5.4.2 沥青 LTNR 与碱式 LTNR 药剂热失重分析结果

热失重试验是目前火工药剂最简便、最直观的热安定性评定方法。热失重试验原理是：用精密天平测量松散药剂、压实药剂、压力药筒、真实切割器样品试验前后的重量变化。一般来讲，样品总重量越少，失重分析精度越高。这主要与天平量程和灵敏度有关。不合格判据是：检验超出规定合格范围或 t 检验法（检验两个均值是否相等），检验样品经极限温度前后的重量变化程度。

采用火工药剂热失重例行试验方法，测试药剂试样及参比空瓶经历极限温度循环前后的失重率。检测参比空瓶是为了排除称量瓶受热带入的误差。为防止药剂光分解，试样变色、变质，用棕色干燥器放置药剂。称量瓶和参比空瓶的规格型号一样，如图 4-24 所示。

图 4-24　热失重试验用称量瓶实物照片

为了辨识 LTNR 晶体所含结晶水对失重率的影响，选择了沥青 LTNR、碱式 LTNR、沥青 3 种药剂做热失重试验对比分析。选择碱式 LTNR 是因它不含结晶水，在热失重试验中仅考虑化学组分分解，与含结晶水的沥青 LTNR 热失重进行对比，便于验证沥青 LTNR 经历温度循环后发生热失重、失结晶水的现象；选择沥青是为了验证沥青是否参与热失重。

中性 LTNR 分子式为 $C_6H(NO_2)_3O_2PbH_2O$，理论含铅量为 44.23%，分子量为 468.30。结晶水分子量为 18，占分子质量百分比为 3.84%。这就是理论分析沥青 LTNR 失去结晶水的最大失重量。

对每种药剂用烘干恒重的称量瓶称取 3 个试样，每个试样重量 2 g。放入高低温实验箱中进行 5 天温度循环试验（-70 ℃～130 ℃）。试验要求恒瓶重量连续两次测得数值之差不超过 0.000 3 g，恒瓶称量时温度设为 130 ℃、1 h，两次测量时间间隔 1 h。3 种药剂热失重试验的失重率测试结果见表 4-4。

表 4-4　三种药剂经历 5 天温度循环后的失重率试验结果

试样序号	沥青 LTNR 失重/%	碱式 LTNR 失重/%	沥青失重/%	参比瓶失重/%
1	3.355	0.202	0.044	+0.001 4
2	3.459	0.189	0.044	+0.001 5
3	3.433	0.405	0.105	-0.000 8
均值	3.416	0.265	0.064	-0.001 2
标准偏差	0.054	0.121	0.035	0.000 3
结论	失重最大	有少量失重	失重少	失重少
备注	理论计算沥青 LTNR 结晶水含量为 3.84%，碱式 LTNR 结晶水含量为 0			

由表 4-4 数据得出：沥青 LTNR 热失重率较大，为 3.416%。

为了进一步验证样品失重是由高温、还是由低温产生的，按照同样热失重方法，又对沥青 LTNR 分别进行连续 130 ℃、5 天和 −70 ℃、5 天下的失重试验，每天取出试样称量一次失重率，检查失重率随极限温度作用时间的变化关系。每次取出试样时放在干燥器中恢复至室温再进行称量。此外，选择碱式 LTNR 作为参比样品，做同样试验进行失重率对比。试验数据见表 4 − 5。

表 4 − 5　两种松散 LTNR 药剂分别经 130 ℃、5 天和 −70 ℃、5 天试验后的失重变化

失重比率	沥青 LTNR 累计失重/%		碱式 LTNR 累计失重/%		参比瓶累计失重/%	
	+130 ℃	−70 ℃	+130 ℃	−70 ℃	+130 ℃	−70 ℃
第 1 天	3.724 0	—	0.228 0	—	0.000 4	—
第 2 天	3.728 1	—	0.150 2	—	0.000 4	—
第 3 天	3.714 0	—	0.189 0	—	0.000 6	—
第 4 天	3.737 3	—	0.215 5	—	0.000 6	—
第 5 天	3.738 0	−0.743 0	0.241 0	−0.037 0	0.000 6	−0.003
结论	沥青 LTNR 经高温 1 天几乎失去所有结晶水；而碱式 LTNR 经历高温 5 天仅失重 0.24%					
备注	沥青 LTNR 结晶水的最大理论失重率为 3.84%，碱式 LTNR 结晶水含量为 0； —：称量瓶从低温试验箱中取出时表面有结霜，此时称量不准确，因此未做每天称量					

由表 4 − 5 数据可以得出：沥青 LTNR 在极限高温 130 ℃条件下持续 5 天后，失重率较大，失重率为 3.738 0%，主要原因是其在 130 ℃时会发生缓慢失去结晶水反应，几乎失去全部结晶水；在极限低温 −70 ℃条件下持续 5 天，试样称量出现稍有增重，主要原因是低温后取出称量瓶时药剂表面有结霜，当在恢复常温时会发生药剂吸湿少量增重现象（0.037%）。而碱式 LTNR 在极限高温下失重率要小得多（0.241 0%），主要原因是试样不含结晶水，仅发生微量组分的热分解。

综上，极限温度下的失重试验结果表明，沥青 LTNR 的热安定性不如碱式 LTNR 好。

4.5.4.3　沥青 LTNR 与碱式 LTNR 药剂热分解特性分析结果

用差示扫描量热法（DSC 分析）、微热重法（TGA 分析）测量药剂在程序升温控制下发生的化学或物理变化产生的热效应，用峰温大小和经历极限环境温度前后的峰温变化程度，评定试样的热安定性。

DSC 分析、TGA 分析：采用 GJB 772A—1997《炸药试验方法》和 GJB 5383.11—2005《烟火药安定性和相容性试验 差热分析和差示扫描量热法》对药剂分解的起始温度、峰值温度等反应特征参数的变化进行分析；DSC 法的不合格判据是：峰温偏移 5 ℃；TGA 法的不合格判据是：没有判据，需要根据失重换算出产气量大于 2 mL 或换算出纯度低于药剂制备工艺规程中规定的纯度合格指标范围。

4.5.4.3.1　沥青 LTNR 热特性分析结果

（1）DSC 试验分析结果

采用 DSC 分析法分别对常温、温度循环后的沥青 LTNR 试样热安定性进行分析，试验曲线如图 4 − 25 所示。

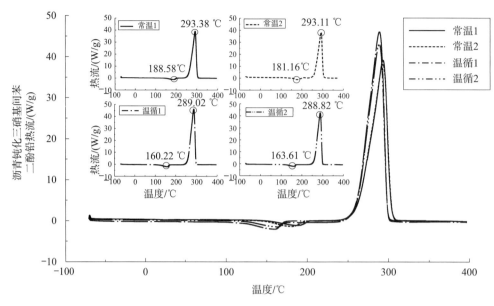

图 4-25　沥青 LTNR 的 DSC 分析曲线

从 DSC 试验曲线可见，其升温过程存在两个变化阶段：吸热阶段和放热阶段。对照两个过程的关键参数，读取曲线上的特征数值并进行分析，如表 4-6 所示。

表 4-6　沥青 LTNR 的 DSC 试验结果与分析

试验条件		升温速率：10 ℃/min，试样处于密封状态，氮气流量：50.0 mL/min		
数据类型		常温均值	温度循环后均值	温循均值-常温均值
吸热过程	初温/℃	137.81	122.48	−15.34
	峰温/℃	184.87	161.92	−22.96
	终温/℃	207.72	176.18	−31.54
	吸热焓/(J/g)	91.85	82.77	−9.08
放热过程	初温/℃	237.04	237.75	+0.71
	峰温/℃	293.25	288.92	−4.33
	终温/℃	312.29	306.35	−5.94
	放热量/(J/g)	1 994.00	2 163.00	+169.00
依据		中性 LTNR 起始吸热峰温 160 ℃，分解放热起始温度 268 ℃，分解放热峰温 289 ℃，沥青软化起始温度是 90 ℃，生成焓−384.5 J/g		
结论		①常温和温循后沥青 LTNR 试样均有两个峰：吸热峰和分解放热峰；②温循后沥青 LTNR 曲线形态接近于中性 LTNR，但吸热峰提前到 161.92 ℃，表明物理安定性差；③常温下分解峰温为 293.25 ℃，温循后分解峰温为 288.92 ℃，分解温度提前了 4.3 ℃，说明温循后药剂稍变敏感，这解释了火焰感度提高的原因；④温循后放热量提高 8.5%，表明输出威力将增大；⑤放热峰温度改变量小于 5 ℃，表明安定性好		

沥青 LTNR 的 DSC 试验结果表明：

1）常温和温循后的沥青 LTNR 试样的 DSC 曲线均存在两个热效应峰：吸热峰和分解

放热峰。试样的吸热现象对应的过程是沥青软化和 LTNR 失去结晶水过程。

2）温循后沥青 LTNR 药剂的 DSC 曲线形状接近于中性 LTNR 药剂（峰温 160 ℃），但吸热峰温由常温药剂的峰温 184.87 ℃降到了 161.92 ℃，峰温改变量大于 5 ℃，表明其物理安定性差。沥青 LTNR 峰温受温循影响的变化规律，在一定程度上解释了用显微法观测到的沥青 LTNR 表观形貌图像——温循后沥青包覆层消失、LTNR 晶体颗粒裸露的现象。

3）常温的沥青 LTNR 分解峰温为 293.25 ℃，温循后分解峰温变为 288.92 ℃，分解峰温提前了 4.3 ℃，这说明温循后药剂热感度变得稍微敏感些。这可解释温循后沥青 LTNR 火焰感度提高的原因。

4）温循后放热量提高 8.5%，表明输出威力将增大。

5）循环后的沥青 LTNR 放热峰温度改变量小于 5 ℃，表明其化学安定性良好。

（2）TGA 试验分析结果

采用 TGA 分析法分别对常温、温度循环后的沥青 LTNR 试样进行热失重分析，试验曲线如图 4 - 26 所示。失重-温度曲线存在两个重要阶段，一是在 100 ℃附近的失重阶段（约 2.669%），二是在 246 ℃附近的失重阶段（约 25.53%）。第一阶段对应于药剂失去结晶水的过程，第二阶段对应于药剂放热分解的过程。

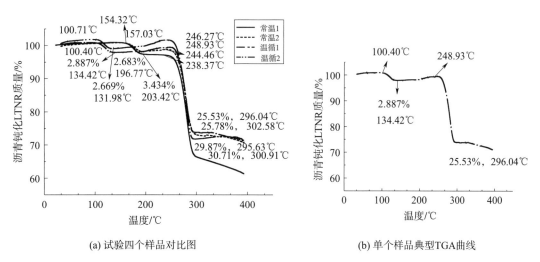

(a) 试验四个样品对比图　　　　　　　(b) 单个样品典型 TGA 曲线

图 4 - 26　沥青 LTNR 的 TGA 分析曲线

从 TGA 试验曲线图可看出，沥青 LTNR 存在两个失重阶段。试验数据分析结果如表 4 - 7 所示。

表 4 - 7　沥青 LTNR 的 TGA 试验数据分析结果

试验条件	常温下两个试样重量均值为 1.39 mg，温度循环后两个试样的重量均值为 0.63 mg；氮气流量 100 mL/min；升温速率 10 ℃/min		
数据类型	常温均值	温度循环后均值	温循均值-常温均值

续表

试验条件	常温下两个试样重量均值为 1.39 mg,温度循环后两个试样的重量均值为 0.63 mg;氮气流量 100 mL/min;升温速率 10 ℃/min		
失重 第一阶段	起始温度/℃	155.68	100.56	−55.12
	失重比例/%	3.06	2.78	−0.28
	终止温度/℃	195.71	133.20	−62.51
失重 第二阶段	起始温度/℃	241.42	247.60	+6.19
	失重比例/%	28.25	27.70	−0.54
	终止温度/℃	301.75	295.84	−5.91
依据	中性 LTNR 含有 3.84% 的结晶水		
结论	①沥青 LTNR 经历两个失重阶段,第一阶段失重约 3%,是失去结晶水的原因(计算对比结晶水的含量,对比沥青); ②温循后在 100 ℃ 开始失重,与中性 LTNR 性质相似,也和 DSC 结果相吻合; ③常温和温循试样第二阶段失重对应于热分解过程,失重特征参数几乎相等,说明安定性良好		

4.5.4.3.2　碱式 LTNR 热特性分析结果

（1）DSC 试验分析结果

采用 DSC 分析法分别对常温、温度循环后的碱式 LTNR 试样进行热安定性分析，试验曲线如图 4-27 所示。

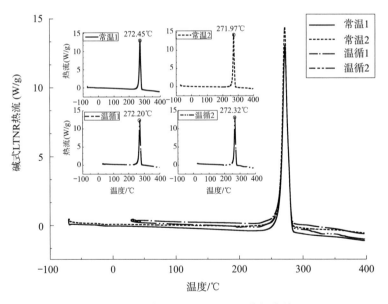

图 4-27　碱式 LTNR 的 DSC 分析曲线

从试验曲线中可看出，碱式 LTNR 仅存分解过程。读取试验数值并进行分析，如表 4-8 所示。

表 4-8　碱式 LTNR 的 DSC 试验数据与分析结果

试验条件		氮气流量:50.0 mL/min;升温速率:10 ℃/min;试样处于密封状态					
试样种类		常温			温度循环后		差值
		试样 1	试样 2	常温均值	试样 1	试样 2	温循均值	温循均值-常温均值
试样质量/mg		0.554	0.614		0.517	0.584		
分解过程	初温/℃	236.33	234.92	235.63	231.24	232.67	231.96	-3.67
	分解点/℃	264.50	264.48	264.49	264.37	264.45	264.41	-0.08
	峰温/℃	272.25	271.97	272.11	272.20	272.32	272.26	+0.15
	终温/℃	290.78	290.78	290.78	290.01	289.07	289.54	-1.24
	放热量/(J/g)	1 444	1 476	1 460.00	1 554	1 464	1 509.00	+49.00
依据		碱式 LTNR 放热峰约 270.5 ℃						
结论		常温下和温循后碱式 LTNR 均只有分解过程,常温试样和温循试样分解特征参数几乎相同,分解峰温度改变量小于 5 ℃,温循后药剂没有发生变化,表明安定性好						

（2）TGA 试验分析结果

采用 TGA 分析法分别对常温、温度循环后的碱式 LTNR 试样进行热失重分析,试验曲线如图 4-28 所示。

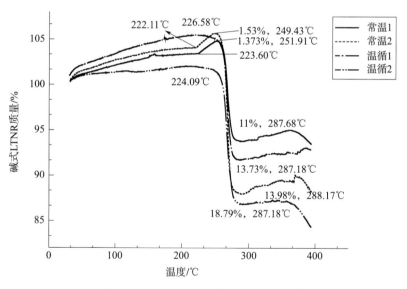

图 4-28　碱式 LTNR 的 TGA 分析曲线

从 TGA 试验曲线中可看出,试样存在两个重量变化阶段。读取数值并进行分析,如表 4-9 所示。

表 4 - 9 碱式 LTNR 的 TGA 试验结果分析

试验条件		氮气流量：100 mL/min；升温速率：10 ℃/min，试样处于非密封状态					
试样种类		常温			温度循环后		差值
		试样 1	试样 2	常温均值	试样 1	试样 2	温循均值	温循均值－常温均值
试样质量/mg		0.586	0.522		0.467	0.508		
分解过程	起始温度/℃	249.43	251.91	250.67	224.09	226.58	225.34	2.48
	失重率/%	18.79	11.00	14.90	13.98	13.73	13.86	0.41
	终止温度/℃	287.18	287.68	287.43	288.17	287.18	287.68	0.25
结论		碱式 LTNR 常温试样和温循试样的起始失重温度、终止失重温度、失重率都很接近，表明热安定性好						

4.5.4.4 纯度分析结果

药剂纯度是火工药剂化学安定性的重要指标。沥青 LTNR 的铅含量测试是其纯度分析的敏感特征量，通过试验测定了三种 LTNR 药剂温度循环前后的纯度变化数据，如表 4 - 10 所示。

表 4 - 10 三种松散药剂经温度循环后纯度变化的测试结果

药剂名称	指标名称	标准合格范围/%	常温下测量值/%	温度循环后测量值/%	结论	测试精度
沥青 LTNR	沥青含量	2.7～4.5	4.1	2.7	合格	0.2%
	铅含量	43.5～45	44.5	44.90	合格	0.3%
中性 LTNR	铅含量	43.5～45	44.5	44.91	合格	0.3%
碱式 LTNR	铅含量	59.6～60.2	59.8	59.67	合格	0.3%
结论		各药剂经温度循环试验后的纯度无明显变化，证明化学安定性良好				

试验结果表明：沥青 LTNR 的铅含量与沥青含量、中性 LTNR 的铅含量、碱式 LTNR 的铅含量经历极限温度循环后均无明显变化，均在标准合格范围内。结果表明表中三种药剂在极限温度循环下的化学安定性良好。

4.5.5 极端空间温度环境下的爆炸性能适应性评估

为了定量分析极限温度对切割器输出威力的影响，设计了模拟组件输出威力测试的 $P - t$ 曲线试验。模拟组件由电点火器和压力药筒构成，威力输出模拟测试装置中的容腔接近切割器内的真实容积情况，能模拟切割器的压力工作状态，可更加准确地评价切割器的输出威力受环境温度影响的变化。该组件试验是在完成电点火器、松散药剂、压实装药的安定性评估验证试验的基础上进行的，能够更加有效地评价极限温度对切割器传火序列性能的影响。用模拟组件输出威力量化试验作为重点研究切割器整机在经历温度循环前后的作功能力是否变化的验证方法。

4.5.5.1 火焰感度变化分析结果

前文有关斯蒂芬酸铅（LTNR）的外观形貌、分解温度、热安定性、纯度等安定性特征量的试验分析手段，从反应机理和不同影响因素方面揭示了斯蒂芬酸铅（LTNR）经受极限温度后的物理和化学安定性的变化规律。

试验研究表明，沥青 LTNR 的颜色、外观形貌、装药密度、晶体粒度、药剂内应力、沥青状态等的物理参量安定性受极限高、低温的影响显著。但这些试验还不能完全回答切割器内装药的工作性能是否正常。为此设计了火帽和压力药筒的两种火焰感度试验。

试验条件与目的：取足量的沥青 LTNR 放入称量瓶内封口，进行 $-70\,℃\sim+130\,℃$ 温度循环试验 5 天，分别将常温和温度循环后的沥青 LTNR 压装装入火帽、压力药筒，压药压力与压力药筒装药工艺条件一致，检查试样外观是否合格。根据火焰感度升降法试验标准，在火焰感度仪上测定标准火源对火帽、压力药筒的 50% 点火距离火焰感度。试验结果见表 4-11。

表 4-11　装有沥青 LTNR 的火帽、压力药筒火焰感度试验结果

试样	温度条件	数量	50%点火距离/mm	标准偏差/mm	变化百分比/%	结论
装有沥青 LTNR 火帽	常温	31	435.2	17.8		火焰感度略有提高
	温循 5 天	31	455.7	17.8	+4.7%	
装有沥青 LTNR 压力药筒	常温	31	346.7	65.9		火焰感度略有提高
	温循 5 天	31	359.0	50.5	+3.5%	

试验结果表明：沥青 LTNR 药剂经历温度循环后，火焰感度略有提高，增幅为 $3.5\%\sim4.7\%$。

4.5.5.2　$P-t$ 曲线威力变化分析

密闭爆发器 $P-t$ 曲线试验法是评价火药点火能力和作功能力最有效的验证手段。$P-t$ 曲线试验具有能够灵敏地感知定容燃烧的压力上升起始时间、压力上升峰值时间、峰值压力等变化的优点。火工切割器压力药筒的作功药虽然装填的是起爆药，但药量小、猛度不大，不会炸坏压力传感器，可以使用 $P-t$ 曲线试验法进行威力评价。

试验条件与目的：按照火工切割器装药工艺规范装配一定数量的电点火器和压力药筒，组成模拟组件。进行 $-70\,℃\sim+130\,℃$ 温度循环试验 5 天，分别在高温 +60 ℃、低温 -60 ℃ 工作温度条件下进行发火和威力测试，用于评价模拟组件装药的工作性能是否受极限温度循环、高温、低温的影响。

按照 GJB 5309.24—2004《压力-时间曲线测定方法》测定模拟组件的作功能力，若经受极限温度前后的最大压力和最大压力上升时间平均值无明显变化，则判定合格。选取压力上升起始时间、压力上升峰值时间作为安定性变化评估的参考参量。爆发器空腔选为 8.5 mL（按切割器发火前初始容腔设计），采用量程为 15 MPa 的压力传感器（经过初步测试确定量程），侧面安装测压传感器的测试设备。密闭爆发器外观如图 4-29 所示。

将模拟组件分别在高温、低温下保温 4 小时，从温度试验箱取出试样迅速进行测压试验，可以在 1 分钟内完成每发试验。典型测试曲线如图 4-30 所示。

图 4-29　密闭爆发器外观照片

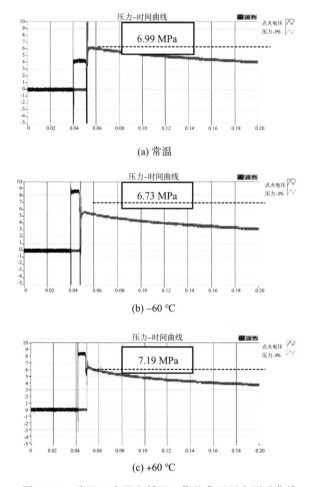

图 4-30　常温、高温和低温工作的典型压力测试曲线

　　在每一温度条件下重复试验 9 次，选取压力上升起始时间、压力上升峰值时间、压力峰值作为输出威力特征参量进行分析。试验结果见表 4-12。

表 4-12　模拟组件温循前后 $P-t$ 试验结果统计分析结果

序号	压力上升起始时间/ms			压力上升峰值时间/ms			压力峰值/MPa		
	常温	高温	低温	常温	高温	低温	常温	高温	低温
数量	9	9	9	9	9	9	9	9	9
均值	10.88	7.91	8.33	1.10	0.68	0.92	6.99	7.19	6.73
标准偏差	0.58	0.33	0.68	0.09	0.11	0.44	0.70	0.57	0.88
与常温性能差值	—	−2.97	−2.55	—	−0.42	−0.18	—	+0.20	−0.27
变化百分比/%		−27%	−23%		−38%	−16%		2.9%	−3.9%

由表 4-12 分析得出：

1）与常温工作相比，经温度循环后，压力药筒高温、低温工作的作用时间（压力上升峰值时间）均变短（−38%、−16%）。表明高温、低温燃速均加快，高温燃速加快属于正常现象，低温燃速加快可以从沥青 LTNR 晶体低温脆裂、颗粒破碎得到一定的解释。作用时间主要与压力药筒装药燃速有关，因此可以认为极限高温、低温对压力药筒装药的燃速安定性有明显的影响，主要导致燃速加快、压力上升峰值时间变短。

2）与常温工作相比，经温度循环后，压力药筒高温、低温工作的发火时间（压力上升起始时间）均变短（−27%、−23%）。发火时间长短主要与点火药发火感度有关，由此推断沥青 LTNR 点火药发火感度变敏感了。因此，可以认为极限高温、低温对模拟组件点火药的火焰感度安定性具有明显的影响，主要导致火焰感度变敏感。

3）与常温工作相比，经温度循环后，压力药筒在高温工作下压力峰值有所提高（2.9%）、低温工作下压力峰值有所减小（−3.9%），属于正常现象。

根据模拟组件试验的上述三条评价结果，可以判断极限高温、低温均对火工切割器药剂的爆炸性能安定性有明显影响，均导致药剂火焰感度提高、燃烧速度加快。

4.5.6　极端空间温度环境下的综合评估结论

对火工切割器中沥青 LTNR 点火药经历极限环境温度（−70 ℃～+130 ℃）下的物理安定性、化学安定性和爆炸性能安定性开展了适应性评估试验，结果表明：

1）极限高温、低温对沥青 LTNR 的物理安定性有明显影响，主要表现为药剂变色、晶体破碎、药剂密度变小、体积膨松、沥青迁移、失结晶水、热失重显著、DSC 吸热峰温显著减小；

2）极限高温、低温对化学安定性无显著影响，主要表现为药剂铅含量变化不大、分解峰值变化小、真空安定性放气量小；

3）极限高温、低温对爆炸性能安定性有一定的影响，主要表现为点火药火焰感度明显提高、$P-t$ 曲线压力上升起始时间和峰值时间明显减小，对输出威力影响较弱；

4）相比沥青 LTNR 点火药，碱式 LTNR 的耐高温能力更强，为了确保火工切割器的高可靠性，用碱式 LTNR 替代沥青 LTNR 可以提升火工装置的耐高温能力，降低高温失效风险。

通过火工切割器火工药剂的安定性分析可见，采用物理安定性、化学安定性和爆炸性能安定性三个维度评判火工药剂综合安定性是合理可行的。结合先进的仪器分析和化学分析技术，采用不同的分析方法对不同类型安定性进行分析和评价，如采用数码摄像、数码显微镜、热失重法、尺寸检测等试验方法进行物理安定性分析；采用真空安定性、纯度分析、DSC法、TGA法、热失重法等试验方法进行化学安定性分析；采用火焰感度、$P-t$曲线等爆炸试验方法进行爆炸性能安定性分析，则能够更全面地、更准确地揭示药剂安定性失效机理及其影响因素的规律性。

参 考 文 献

［1］ GJB 737.1—1989. 火工品药剂真空安定性试验方法 . 1989.

［2］ GJB 772A—1997. 炸药试验方法 . 1997.

［3］ GJB 5383.11—2005. 烟火药安定性和相容性试验 差热分析和差示扫描量热法 . 2005.

［4］ GJB 737.12—1993. 火工品药剂试验方法 起爆药含铅量测定 . 1993.

［5］ Q/GD 475.13—1998. 沥青 LTNR 的铅含量测定方法 . 1998.

［6］ Q/GD475.51—2007. 碱式 LTNR 和中性 LTNR 的铅含量测定方法 . 2007.

［7］ 劳允亮 . 起爆药化学与工艺学［M］. 北京：北京理工大学出版社 . 1997.

［8］ 陶春虎，刘高远，恩云飞，严楠，李春光，等 . 军工产品失效分析技术手册［M］. 北京：国防工业出版社 . 2009.

［9］ 严楠 . 火工品失效分析概论 . 失效分析与预防，2006，（1）：10 - 14.

［10］ 李朝振，赵非玉，严楠，吕智星，叶耀坤 . 高温环境对硼硝酸钾药剂性能影响分析研究［J］. 兵器装备工程学报，2023，44（08）：218 - 224.

［11］ 彭帅，严楠，李朝振，叶耀坤，吕智星，赵象润，张楠 . BaTNR 的 130 ℃ 高温安定性研究［J］. 兵器装备工程学报，2022，43（01）：195 - 199.

［12］ HE Xiang，YE Yaokun，YAN Nan，DING Feng，LI Chaozhen，LV Zhixing，HUANG Jinhong. Thermal stability analysis of the Mg/TeO$_2$ ignition composition after 180 ℃ exposure［J］. Applied Sciences，2020，10（22）：8122.

［13］ LI Chaozhen，YAN Nan，YE Yaokun，LV Zhixing，HE Xiang，HUANG Jinhong. Thermal Analysis and Stability of Boron/Potassium Nitrate Pyrotechnic Composition at 180 ℃［J］. Applied Sciences. 2019，9（17）：3630.

［14］ YE Yaokun，DING Feng，MAN Jianfeng，YAN Nan，LI Weituo. A New Method to Evaluate the Adaptability of Initiating Explosive Used in the Aro - Pyrotechnic Device in Deep Space［J］. Astrophysics and Space Science Proceedings，2017，47：587 - 594.

［15］ CHENG Jun，YAN Nan，YE Yaokun，BAO Bingliang. Stability of N - LTNR exposing to severe thermal stimulus［J］. Journal of Beijing Institute of Technology，2016，25（02）：164 - 171.

［16］ CHENG Jun，YAN Nan，YE Yaokun，ZHENG Fei. Stability of pyrotechnic composition in flame detonator exposed to severe thermal stimulus［J］. Chemical Research in Chinese Universities，2015，31（05）：814 - 819.

［17］ 叶耀坤，丁锋，严楠，程俊 . 火药物理性能随温度变化的连续测试方法研究［J］. 火工品，2014，（01）：38 - 41.

［18］ YAN Nan，CHENG Jun，DING Feng，YE Yaokun，LI Chaozheng，CUI Dewei，GAO Xin，HUANG Jinhong. Stability Analysis of Flame Detonator Exposing to Extreme Temperature［J］. Transactions of Beijing institute of Technology，2015，35（s2）：41 - 45.

［19］ 严楠，李朝振，叶耀坤，丁锋，金世鑫，黄金红，罗毅欣，赵变玲，吕智星，毕文辉，穆慧娜 . 深空探

测器用爆炸驱动型耐高温火工作动装置装药序列：北京市，CN110715582B ［P］. 2021－02－05.

［20］ 严楠，彭帅，毕文辉，赵象润，李朝振，叶耀坤，黄金红，赵变玲，王德君，徐秀娟. 一种耐高温钝感电爆管及装药序列：北京市，CN110953934B ［P］. 2020－10－16.

［21］ 严楠，贺翔，叶耀坤，丁锋，姜晓斌，罗毅欣，黄金红，赵变玲，吕智星，毕文辉，穆慧娜. 深空探测器用燃烧驱动型耐高温火工分离装置装药序列：北京市，CN110749251B ［P］. 2020－09－04.

［22］ 叶耀坤，严楠，李新立，丁锋，柴洪友. 一种火工药剂环境温度安定性试验方法：CN201310036614 ［P］. 2024－09－18.

［23］ 叶耀坤，严楠，李新立，丁锋，柴洪友. 一种测试火工药剂性能随温度变化的方法：CN 201310036614 ［P］. 2024－09－18.

［24］ 叶耀坤，严楠，李新立，丁锋，柴洪友. 一种火工药剂高温环境适应性试验方法：CN201310036659. 8 ［P］. 2013－05－08.

［25］ 严楠，叶耀坤. 火工切割器点火药极限温度下的安定性分析. 第六届航天运载器结构技术交流—航天分离结构专业发展专题研讨会 ［C］. 北京：中国运载火箭技术研究院总体部，2011：68－88.

第 5 章　火工装置动力学仿真分析

5.1　概述

对于腔体内含剧烈化学反应、多部件联动等特性的火工装置而言，采用具有可视性特点的数值模拟仿真技术，恰好弥补了火工装置发火试验的测试性不足问题。近年来，火工装置的数值仿真分析技术得到广泛应用，已经成为该类产品脱离传统的试错设计模式的必要方法和手段。

火工装置类别较多，选用的药剂类型、装填方式、执行机构运动方式各异，通常按药剂的响应方式可将其分为火药燃烧型与炸药爆轰型两大类，燃烧与爆轰的区别见表 5-1。

表 5-1　燃烧与爆轰的区别

区别的因素	燃烧	爆轰
燃速或爆速	受外界因素如压力影响大	受外界因素影响小
传播机理/引起化学反应的机制	热传导、热辐射及产物扩散	冲击波绝热压缩
产物质点运动方向	与燃烧波传播一致	与爆轰波传播一致
反应的放热区	集中在凝聚气相区	集中在凝聚固相区
波阵面运动速度(燃烧或爆轰的传播速度)	相对波前介质是亚声速的	相对波前介质是超声速
反应产物最初的密度	比原始物低	比原始物高

由于燃烧与爆轰存在差异，导致反应的强烈程度与结构的应力应变差别较大，在进行数值仿真研究的过程中，需要选择相应的专业仿真软件，并从材料库中选择合适的材料模型及本构方程，再建模进行仿真运算。

5.2　火工装置仿真分析软件介绍

目前可用于爆轰和燃烧仿真分析的工具主要有 AUTODYN、LS-DYNA、FLUENT、MSC.Dytran 等商用软件。

（1）AUTODYN

AUTODYN 由美国 Century Dynamics 公司于 1985 年开发成功，该软件从开发至今一直致力于军工行业的研发。2005 年 1 月该公司加盟 ANSYS 公司，现已融入 ANSYS 协同仿真平台，在国际军工行业占据 80％以上市场。AUTODYN 软件集成了有限差分、计算流体动力学和流体编码的多种处理技术，可模拟各类冲击响应、高速/超高速碰撞、爆炸及其作用问题，广泛应用于工业、科研实验室及教育部门，尤其在国防领域特色突出，如冲击/侵彻、装甲及反装甲系统、水下冲击、弹药战斗部设计、爆炸成型侵彻体（EFP）及聚能战斗部射流等的形成与对靶板的侵彻模拟等。

（2）LS-DYNA

用 LS-DYNA 的显式算法能快速求解瞬时大变形动力学、大变形和多重非线性准静态问题以及复杂的接触碰撞问题。也可以在 ANSYS 和 ANSYS-LS-DYNA 之间传递几何信息和结果信息以执行连续的隐式-显式/显式-隐式分析，适用于爆轰问题的数值仿真研究。LS-DYNA 程序算法以拉格朗日（Lagrange）算法为主，兼有欧拉（Euler）和 ALE（Abritrary Lagrangian Eulerian）算法。在有限元分析中，需根据模型的具体结构、应力应变产生的主要位置、材料的类型以及计算的精度要求进行算法的选择。所选算法的合理性将直接影响计算结果的准确度与可信度，同时还可能大幅度地改变运算周期。由于航天器火工装置内含火工单元，若采用 Lagrange 单元，其装药结构在数值模拟的过程中会产生大的形变，畸变的网格会减缓运算速度，甚至会导致计算终止。因此，通常情况下对空气、药盒、雷管装药等采用 ALE 多物质算法，壳体等其他结构采用 Lagrange 单元，并采用关键词 * CONSTRAINED _ LAGRANGE _ IN _ SOLID _ TITLE 完成 ALE 与 Lagrange 网格的耦合。

使用该程序，可以用 ANSYS 建立模型，用 LS-DYNA 做显式求解，然后用标准的 LS-PREPOST 后处理来观看结果。显式有限元程序 LS-DYNA 和 ANSYS 程序强大的前后处理在该软件中得到了有效结合。

（3）FLUENT 软件

FLUENT 软件包含基于压力的分离求解器、基于密度的隐式求解器、基于密度的显式求解器，多求解器技术使 FLUENT 软件可以用来模拟从不可压缩到高超声速范围内的各种复杂流场。FLUENT 软件包含非常丰富、经过工程确认的物理模型，由于采用了多种求解方法和多重网格加速收敛技术，因而 FLUENT 能达到最佳的收敛速度和求解精度。灵活的非结构化网格和基于解的自适应网格技术及成熟的物理模型，可以模拟高超声速流场、传热与相变、化学反应与燃烧、多相流、旋转机械、动/变形网格、噪声、材料加工等复杂机理的流动问题。

FLUENT 含有多种传热燃烧模型及多相流模型，可应用于从可压到不可压、从低速到高超音速、从单相流到多相流、化学反应、燃烧、气固混合等几乎所有与流体相关的领域。

（4）MSC. Dytran 软件

非线性显式有限元软件 MSC. Dytran 采用高效的显式积分技术，能够模拟复杂流固耦合问题，尤为擅长瞬态响应、冲击、高速碰撞和瞬时内发生的流体结构相互作用等大变形、高度非线性和复杂的动态边界条件的短暂的动力学过程事件的仿真。MSC. Dytran 软件的前后处理器采用 MSC. Patran，二者完全集成。目前 MSC 公司发布的新一代前处理平台 MSC. Apex 的几何功能、网格功能和载荷、边界条件施加等前处理功能比 MSC. Patran 更为强大，与各 CAD（计算机辅助设计）软件的交互更加友好，未来有替代 MSC. Patran 的趋势。

MSC. Dytran 2018 版的软件中新增加的爆燃状态方程（软件中的模型选项卡为

EOSDEF）来描述固体推进剂或火药瞬态燃烧的作用过程。该模型用来定义含能材料爆燃状态方程的性质，以及模拟固体推进剂燃烧产生热气体的压力和反应速率，在燃烧期间，热气体只流入欧拉单元。爆燃状态方程可模拟烟火药燃烧时产生燃气的压力和反应速率，还能获得燃烧过程的能量特征（如温度、能量值等）。

（5）CE/SE 方法

CE/SE 方法是求解曲线型守恒定律的一种新的数值方法，与传统的数值方法相比，具有精度高、计算格式简单及捕捉激波等强间断能力强的独特优势。

CE/SE 是高精度、单流体、可压缩流、显示求解器，采用 Eulerian 网格，能够精确捕捉非等熵问题细节，可用于超声速气动性能分析、高马赫数冲击波和声波传播计算、流固耦合分析，这些问题中的马赫数都大于 0.3。LS - DYNA 程序中已嵌入 CE/SE 求解器，可利用 LS - DYNA 多物理场求解器关键字进行相关设置。有的学者采用 CE/SE 方法对点传火管和中心管编制了一维纯气相和二维轴对称两相流内弹道程序，通过点传火管和中心管之间的质量和能量交换将二者耦合在一起，达到同时计算的目的。

5.3　爆轰类火工装置仿真分析方法

5.3.1　仿真流程

航天器火工装置种类繁多，结构各异，采用仿真进行分析时需要有针对性地进行结构简化、有限元网格划分、边界条件设定等，但整个分析过程具有一定共性，流程基本一致，如图 5 - 1 所示。

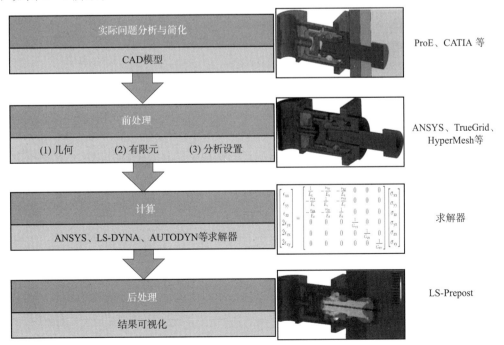

图 5 - 1　爆轰作动装置仿真流程图

由流程图可知，仿真过程主要包括四个步骤，其中第二、三步为关键步骤，前处理是一切计算的基础，也决定了仿真分析结果的精度。

5.3.2　参数设置与测试

无论选用何种软件进行仿真计算，都需要对火工装置材料的模型和本构方程进行设置，并形成有限元分析软件可识别的文件列表，以 LS‑DYNA 仿真软件为例，所需 K 文件如下文所示。

```
* KEYWORD
* TITLE

$
* DATABASE_FORMAT
    0
$
$ $ $ $ $ $ $ $ $ $ $ $ $ $ $ $ $ $ $ $ $ $ $ $ $ $ $ $ $ $ $ $ $ $ $ $ $ $ $ $ $ $ $
$ $ $ $ $ $ $ $ $ $ $ $ $ $ $ $ $ $ $ $ $ $ $ $ $ $ $
$                              NODE DEFINITIONS            $
$ $ $ $ $ $ $ $ $ $ $ $ $ $ $ $ $ $ $ $ $ $ $ $ $ $ $ $ $ $ $ $ $ $ $ $ $ $ $ $ $ $ $
$ $ $ $ $ $ $ $ $ $ $ $ $ $ $ $ $ $ $ $ $ $ $
$
* NODE
     1 2.625000000E + 00 1.375000000E + 00 0.000000000E + 00        0        0
     2 2.225000000E + 00 1.375000000E + 00 0.000000000E + 00        0        0
     3 2.585000000E + 00 1.375000000E + 00 0.000000000E + 00        0        0
     4 2.545000000E + 00 1.375000000E + 00 0.000000000E + 00        0        0
     5 2.505000000E + 00 1.375000000E + 00 0.000000000E + 00        0        0
     6 2.465000000E + 00 1.375000000E + 00 0.000000000E + 00        0        0
…… …… …… …… …… …… …… …… …… …… …… …… …… …… …… …… ……
* BOUNDARY_SPC_SET
     7        0        1        0        0        0        0        0
* SET_NODE_LIST
     8    0.000   0.000    0.000   0.000
   290358
* BOUNDARY_SPC_SET
     8        0        1        1        1        0        0        0
$（空气1）
* MAT_NULL
     1 1.2929 - 03
* EOS_LINEAR_POLYNOMIAL
     1 - 1.00E - 06    0.0        0.0        0.0        0.4        0.4        0.0
2.500   E - 06        1.0
```

```
$                                                              TNT
* MAT_HIGH_EXPLOSIVE_BURN
2,1.637,0.6942,0.1891,0,0,0,0
* EOS_JWL
2,3.712,0.03231,4.15,0.95,0.3,0.07,1.0
* INITIAL_DETONATION
        1        0        0        0
$                                                              45＃钢
* MAT_JOHNSON_COOK
        3  7.83000     0.770
0.507  E-02 3.200E-03  0.280  0.640E-01  1.06  0.176E+04  294.  0.100E-05
0.452  E-05 -9.00E+00  3.00      0.0      0.10  0.76      1.57  0.005
-0.84
* EOS_GRUNEISEN
        3   0.4569   1.49    0    0    2.17    0.46     0
     1.0
* CONTACT_AUTOMATIC_SURFACE_TO_SURFACE
        1        2        3        3
  0.300  0.3000  0.000  0.000  0.000      00.000  0.1000E+08
  1.0005.000  0.000  0.000   1.000  1.000  1.000    1.000
* contact_surface_to_surface
       16       14        3        3
  0.300   0.3000   0.000   0.000   0.000     0   0.0000.1000E+08
  1.000   5.000   0.000   0.000   1.000   1.000   1.000    1.000
……
```

如上述 k 文件片段所示的部分参数，主要包括材料的各项性能参数、描述材料应力应变的本构模型参数、火工装置各零部件之间的接触控制参数等，其内部关联可通过仿真软件操作手册进行查询，如 LS‐DYNA 程序中有金属和非金属材料 100 余种可供选用，如弹性、弹塑性、超弹性、泡沫、玻璃、地质、混凝土、土壤、复合材料、炸药及起爆燃烧、刚性以及自定义材料。此处以 JWL 状态方程、Johnson‐Cook 本构模型为例，简单阐述状态方程所包含的各项参数，以及参数的获取方法。

（1）JWL 状态方程

JWL 状态方程是描述炸药爆轰产物作功能力的一种不显示含化学反应的形式，在炸药爆轰及爆轰驱动的数值仿真过程中广泛使用。一般而言，JWL 方程的压力参数表达式为：

$$P = A\left(1 - \frac{\omega}{R_1 \bar{V}}\right)e^{-R_1\bar{V}} + B\left(1 - \frac{\omega}{R_2 \bar{V}}\right)e^{-R_2\bar{V}} + \frac{\omega E}{V} \tag{5-1}$$

$E = \rho_0 Q$ 为单位初始体积的内能，由炸药密度 ρ_0 和爆热 Q 决定；

上式中　P ——爆压，MBar；

　　　　E ——单位体积的内能，J；

ρ_0——炸药密度，g/ cm^3；

Q ——爆热，J；

V ——相对体积，无量纲；

$\overline{V}$ ——平均相对体积，无量纲；

A、B、R_1、R_2、ω ——由试验确定的常数，建立经验关系式拟合的参数。

根据 JWL 的状态方程可知，密度为 ρ_0 的炸药 JWL 方程含有 A、B、R_1、R_2、ω、E 等 6 个参数。理想炸药爆炸时爆轰产物 CJ 状态满足约束守恒方程组

$$\begin{cases} \rho_0 D^2 = AR_1 e^{-R_1 \overline{V}_J} + BR_2\left(1 - \dfrac{\omega}{R_2 \overline{V}}\right)e^{-R_2 V_J -} + C(1+\omega)\,\overline{V}_J^{-(2+\omega)} \\[2mm] P_J = (1-\overline{V}_J)\rho_0 D^2 = A e^{-R_1 V_J -} + B\left(1 - \dfrac{\omega}{R_2 \overline{V}}\right)e^{-R_2 V_J -} + C\,\overline{V}_J^{-(1+\omega)} \\[2mm] E_J = E_0 + \dfrac{1}{2}\rho_J(1-\overline{V}_J) = \dfrac{A}{R_1}e^{-R_1 \overline{V}_J} + \dfrac{B}{R_2}e^{-R_2 V_J -} + \dfrac{C}{\omega}\,\overline{V}_J^{-\omega} \end{cases} \quad (5-2)$$

式中 $E_0 = \rho_0 Q$；$\overline{V}_J = \dfrac{\gamma}{1+\gamma}$；$P_J = \dfrac{\rho_0 D^2}{1+\gamma}$；

P_J ——CJ 状态下的爆压，MBar；

$\overline{V}_J$ ——CJ 状态下的平均相对体积，无量纲；

E_0 ——单位初始体积炸药的内能，J；

E_J ——CJ 状态下单位体积的内能，J；

ρ_J ——CJ 状态下的爆轰产物的密度，g/cm^3；

D ——爆速，cm/μs；

γ ——单位体积炸药 CJ 状态下气体产物体积，cm^3；

C ——经验关系式中的拟合参数。

在确定 JWL 六个参数前，需要获得炸药爆速 D、爆压 P_{CJ} 和爆热 Q，可由专门的爆速、爆压、爆热等试验测试获得，最后进行标准圆筒试验获取圆筒外壁膨胀速度及位移轨迹，其中爆速 D 可在圆筒测试中兼测，爆热 Q 可采用盖斯定理结合炸药组分进行计算。

（a）E_0 的确定

E_0 为单位体积炸药的初始总能量，表征炸药对外做功的总能量，计算方法见式（5-3），其中 Q_e 是炸药的实测爆热，也可用计算爆热 Q_c 代替：

$$\begin{cases} E_0 = \rho_0 Q_e \\ E_0 = \rho_0 Q_c \end{cases} \quad (5-3)$$

（b）ω 的确定

ω 参数的准确获取方法为：通过试验及热力学计算获得爆轰产物的绝热等熵膨胀线，根据 γ 律方程 $P = C\,\overline{V}^{-(1+\omega)}$ 在 $(10\overline{V} \sim 2\,000\overline{V})$ 范围中拟合出 ω 的值。在没有确定 ω 时一般选取 ω 在 0.2～0.5 范围内，可设定初始值 $\omega = 0.3$。

（c）R_1、R_2 参数的确定

R_1、R_2 是与爆轰产物膨胀的高压段和低压段有关的系数，是参数确定过程中进行调整的驱动参数。通常认为 $4 \leqslant R_1 \leqslant 7, 0.8 \leqslant R_2 \leqslant 2$。可设定初始值 $R_1 = 4.5$，$R_2 = 1.5$。

（d）A、B 参数的确定

根据上述已经确定的参数，利用公式（5-2）可计算出 A、B、C 的值，这样 JWL 方程的六个参数与炸药爆轰参数之间可以形成封闭关系。一般而言，A、B 有以下约束条件：

$$\begin{cases} A、B、C > 0 \\ A \approx (10 \sim 100)B \\ B \approx (10 \sim 100)C \end{cases} \tag{5-4}$$

采用上述 JWL 参数，使用 LS-DYNA 或 AUTODYN 模拟标准圆筒试验。基于标准圆筒试验，采用传统基于圆筒壁径向膨胀几何修正原理的数据处理方法，或基于爆轰产物压力及圆筒壁径向加速度指数衰减的数据处理方法，计算得到试验圆筒的壁面膨胀速度、比动能等参量，典型测试装置见图 5-2。

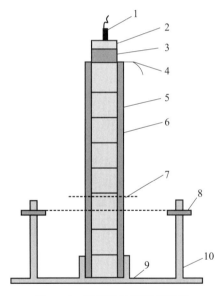

图 5-2　圆筒试验装置示意图

1—雷管；2—传爆药柱；3—过渡药柱；4，9—探针；5—无氧铜；6—主装药；
7—光学扫描位置；8—激光探头；10—底座

（2）Johnson-Cook 本构模型

Johnson-Cook 模型本构关系是为了模拟承受大应变、高应变率的材料强度性能，适合模拟材料的拉伸断裂。这些性能可能会出现在由于高速碰撞和炸药爆轰引起的强烈冲击载荷问题中。此模型定义屈服应力为

$$\sigma_y = (A + B\varepsilon^n)(1 + C\ln \dot{\varepsilon}^*)(1 - T^{*m}) \tag{5-5}$$

其中

$$T^{*m} = \frac{T - T_r}{T_m - T_r}$$

式中　ε——有效塑性应变；

　　　$\dot{\varepsilon}^* = \dot{\varepsilon} / \dot{\varepsilon}_0$——无量纲应变率；

　　　T_r——参考温度；

　　　T_m——材料的熔点；

　　　A、B、n、C、m——材料常数；

　　　T^*——相似温度。

Johnson 和 Cook 通过动力霍普金森杆拉伸试验，经验性地确定相关参数，并通过金属圆柱撞击刚性金属靶的 Taylor 实验的计算来进行检验。

Johnson - Cook 模型是一个与应变速率和温度相关的经验型黏塑性模型，式（5 - 5）中 A、B、n、C 和 m 为待定参数，需要结合不同应变率和不同温度条件下的应力—应变关系实验曲线进行推导获得。

（a）确定 A、B 和 n

在室温条件下 $T = T_r$，此时式（5 - 5）简化为

$$\sigma = A + B\varepsilon^n \qquad\qquad (5 - 6)$$

首先确定 A，当 $\varepsilon = 0$（塑性应变）时，材料的屈服应力为 A。

式（5 - 6）移项去对数，得

$$\ln(\sigma - A) = \ln B + n\ln\varepsilon \qquad\qquad (5 - 7)$$

作出 $\ln(\sigma - A) - \ln\varepsilon$ 曲线，曲线的截距为 $\ln B$，斜率为 n。

（b）确定 C

式（5 - 5）中右边第二个括号表示了应变率强化效应，参数 C 是材料应变率敏感系数。当塑性应变 $\varepsilon = 0$ 时，根据式（5 - 5）可以得到常温下屈服应力与应变率的关系

$$\sigma_y = A(1 + C\ln\dot{\varepsilon}) \qquad\qquad (5 - 8)$$

根据常温下得到屈服应力和应变率的关系，作出 $\sigma_y - \ln\dot{\varepsilon}$ 曲线，利用上述方法可求得 C。

（c）确定 m

式（5 - 5）中右边第三个括号表示温度软化效应，由式（5 - 5）可以得到当 $\varepsilon = 0$ 及 $\dot{\varepsilon} = \dot{\varepsilon}_0$ 时的屈服应力与温度的关系

$$\sigma_y = A(1 - T^{*m}) \qquad\qquad (5 - 9)$$

将式（5 - 9）两边取对数得到

$$\ln\left(1 - \frac{\sigma_y}{A}\right) = m\ln T^* \qquad\qquad (5 - 10)$$

作出 $\ln\left(1 - \dfrac{\sigma_y}{A}\right) - \ln T^*$ 的曲线，可求得 m。

为了减小拟合值与试验值之间的误差，将以上得到的各参数值作为初值，常温不同应变率的试验数据和准静态高低温试验数据作多变量的非线性拟合，便可得到 Johnson -

Cook 本构方程的所有参数。

5.3.3　有限元建模与分析

随着有限元仿真分析技术的发展，大型通用有限元软件也日益增多，如 ANSYS，NASTRAN，ABAQUS，HYPERMESH，TRUEGRID，MARC，ADINA 等。其中 1971 年推出的 ANSYS 是我国最早引进的有限元仿真分析软件之一，随着结构高度非线性分析、电磁分析、计算流体力学分析、设计优化、接触分析、自适应网格划分及利用 ANSYS 参数设计语言扩展宏命令等功能增加或改进，其版本一直不断升级。ANSYS 包含了前置处理、求解程序以及后置处理等三部分，将有限元分析、计算机图形学和优化技术相结合，已成为解决现代工程学问题不可或缺的工具。

ANSYS 的运行有两种模式：交互模式（Interactive Mode）和非交互模式（Batch Mode）。初学者和大多数使用者可采用交互模式，包括模型的建立、文件的保存与处理、图像的打印等。具体操作流程如下：

1）通过桌面开始菜单进入 ANSYS 操作平台界面（Mechanical APDL Product Launcher），如图 5-3 所示；

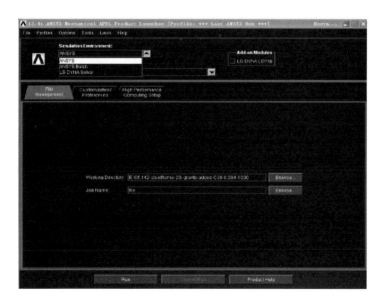

图 5-3　ANSYS 操作平台界面示意图

2）进入 ANSYS 建模主界面，如图 5-4 所示；

3）输出关键字文件（即 k 文件），如图 5-5 所示；

4）利用 UltraEdit 文本编辑器，对 k 文件进行编辑，如图 5-6 所示；

5）返回 ANSYS 操作界面，将模拟环境由"ANSYS"调整为"LS-DYNA-Solver"，如图 5-7 所示；

6）程序自动进入 LS-DYNA 主程序 LS971 R5.0.exe，如图 5-8 所示。

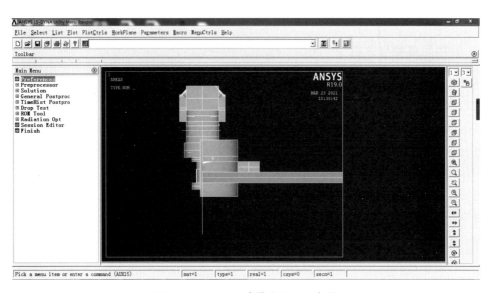

图 5 - 4　ANSYS 建模主界面示意图

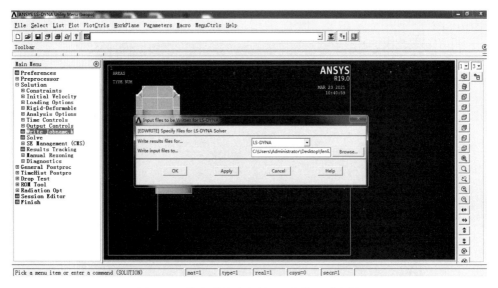

图 5 - 5　输出关键字文件（k 文件）示意图

　　一般而言，仿真分析软件基本的设置和分析都可以通过交互模式完成，常见的命令流都有相关的交互式菜单操作方式，但部分高级设置只能通过非交互式命令驱动。基本流程的相应菜单操作如下：

（1）启动程序

（2）定义分析标题

GUI：Utility Menu＞File＞Change Tile

在弹出的窗口输入工作文件名 "Modal Analysis of a beam"，也可在命令窗口中输入命令：/TITLE，Modal Analysis of a beam

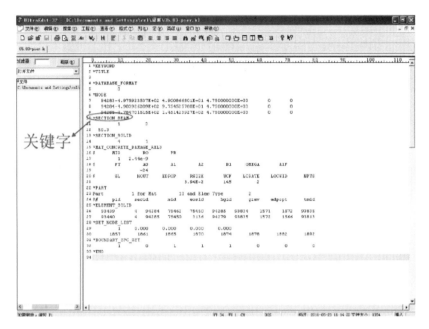

图 5 - 6　k 文件编辑示意图

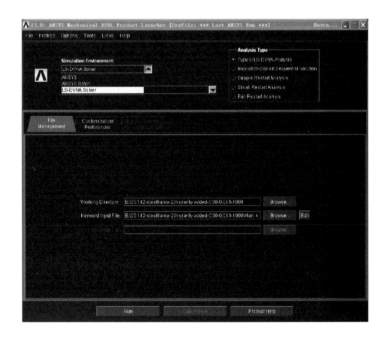

图 5 - 7　模拟环境设置示意图

（3）进入前处理模块

命令：/PREP7

（4）选择单元类型

GUI：Main Menu＞Preprocessor＞Element Type＞Add/Edit/Delete＞Add＞select

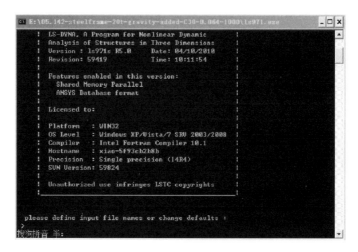

图 5 - 8　LS - DYNA 主程序启动示意图

（5）定义实常数

GUI：Main Menu＞Preprocessor＞Real Constants＞Add/Edit/Delete

（6）定义材料属性

GUI：Main Menu＞Preprocessor＞Material Props＞Material Models＞Structural ＞Linear＞Elastic＞Isotropic

（7）定义关键点

GUI：Main Menu＞Preprocessor＞Modeling＞Create＞Keypoints＞In Active CS

（8）定义线

GUI：Main Menu＞Preprocessor＞Modeling＞Create＞Lines＞In Active Corrd

（9）设置网格划分参数

GUI：Main Menu＞Preprocessor＞Meshing＞Size Cntrls＞ManualSize＞Lines＞ All Lines

（10）网格划分

GUI：Main Menu＞Preprocessor＞Meshing＞Mesh＞Lines

（11）分颜色显示单元

GUI：Main Menu＞PlotCtrls＞Numbering

（12）进入求解模块，施加约束条件

GUI：Main Menu＞Solution＞Define Loads＞Apply＞Structural＞Displacement＞ On Nodes

（13）定义分析类型

GUI：Main Menu＞Solution＞Analysis Type＞New Analysis

在弹出图形窗口中选择 Modal，点击 OK。

（14）定义求解选项

GUI：Main Menu＞Solution＞Analysis Type＞Analysis Option

（15）保存数据库文件

GUI：ANSYS Utility Menu＞File＞Save as Jobname. db

　　在有限元建模过程中，网格划分是关键步骤之一，网格划分的合理性会直接决定程序是否能正常运算以及计算的精度。网格划分过于粗糙会由于网格畸变等原因导致运算异常，网格过密则会增加计算机的运算负荷和运算周期。此外，对于不同属性、不同拓扑结构的材料，网格划分时还需遵从表 5－2 所示的基本原则。

表 5－2　网格单元类型

类别	形状和特性	单元类型
杆	普通双线性	LINK1，LINK8，LINK10
梁	普通	BEAM3，BEAM4
	截面渐变	BEAM54，BEAM44
	塑性	BEAM23，BEAM24
	考虑剪切变形	BEAM188，BEAM189
管	普通	PIPE16，PIPE17，PIPE18
		PIPE59
		PIPE20，PIPE60
2D 实体	四边形	PLANE42，PLANE82，PLANE182
	三角形	PLANE2
	超弹性单元	HYPER84，HYPER56，HYPER74
	粘弹性	VISCO88
	大应变	VISO106，VISO108
	谐单元	PLANE83，PLANE25
	P 单元	PLANE145，PLANE146
3D 实体	块	SOLID45，SOLID95，SOLID73，SOLID185
	四面体	SOLID92，SOLID72
	层	SOLID46
	各向异性	SOLID64，SOLID65
	超弹性单元	HYPER86，HYPER58，HYPER158
	粘弹性	VISO89
	大应变	VISO107
	P 单元	SOLID147，SOLID148
壳	四边形	SHELL93，SHELL63，SHELL41，SHELL43，SHELL181
	轴对称	SHELL51，SHELL61
	层	SHELL91，SHELL99
	剪切板	SHELL28
	P 单元	SHELL150

　　建模过程可以通过交互模式完成，从上表中选择对应的网格类型，进行整体网格划分，或先用工作面将物理模型分切为几大块，再进行网格划分，建议多采用六面体网格，部分不规则区域或过渡区域可选择自由网格并进行适当加密。

5.3.4　输出特性分析

　　仿真分析运算完成后，采用后处理软件 LS－PREPOST，读取 LS－DYNA 的输出文件 D3plot，并提取相关质点、单元等形变参数的时间历程曲线、压力云图及其他可表征材料、结构变化的可视化图形文件。以某爆炸螺栓仿真分析的后处理过程为例，具体步骤如下：

第一步，从保存文件中查看结果：

1）消息框将显示计算截止时的信息，数值仿真计算界面如图 5 - 9 所示；

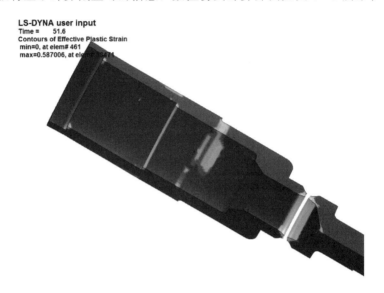

LS-DYNA user input
Time = 51.6
Contours of Effective Plastic Strain
min=0, at elem# 461
max=0.587006, at elem #3471

图 5 - 9　爆炸螺栓仿真分析界面示意图

2）通过下拉菜单能够迅速找到保存的文件，打开后可观察到爆炸螺栓作用全过程的可视化过程；

3）在导航条中选择 "History"；

4）选择 "Single Variable Plot"；

5）选择 "TUNG. ALLOY"，Y 轴选择 "X. vel"，X 轴选择 "Time"；

6）确认仿真数据；

7）查看爆炸螺栓的活塞等关键部件运动位移、速度等时间历程曲线，如图 5 - 10 与图 5 - 11 所示。

第二步，创建爆炸螺栓作用过程的 GIF 动画：

1）在导航条上选择 "Plots"；

2）选择 "Generate multiple slides"；

3）选中所有的循环（保存的结果文件）；

4）选择 "Start"，将生成一个 GIF 动画；

5）动画完成后关闭窗口；

6）导航条选择 "View Slides"，启动 ANSYS Viewer；

7）打开 GIF 动画；

8）查看爆炸螺栓的可视化作用全过程。

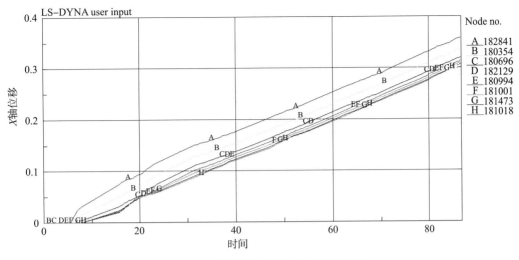

图 5-10　爆炸螺栓的活塞位移时间曲线

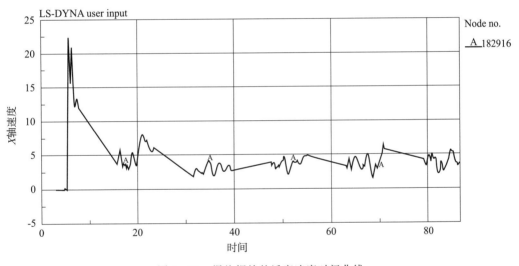

图 5-11　爆炸螺栓的活塞速度时间曲线

5.4　燃烧类火工装置仿真分析方法

5.4.1　仿真流程

　　燃烧类火工装置的作功过程亦有相应的仿真软件和模型进行模拟和表征，如 Power Burn 模型、火药燃烧 Simulink 模型等。其中，Power Burn 模型是 AUTODYN 内置的一种可模拟火药燃烧气体膨胀作动的计算模型，而火药燃烧 Simulink 模型则是基于经典内弹道理论，通过 MATLAB 数值软件的计算模块进行编程而获得。两者各有优缺点，相比较而言，利用 AUTODYN 内置燃烧模型进行计算，操作更便捷，与爆炸型火工装置的仿真流程相似，但燃烧和部件运动都在一个模型内完成，计算比较耗时。而利用 Simulink

模型进行计算，则是先采用编译好的模块对燃烧过程进行运算，并获得火药在燃烧腔内的P-t曲线，进而将该曲线加载于 AUTODYN 或 LS-dyna 可识别的有限元模型中，将火药作用、执行机构运动两个过程进行有效结合，计算效率相对较高，是较为常用的仿真手段，具体仿真分析流程如图 5-12 所示。

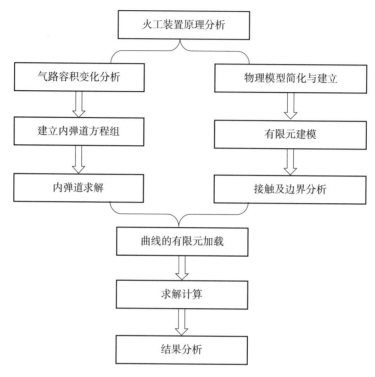

图 5-12 燃烧类火工装置仿真分析流程图

5.4.2 参数设置与测试

图 5-13 为 AUTODYN 中的 Power Burn 燃烧模型参数表，是通过试验拟合得到的经验性参数。

拟合参数前需要测试气体密度、气体压力变化值、颗粒尺寸的占比，以及燃烧速率等，并根据测试值拟合以下公式：

$$P_g = \rho_g e_g \mathrm{e}^{\frac{\rho_g}{D}} \tag{5-11}$$

$$\dot{b}(P_g) = aP_g^n + c \tag{5-12}$$

式中 ρ_g——气体密度；

e_g——单位质量的内能；

P_g——气体压力；

$\dot{b}$——燃烧率；

D、a、n、c——常数。

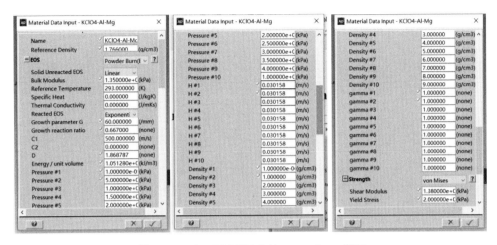

图 5 - 13　AUTODYN 中的 power burn 模型

在拟合式（5 - 11）过程中，使用（P_g，ρ_g）数据，改变参数 D，计算不同 D 时拟合结果的均方误差，取均方误差最小时的 D 和 e_g。

在拟合式（5 - 12）过程中，使用（P_g，b）数据，改变参数 n，计算不同 n 时的拟合结果的均方误差，取均方误差最小时的 a、n、c。

基于 MATLAB 数值软件的计算模块进行编程，结合定容条件下火药燃烧时压力曲线的计算方程组，可建立定容条件下内弹道压力计算功能单元，如图 5 - 14 所示。

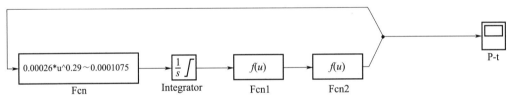

图 5 - 14　内弹道压力计算功能单元

基于上述功能模块，耦合火工装置部件的运动方程，即可获得火工装置在变容积条件下的燃烧作动仿真计算模型，如图 5 - 15 所示。

在燃烧作动仿真计算模型中，火工药剂采用高能炸药的燃烧材料模型，状态方程主要依据诺贝尔—阿贝尔状态方程

$$P(1 - \alpha\rho) = \rho RT \tag{5 - 13}$$

计算方程组所需参数包括主装药的火药力 f、火药余容 α、初始容积 V_0 等参数，可通过试验测试以及数据拟合方式获得。通常采用密闭爆发器测量 $P - t$ 曲线，由此导出压力随时间变化（$\mathrm{d}p/\mathrm{d}t - t$）曲线，再由内弹道物理模型计算出火药的参数：火药力、余容、燃速系数等参数。

密闭爆发器测试系统主要包括密闭爆发器本体、点火器、压电传感器、电荷放大器、数据采集系统、微机（含软件）及数据打印等系统组成，如图 5 - 16 所示。

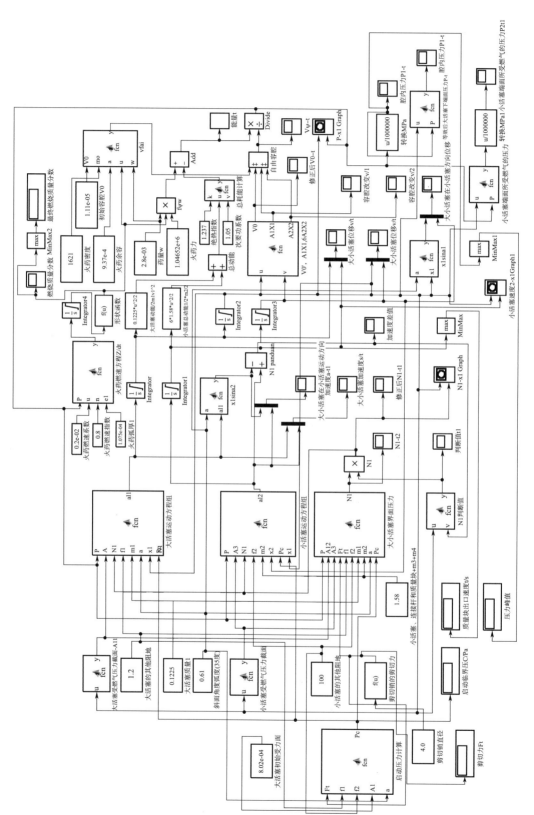

图 5 - 15 火工装置在变容积条件下的燃烧作动仿真计算模型示意图

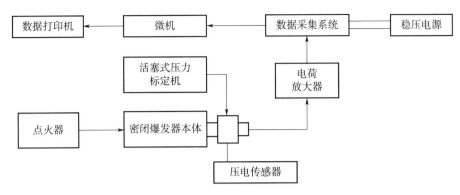

图 5 - 16　密闭爆发器测试系统组成图

密闭爆发器的本体是由高强度钢制成厚壁圆筒，保证耐压强度。容积是密闭爆发器的重要参数，需要根据火工装置装药产生的燃气压力特征进行匹配设计，典型的密闭爆发器结构如图 5 - 17 所示。

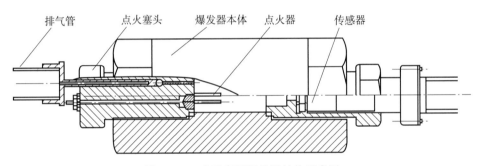

图 5 - 17　典型密闭爆发器结构示意图

5.4.3　数值建模与分析

燃烧作功类航天器火工装置的大致工作原理是：引燃点火器的首发装药，燃烧产生的高温高压燃气引燃主装药。主装药燃烧之后，燃烧腔内压力持续上升，直至定位销等约束部件被解除，随后，火工装置内部的活塞等执行机构相继开始运动，从而实现解锁、切割、弹射等功能。整个作功过程涉及药剂的点火与燃烧、燃烧室内气固两相流动状态的变化、燃气能量转化及活塞的运动等变化过程，内部状态十分复杂，若采用火药燃烧Simulink 模型进行计算，在建立内弹道物理模型之前，需要进行如下假设：

1) 火药颗粒的几何形状、尺寸一致，火药燃烧遵循几何燃烧规律；

2) 点火器瞬时点燃主装药；

3) 药剂的燃烧遵循平均压力指数燃烧规律，该燃烧规律由密闭爆发器实验得到，活塞的运动都在平均膛压下进行，使用次要功系数进行修正；

4) 药剂在燃烧期间与燃烧结束后，其燃烧生成物的成分与物理化学性质保持不变，即表征燃气性质的一些特征量，如：气体比容、定压比容、定热比容等参数都当做常量处理；

5) 火药燃气服从诺贝尔—阿贝尔状态方程；

6）热散失和次要功用次要功系数表达。

经典内弹道理论主要用于计算和分析火药燃烧作功过程，适用于火工装置的推进、发射等过程。因此可以在经典内弹道的基础上，结合具体结构和作功模式建立相应的理论计算模型。具体函数方程包括形状函数、燃速方程、内弹道基本方程等。详见前文 2.5.6 节关于内弹道方程组的建立过程。

燃烧类火工装置的动态仿真过程主要包括三个步骤：

1）第一步：基于内弹道理论进行 Simulink 模型的编译和计算，获得腔内的 $P - t$ 曲线；

2）第二步：进行有限元建模，并将所获的 $P - t$ 曲线加载于火工装置的运动部件，有限元建模的方法过程同爆轰类火工装置相同；

3）第三步：进行动态模拟运算及结果分析，并结合所获结果对模型进行修正和再运算。

5.4.4   输出特性分析

基于内弹道理论的运算结果，进行有限元建模并完成作功过程的动态模拟，可获得等间隔输出的运算文件。采用后处理软件 LS - PREPOST 读取运算文件，即可获得火工装置的可视化工作过程。通过对关键节点或关键部位的数据提取，并以可视化图形或曲线的形式进行分析，可以更好的表征火工装置的各项动态参数，具体输出特性分析流程如下：

1）打开 LS - PREPOST 软件，启动界面如图 5 - 18 所示；

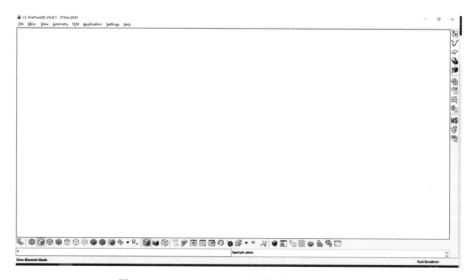

图 5 - 18   LS - PREPOST 软件启动界面示意图

2）点击 LS - PREPOST 软件的 File 选项，打开 LS - DYNA 的仿真计算结果文件（D3PLOT 文件），如图 5 - 19 所示；

3）从仿真结算结果中提取火工装置活动部件的位移、速度和加速度曲线，表征火工装置的作动参数，如图 5 - 20～图 5 - 22 所示；

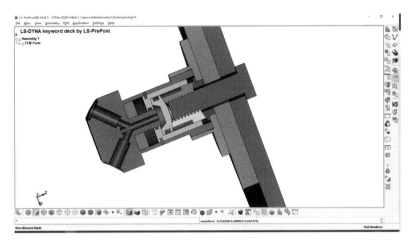

图 5 - 19　仿真计算结果界面示意图

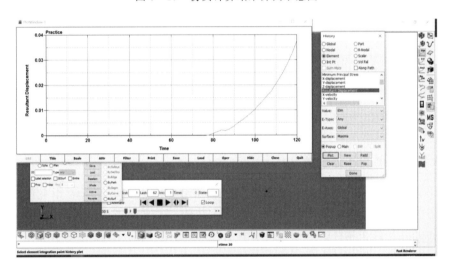

图 5 - 20　典型活动部件的位移-时间曲线图

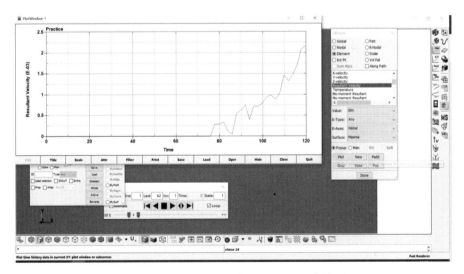

图 5 - 21　典型活动部件的速度-时间曲线图

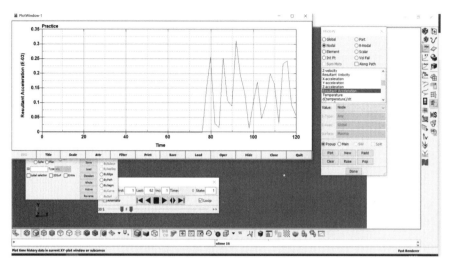

图 5-22   典型活动部件的加速度-时间曲线图

4）点击 LS-PREPOST 软件的 save 选项，将数据导出为 txt 格式的文件，并进行保
存，便于后续数据的进一步处理。

5.5   爆轰类火工装置仿真分析算例

5.5.1   火工切割器工作过程仿真

某火工切割器是一种压紧释放装置的动作元件，由点火器、主装药和本体组件组成。
火工切割器的工作过程为：点火器点火，引爆主装药产生高温高压气体，推动本体组件内
部活动刀作动并切割金属杆，从而实现切割解锁功能。

火工切割器由点火器、壳体、双向雷管、定位销、密封圈、活动刀、固定刀和端盖组
成，按设计图建立有限元模型，如图 5-23 所示。

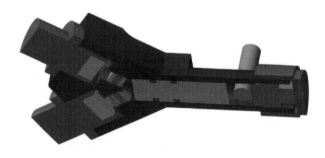

图 5-23   火工切割器物理模型

采用仿真软件 AUTODYN 进行火工切割器作功过程的数值模拟，由于火工切割器包
含火工单元，若采用 Lagrange 单元，其装药结构在数值模拟的过程中会产生大的形变，
畸变的网格会减慢运算速度，甚至会导致计算终止。因此，仿真过程以拉格朗日

（Lagrange）算法为主，兼用欧拉（Euler）算法，对空气、点火器与雷管装药采用 ALE 多物质算法，壳体、剪切销、密封圈、活动刀、固定刀和端盖等结构采用 Lagrange 单元，并采用关键词 ∗ CONSTRAINED ＿ LAGRANGE ＿ IN ＿ SOLID ＿ TITLE 完成 ALE 与 Lagrange 网格的耦合。

　　火工切割器为左右对称结构，对其 1/2 进行网格划分，根据其结构特点先进行大区域划分，然后采用六面体网格进行细分，局部采用自由网格进行过渡和加密。壳体有限元模型如图 5-24 所示。

图 5-24　火工切割器有限元划分效果图

　　在有限元分析过程中，根据模型的具体结构、材料的受力情况选择相应的材料模型进行求解，模拟火工切割器作功的动态过程。例如，活动刀与固定刀间距 6.5 mm 时切割 ϕ4 mm 钛合金杆，其点火前状态如图 5-25 所示，主装药、定位销、活动刀、固定刀等结构从左到右相对静止。

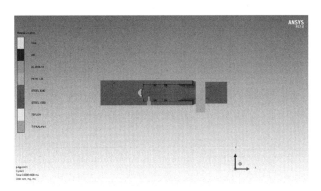

图 5-25　火工切割器点火前状态

　　火工切割器完成钛合金杆切割动作后，燃烧室腔内的流体及活动刀的状态如图 5-26 所示。

　　从点火到完成切割，火工切割器需要经过一系列的瞬态动作。为了方便观察活动刀的运动及切割定位销的过程，仿真动画采用半剖的正视图，且隐去壳体结构，初始点火过程

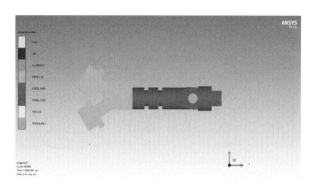

图 5 - 26　火工切割器完成切割金属杆状态

如图 5 - 27 所示。

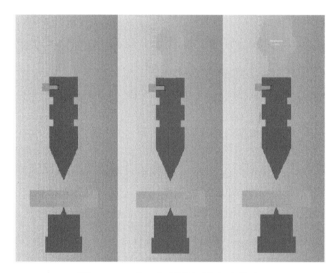

图 5 - 27　火工切割器初始点火状态

　　点火器点火后，不断向燃烧室内释放高温燃气，能量和物质在 Euler 场中不断扩散，最终充满整个空间。随着主装药被引爆，燃烧室内产生强烈的爆轰波和冲击波，加载于壳体内壁和活动刀的端面，随着爆轰压力持续上升，定位销开始承压并被剪断，过程如图 5 - 28 所示。

　　活动刀继续运动，接触钛合金杆后将其推动变形直至碰撞在固定刀上，随后固定刀和活动刀的刀刃从两侧开始切割并挤压钛合金杆，直到完全断裂。作动过程如图 5 - 29 所示。

　　活动刀切断定位销并产生一定位移后，接触钛合金杆使之产生局部应力。活动刀不断深入钛合金杆并使其产生形变后，在固定刀的刀刃处形成应力集中点。在高压燃气的持续作用下固定刀快速切入钛合金杆，当固定刀的刀刃完全进入钛合金杆后，钛合金杆被压在固定刀的刀刃上。随后活动刀快速切入，当剩余厚度较小时，钛合金杆在刀刃斜面的强力挤压下断裂，活动刀继续前进，直至与固定刀碰撞后停止，钛合金杆则由两侧飞出，如 5 - 30 所示。

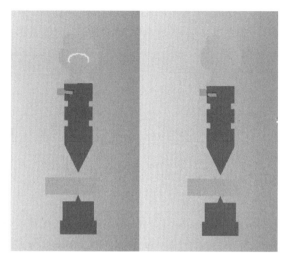

图 5 - 28　定位销切断过程

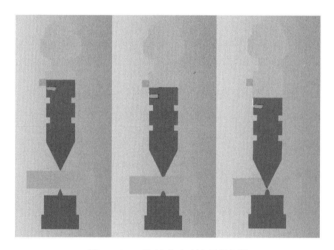

图 5 - 29　钛钛合金杆切割过程

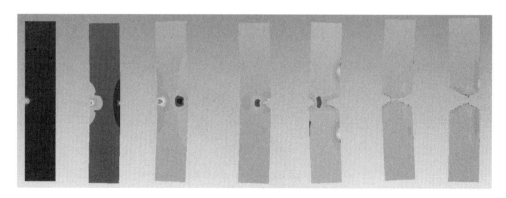

图 5 - 30　钛合金杆剪切过程示意图

在仿真计算过程中，依据所需研究的运动参数设定合适的监测点，可以在后处理器中提取相关的作用时程曲线，如图5-31所示为活动刀速度-时间曲线。

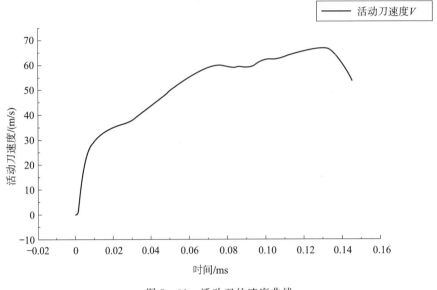

图5-31　活动刀的速度曲线

基于火工切割器工作过程的仿真分析模型，可以通过调整活动刀、固定刀间距、金属杆直径、药剂装填量等参数，获得一系列规律性结果，可用于指导火工切割器的设计或结构优化。

5.5.2　爆炸螺栓解锁工作过程仿真

某爆炸螺栓是利用雷管主装药的爆炸作用，推动活塞撞击螺栓本体沿其预置沟槽处产生断裂，实现两个被连接物的解锁分离。爆炸螺栓的工作原理详细地描述了螺栓的作功过程，同时也勾勒出了作功过程所需要的关键零部件，如点火器、雷管、活塞及螺栓本体等。基于有限元模型的3D-LSDYNA数值模拟，能较好地复现爆炸螺栓的内部瞬态爆轰现象，给出产品作用过程中内部结构的应力分布规律，为产品结构设计过程中的薄弱环节提供有效的数据支撑。

结合产品设计图，将爆炸螺栓的各零部件建立成三维物理模型，如图5-32所示。

图5-32　爆炸螺栓三维物理模型

爆炸螺栓的螺栓本体及相关组件均为轴对称结构，为了减小计算模型，缩短计算周期，按 1/4 截面进行有限元建模，如图 5 - 33 所示。

图 5 - 33　爆炸螺栓 1/4 截面模型

完成物理建模后，便可开始建立爆炸螺栓的有限元模型。建模的难点在于模型的分割与网格的控制，模型划分过于简单则不易获得有利于计算的六面体或准六面体网格，划分过于繁杂又会大幅度增加建模工作量。网格的控制也会产生两种效果，当网格尺寸过大时，运算过程中容易产生网格畸变，导致死循环或计算终止；当网格尺寸过小时，会获得较好的计算精度，但计算周期会成倍延长。对于爆炸螺栓，先按零部件进行拆分，结合工作面切割方法，对各部分进行六面体为主、四面体为辅的网格划分，建立基本的有限元运算模型，各零部件有限元模型如图 5 - 34 所示。

依据总-分-总的建模思路，完成爆炸螺栓零部件有限元模型后，集成装配便可获得爆炸螺栓整体结构的有限元模型。有限元网格的尺寸约为（0.02～0.04）cm，网格总数量超过 10 万个，爆炸螺栓的有限元模型及透视状态如图 5 - 35 所示。

针对有限元模型，在赋值各项参数后便可启动运算。通过运算结果的后处理，获得爆炸螺栓的作用全过程以及各阶段状态。

第一阶段，通电引燃电火器，产生初始点火能量，压力云图如图 5 - 36 所示。

第二阶段，点火器引燃后，点火药剂的化学反应产生高温燃气对外输出能量，通过管座中的传火孔引爆雷管组件中的第一层装药斯蒂芬酸铅。点火器通过传火孔传递能量并起爆雷管装药的历程如图 5 - 37 所示。

第三阶段，雷管中的第二层装药叠氮化铅被斯蒂芬酸铅起爆，并向前传爆直至引爆主装药太安，产生剧烈的爆轰波，并加载在活塞上，爆轰波传递及压力加载过程如图 5 - 38 所示。

在剧烈爆轰波压力作用下，活塞加速运动推动前端对螺栓本体施压，造成螺栓本体在预制 V 形槽处出现拉伸和颈缩，直至 V 形槽断裂，实现爆炸螺栓的分离功能。活塞运动

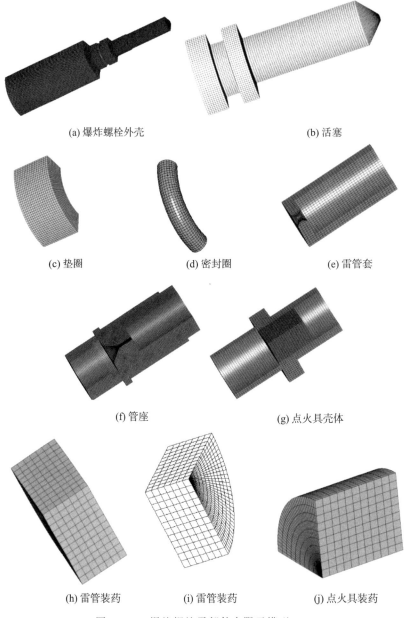

(a) 爆炸螺栓外壳　　　　　　　　　　(b) 活塞

(c) 垫圈　　　　(d) 密封圈　　　　(e) 雷管套

(f) 管座　　　　　　　　　　(g) 点火具壳体

(h) 雷管装药　　　(i) 雷管装药　　　(j) 点火具装药

图 5 - 34　爆炸螺栓零部件有限元模型

以及爆炸螺栓本体拉伸断裂的效果如图 5 - 39 所示。

　　在爆炸作用过程中，雷管组件起爆后，爆轰波逐步成长并趋于稳定后形成对下级装药的冲击起爆，点火与冲击起爆过程可以通过雷管装药的压力曲线进行表征，如图 5 - 40 所示。

　　在雷管组件的三层装药中，沿中轴线自上而下选取若干个有限元，绘制其压力曲线，结果表明经历约 2 μs 后，雷管靠近点火器的端面上开始出现压力，表明点火器成功作用并开始起爆雷管主装药，压力峰值不断增大，至 3.3 μs 时达到最大，随后压力突然下降，表

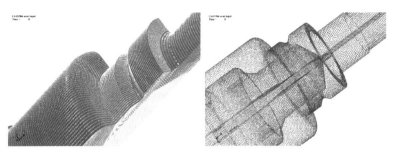

图 5-35　爆炸螺栓有限元模型及透视图

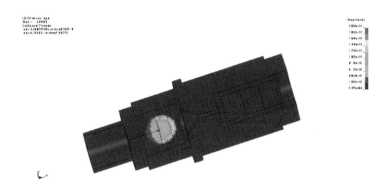

图 5-36　点火器引燃后的压力云图

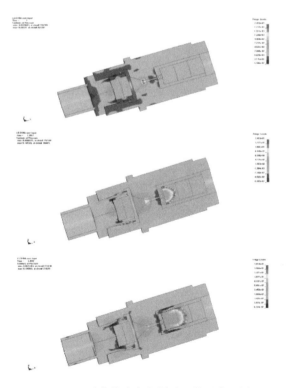

图 5-37　雷管传火与起爆过程的压力云图

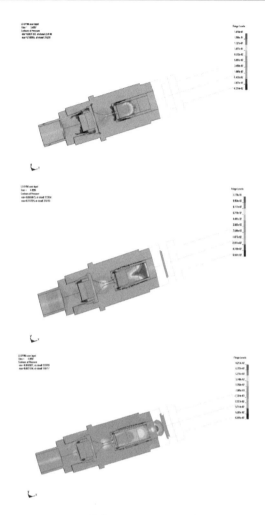

图 5-38 雷管传爆以及活塞压力加载过程图

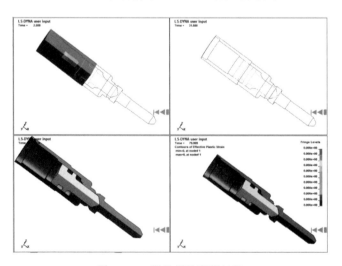

图 5-39 爆炸螺栓断裂过程

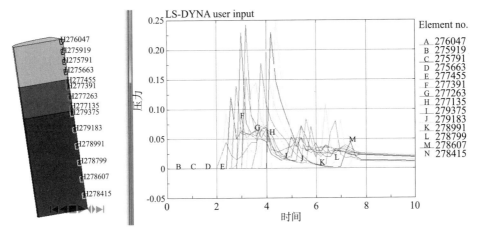

图 5-40　雷管装药产生的爆炸压力历程曲线

明雷管的第一层装药消耗殆尽；随后又出现逐步上升的压力峰值，表明下级装药被成功起爆并实现了能量的传递放大。各个有限元单元上的压力值都具有相似的变化规律，先迅速上升然后快速下降，随后出现一个震荡的次级峰，其中第一个峰表示爆轰波快速通过时加载的压力，后一个震荡峰则是波后质子在腔体内形成的接续冲击压力。

在爆炸螺栓活塞的端面随机选取有限元单元，可获得其所受压力历程曲线，如图 5-41 所示。其表明雷管输出压力达到活塞端面时，压力瞬时峰值高达 11.8 GPa，加载在活塞端面后瞬间降至 2.7 GPa 左右，然后震荡衰减。

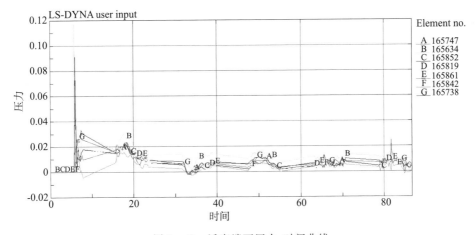

图 5-41　活塞端面压力-时间曲线

活塞的位移-时间曲线和速度-时间曲线分别见图 5-42 与图 5-43，其表明活塞的最高瞬时速度高达 240 m/s，下降后维持在 50 m/s 左右震荡。

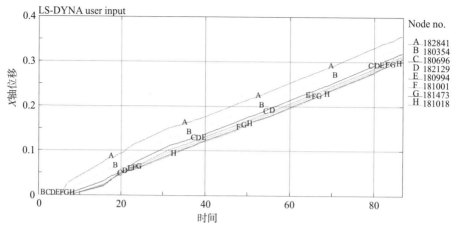

图 5 - 42　活塞位移-时间曲线

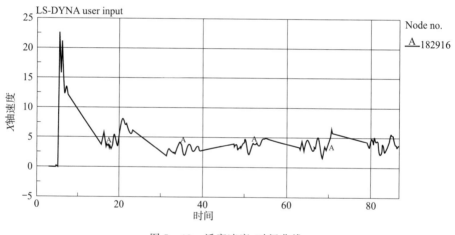

图 5 - 43　活塞速度-时间曲线

5.6　燃烧类火工装置仿真分析算例

5.6.1　分离螺母解锁工作过程分析

　　针对某火工分离螺母的解锁过程进行仿真分析，其为火药燃烧类火工装置。根据设计图建立三维物理模型，然后利用 Hypermesh 软件进行前处理操作，生成 ANSYS/LS - DYNA 可以识别的 k 文件。分离螺母各部件均划分为六面体单元，单元的尺寸为（0.02～0.03）cm，局部优化加密，单元总数超 150 万个，如图 5 - 44 所示。

　　分瓣螺母和连接螺栓作为分离螺母的关键部件，其网格划分质量尤为重要。连接螺栓与分瓣螺母的螺纹部分几何形式十分复杂，接触面为一个空间螺旋面，在实际建模中通过建立一系列相互平行的螺牙来代替连续螺纹，如图 5 - 45 所示。

　　分离螺母的其他零部件包括外套筒、内套筒等，其模型如图 5 - 46 所示。

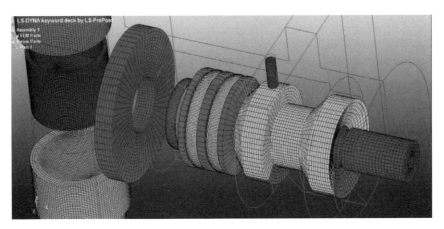

图 5 - 44　分离螺母有限元模型

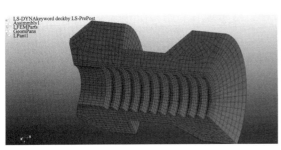

(a) 分瓣螺母

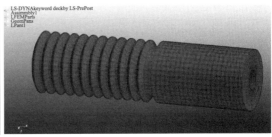

(b) 连接螺栓

图 5 - 45　连接螺栓与分瓣螺母有限元模型

(a) 外套筒

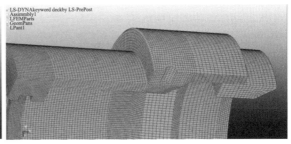

(b) 内套筒

图 5 - 46　外套筒与内套筒有限元模型示意图

分离螺母各部件的接触面采用自动面面接触（Contact ＿ automatic ＿ surface ＿ to ＿ surface），摩擦系数与内弹道计算分析模型保持一致。为了实现各部件的运动与受力分析，将内弹道计算分析得到的腔内压力—时间曲线加载到内套筒和活塞端面，加载部位如图 5 - 47 所示。

因密封圈在受压过程中网格发生大变形，减小时间步，极大增加求解时间，甚至导致求解无法进行下去，因此在实际分析中不建立密封圈的有限元模型。但为了考虑密封圈摩

(a) 内套筒加载面　　　　　　　　(b) 活塞加载面

图 5 - 47　内套筒和活塞压力加载面

擦力对运动部件的影响，在内套筒和活塞的加载压力中，引入密封圈的摩擦阻力，需要将内弹道分析计算获得的压力减去摩擦力，并将减后结果加载在内套筒和活塞的端面。

根据火工分离螺母设计采用材料体系，外壳、内套筒、剪切销、活塞、螺母瓣、连接螺栓、安装板、冲击响应板、缓冲垫等零部件均选用塑性随动材料模型（∗MAT_Plastic_Kinematic），弹簧部件选用弹簧弹性模型（∗MAT_Spring_Elastic），弹性刚度设置为 5 600 N/m。由于剪切销作用过程中会被切断，单元会出现失效，所以需要添加剪切失效应力（add_Erosion），失效应力设置为 135 MPa。

塑性随动模型是各向同性、随动硬化的混合模型，其应变率通过 Cowper - Symonds 模型考虑，用与应变率有关的方程表示屈服应力

$$\sigma_Y = \left[1 + \left(\frac{\varepsilon}{C}\right)^{\frac{1}{P}}\right](\sigma_0 + \beta E_P \varepsilon_P^{\text{eff}}) \tag{5-14}$$

式中　σ_0——初始屈服应力；

　　　ε——应变率；

　　　C 和 P——应变率参数；

　　　$\varepsilon_P^{\text{eff}}$——有效塑性应变；

　　　E_P——塑性硬化模量，由下式确定

$$E_p = \frac{E_{\tan} E}{E - E_{\tan}} \tag{5-15}$$

火工分离螺母所用的材料模型参数如表 5 - 3 所示。

表 5 - 3　火工分离螺母材料模型与参数

部件	材料	本构模型	密度 ρ/(g/cm³)	弹性模量 E/(Mbar)	泊松比 υ	屈服强度/MPa
外壳、内套筒	钛合金（TC₄）	塑性随动	4.51	1.138	0.342	880
剪切销	5A03 铝	塑性随动	2.68	0.7	0.33	90
缓冲垫	1035 铝	塑性随动	2.70	0.7	0.33	40

续表

部件	材料	本构模型	密度 ρ/ (g/cm^3)	弹性模量 E/ (Mbar)	泊松比 v	屈服强度/ MPa
活塞、分瓣螺母	1Cr17Ni2 合金钢	塑性随动	7.75	2.1	0.285	770

　　连接螺栓预紧力的瞬间释放是分离冲击的一个重要来源，为了对其进行准确预示，在火工分离螺母动力学分析之前对连接螺栓进行预应力初始化操作。目前，有限元仿真中螺栓预应力初始化的方法主要有冷却收缩法、过盈配合法和截面应力法。冷却收缩法是通过降低连接螺栓温度使其收缩产生预应力，此方法需要试算、迭代调整温度载荷以达到期望的应力。过盈配合法是在建立有限元模型时设定紧配部件之间的过盈配合关系来产生预应力，该方法也需要试算、迭代调整过盈量以获得准确的应力。截面应力法是通过将预紧力直接施加在连接螺栓的截面上，产生大小相等、方向相反的法向作用力获得预紧力，该方法无需迭代试算，是一种较为简便的加载手段。因此，火工分离螺母连接螺栓的预紧力加载采用截面应力法。在 LS - DYNA 中，通过设定关键字 * INITIAL _ STRESS _ SECTION 以启用截面应力初始化法。加载截面通过关键字 * DATABASE _ CROSS _ SECTION 设定，设置在连接螺栓光杆的中部横截面上处，如图 5 - 48 所示。

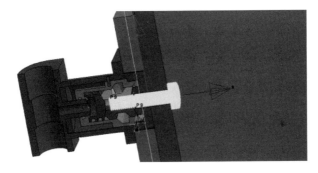

图 5 - 48　火工分离螺母连接螺栓预紧力施加示意图

　　预应力的大小通过关键字 * DEFINE _ CURVE 定义，并将其中的 SIDR 设置为 1，以开启动态松弛计算。施加的预应力通过所需预紧力和光杆截面面积进行计算，见下式

$$\sigma_0 = \frac{F_0}{S} = \frac{4F_0}{\pi D^2} \tag{5-16}$$

式中　F_0——预紧力；

　　　S——截面面积；

　　　D——螺栓光杆的直径。

　　当螺栓直径为 6 mm，预紧力为 12 kN 时，预应力为 424.4 MPa。

　　通过动态松弛计算后，连接螺栓、分离螺母以及响应板的 Von - Mises 等效应力云图如图 5 - 49 所示。分析结果表明连接螺栓的应力在退刀槽和受拉的第 1 圈螺纹小径处最大，接下来逐渐减小，至第 8 圈基本无变化。螺柱受力最大处为退刀槽稍偏上，内部应力分布均匀。此外，螺栓头与螺柱交界处也产生明显的应力集中现象。分瓣螺母与螺栓的螺纹相互咬合，应力也主要集中前 7 圈螺纹。

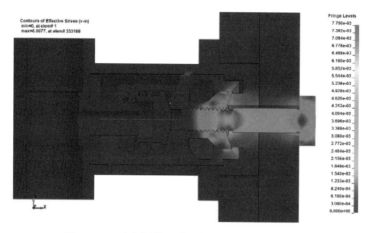

图 5 - 49　连接螺栓和分离螺母的初始化应力云图

在响应板上，由于预紧力作用，螺栓头压紧响应板表面，最大应力出现在螺栓孔附近，应力从螺栓孔向四周递减，如图 5 - 50 所示。

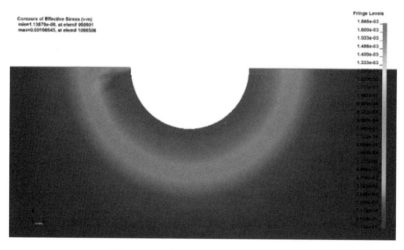

图 5 - 50　响应板的初始化应力云图

为了分析分离螺母的分离过程和部件应力状态，提取分离过程中几个关键时刻的 Von - Mises 应力云图，如图 5 - 51 所示。具体过程为：点火器开始作用后，引燃主装药 1/2 樟枪药并向燃烧室内释放高温气体产物，使得燃烧室内部的压力不断上升，当压力达到足以克服所受阻力时，内套筒开始产生位移，并与外套筒一起对剪切销形成剪切作用。在 1.04 ms 时，剪切销所受的剪切力达到 136 MPa，如图 5 - 51（a）所示，此时内套筒带动剪切销的下半部分继续移动。随着内套筒与外套筒相对位移的增大，剪切销开始出现部分单元格失效，如图 5 - 51（b）所示。到 1.08 ms 时刻，剪切销被切断一分为二，上半部分保留在外套筒内，下半部分残留在内套筒内一起运动，如图 5 - 51（c）所示。

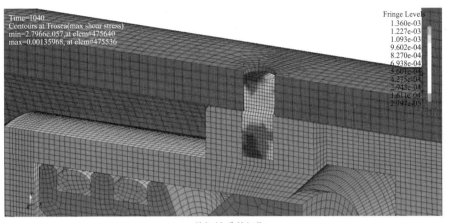

(a) 剪切销受剪初期

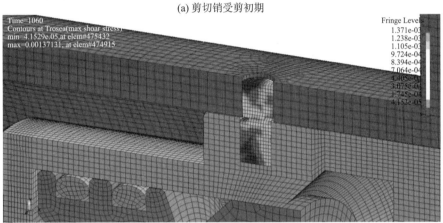

(b) 剪切销受剪中期

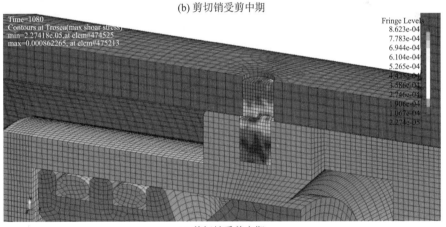

(c) 剪切销受剪末期

图 5-51　火工分离螺母剪切销受剪过程

　　上述过程表明：剪切销被剪断的过程非常迅速，理论分析中将剪切销被剪断的过程假设成一瞬间是合理的，有限元仿真中剪切销被剪断的时刻与理论分析得到的时刻（$t=1.027$ ms）也十分接近。

剪切销被切断后，内套筒开始加速运动，在 1.46 ms 时刻解除对螺母瓣的径向约束，螺母瓣开始运动，如图 5-52（a）所示。在 1.52 ms 时，内套筒开始撞击预置的缓冲金属垫，如图 5-52（b）所示。

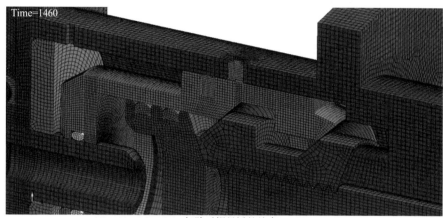

(a) 解除对螺母瓣的约束

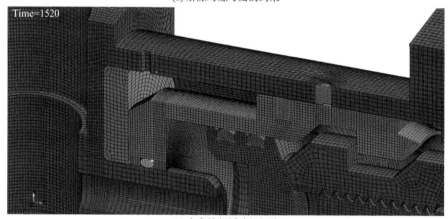

(b) 内套筒与缓冲垫解除

图 5-52　内套筒运动过程

内套筒解除对螺母瓣的径向约束后，活塞在燃气压力的推动下向前运动，并开始挤压三个螺母瓣，使之滑向内套筒预置的空腔。与此同时，连接螺栓所受预紧力通过螺牙传导给螺母瓣，螺母瓣在连接螺栓的径向挤压作用下开始向外膨胀，使连接螺栓逐步脱离与螺母瓣的接触，连接螺栓的预紧力也得到瞬间释放，如图 5-53 所示。

在 1.7 ms 时刻，连接螺栓完全脱离螺母瓣，并从螺母瓣中完全脱出。至此，分离螺母完成了其预紧力加载、解锁、释放分离的全过程。

为了探讨分离螺母分离过程所产生的冲击振动，在有限元模型中增加了安装板，安装板设为铝材，外形尺寸为 36 cm×6 cm×0.4 cm。重复上述仿真计算过程，可对冲击传递规律进行分析。增加安装板后的有限元模型如图 5-54 所示。

在仿真分析结果中提取火工分离螺母安装中心 15 cm 处的冲击加速度曲线，如图 5-55 所示。

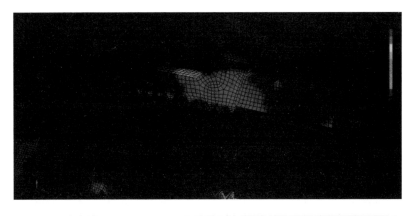

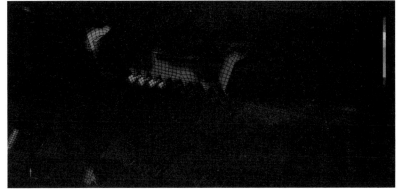

图 5-53　螺母与连接螺栓分离过程

图 5-54　添加安装板后有限元模型

分析结果揭示了火工分离螺母的冲击传递机制，即从 0 时刻开始至 0.3 ms 左右，由于点火器的瞬间点火，分离螺母产生振幅约 1 000 g 的冲击振动，随着腔内火药燃烧逐步稳定，冲击振动也逐渐衰弱；到 1.5 ms 时刻，由于存在内套筒与外套筒相对运动、剪断剪切销等一系列机械撞击运动，冲击加速度也随之产生，但加速度振幅较小；到 1.7 ms 左右，螺母瓣在活塞的推动下张开，通过连接螺栓施加的预紧力突然释放，分离螺母安装界面上的加速度瞬间放大，峰值达 7 000 g，最后逐步变小。

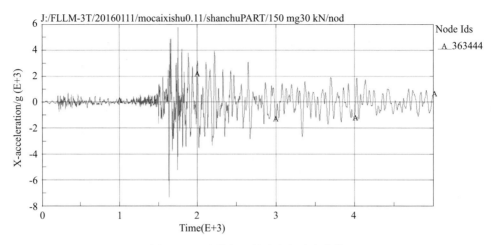

图 5 - 55　安装板上的冲击加速度曲线

5.6.2　发射器工作过程分析

某火工发射器的工作原理：通过电能起爆内部火药，火药燃烧产生高温高压燃气推动发射器内的大活塞运动，进而同步推动 6 个小活塞带动 6 个收口装置同步运动，以预定速度脱离导引孔，最终带动飞网弹出展开。

针对该发射器装置，首先采用 Simulink 数值计算软件进行内弹道相关的理论计算，然后采用 ANSYS/LS - DYNA 仿真软件进行发射器作功过程的仿真分析，剖析发射器的作功全过程，并获得不同装药量及止动销尺寸对发射速度等参数的影响规律。针对发射器建立的三维物理模型如图 5 - 56 所示。。

图 5 - 56　发射器三维物理模型

针对发射器物理模型进行有限元划分，划分过程按先部件后整体的方式进行，大、小活塞等主要零部件的有限元模型如图 5 - 57 所示。

插头座　　　　　　大活塞　　　　　　缓冲垫

导引头及小活塞套　　　　　　　点火壳

连接杆　　　　　剪切销　　　　药盒基座

小活塞　　　　　　　　　质量块

图 5 - 57　发射器主要零部件有限元模型

　　将上述零部件按要求进行组装便可获得发射器的整体有限元模型，通过调试和网格优化后，便可将 Simulink 数值计算的内弹道燃烧压力曲线加载在大活塞端面，运算获得发射器工作过程的动态规律。发射器整体有限元模型的局部效果如图 5 - 58 所示。

　　采用 Simulink 计算程序对火药燃气压力进行求解，获得图 5 - 59 所示的内弹道 $P - t$ 曲线，结果表明火药产生的燃气压力在 1.944 ms 时刻达到峰值 143.3 MPa；随后，由于大、小活塞的运动导致燃烧室容积突然增大，压力迅速下降至 84 MPa 左右，并在大、小活塞运动到最大行程时，趋于稳定状态。

　　活塞由于受到上述压力作用，逐步将压力载荷传递给剪切销。从点火开始，燃气压力不断上升推动活塞剪切剪切销，在剪切销的两段出现环形应力集中带，经历 1.3 ms 后其

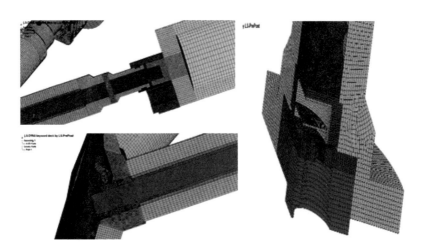

图 5 - 58　发射器整体有限元模型的局部效果图

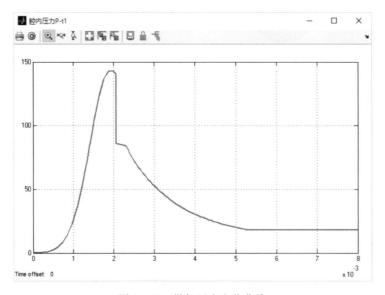

图 5 - 59　燃气压力变化曲线

最大 von - mises 应力为 439 MPa，如图 5 - 60 所示的应力云图及应力集中区网格单元的应力曲线。

图 5 - 61 为剪切销剪切过程应力变化云图，在 1.35 ms 时刻，剪切销出线明显的塑性变形，应力集中区出线断裂，在 1.95 ms 时刻，剪切销被切成三段。

剪切销完全断裂后，活塞就推动质量块向前加速运动。在（1.3～2.1）ms 时间段，由于燃烧室的燃气压力上升较快，质量块的速度也获得了较快的提升。峰值过后，压力下降较多，但仍然保持对活塞的加速推进作用。因此质量块的速度持续上升，而加速度逐渐减小，当活塞运动到极限位置时，质量块正好处于出口位置，获得最大的速度 28.73 m/s。质量块速度变化规律如图 5 - 62 所示。

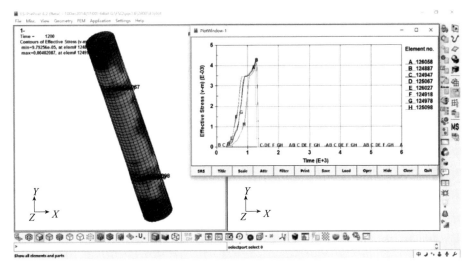

图 5 - 60　剪切销应力云图与应力曲线

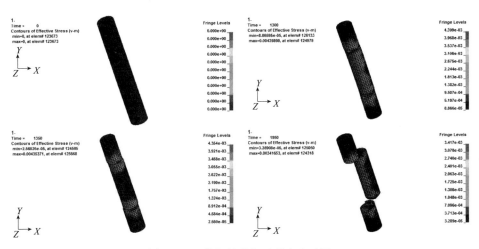

图 5 - 61　剪切销剪切过程应力云图

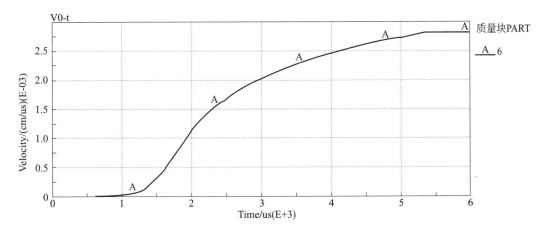

图 5 - 62　质量块速度时间曲线

参 考 文 献

[1] 翁春生，王浩 . 计算内弹道学［M］. 北京：国防工业出版社，2006.

[2] 辛春亮，涂建，王俊林，等 . 由浅入深今精通 LS - DYNA［M］. 北京：中国水利水电出版社，2019.

[3] 郭梦婷，陶如意，李子杰 . 大长径比中心炸管式抛撒定容阶段两相流模拟［J］. 弹道学报，2017，29（01）：68 - 72.

[4] 金晶，吴新跃，郑建华 . 螺栓联结预应力施加方法改进研究［J］. 海军工程大学学报，2010，22（02）：20 - 24.

[5] 徐宗 . 小型管道内气体燃烧火焰传播规律研究［D］. 中北大学，2011.

[6] 魏志芳，陈国光 . 火药燃烧性能的矢量计算方法［J］. 弹箭与制导学报，2005（S1）：20 - 25.

[7] 罗运军，多英全，等 . 钝感火药膛内燃烧规律的实验研究［J］. 燃烧科学与技术，1999（01）：13 - 17.

[8] 贺居锋 . 基于 MATLAB/Simulink/GUIDE 的 PID 工具箱的设计［D］. 东北大学，2005.

[9] 张双选，刘兴堂，郇战 . 一种扩展 Simulink 使用的有效方法［J］. 计算机仿真，2003（03）：21 - 25.

[10] 聂春燕 . MATLAB/Simulink 在动态系统仿真中的应用［J］. 长春大学学报，2001（01）：14 - 19.

[11] 杨涛，张为华 . 导弹级间分离连接装置有限元分析［J］. 弹箭与制导学报，2006（03）：21 - 26.

[12] 张立华 . 载人航天器连接分离装置的选择、设计和模拟分析［J］. 航天器工程，1996，5（1、2）：34 - 43.

[13] 崔卫东，程涛 . 火工分离装置的深水分离模拟试验装置设计［J］. 火工品，2006（1）：5 - 9.

[14] 王玉镯 . ABAQUS 结构工程分析及实例详解［M］. 北京：中国建筑工业出版社，2010：3 - 5.

[15] 刘展 . ABAQUS6.6 基础教程与实例详解［M］. 北京：中国水利水电出版社，2008：1 - 15.

[16] 石亦平，周玉蓉 . ABAQUS 有限元分析实例详解［M］. 北京：机械工业出版社，2009：1 - 25.

[17] 曹金凤 . ABAQUS 有限元分析常见问题与解答［M］. 北京：机械工业出版社，2009.

[18] Hibbitt，Karlsson & Sorensen，Inc. ABAQUS/Explicit 有限元软件入门指南［M］. 北京：清华大学出版社，1999：89 - 100.

[19] 詹友刚 . Pro/ENGINEER 中文野火版 5.0 曲面设计教程［M］. 北京：机械工业出版社，2010：1 - 447.

[20] 和青芳，王立波，周四新 . Pro/E 野火版 4.0 精选 50 例详解［M］. 北京：北京航空航天大学出版社，2010：1 - 320.

[21] 叶耀坤，丁锋，李晓刚，穆慧娜 . 某航天器火工装置作动后壳体滞后裂纹机理研究［J］. 宇航总体技术，2022，6（05）：40 - 48.

[22] XIONG Shihui，YE Yaokun，LI Yanhua，WEN Yuquan. Numerical Study on the Explosive Separation of Pyrotechnic Cutter［J］. Shock and Vibration，2019，2457854.

[23] YE Yaokun，YAN Nan，DING Feng，MAN Jianfeng. Simulation of an Explosive Separation Device

Used in Aerospace Craft. The 2013 International Conference on Materials Science and Manufacturing [C]. Advanced Materials Research, 2013, 721: 363 - 366.

[24] 谭春林, 刘永健, 祁玉峰, 张青斌, 赵国伟, 郭吉丰, 罗毅欣, 孙国鹏, 叶耀坤. 六牵引装置空间碎片网捕系统: 北京市, CN106335657B [P]. 2021 - 04 - 06.

[25] 王文龙, 谭春林, 祁玉峰, 刘永健, 孙国鹏, 罗毅欣, 叶耀坤. 充气展开式空间碎片抓捕系统和空间目标捕获方法: CN201510292127. X [P]. 2017 - 01 - 04.

[26] 孙国鹏, 谭春林, 祁玉峰, 张青斌, 罗毅欣, 刘永健, 高庆玉, 赵国伟, 叶耀坤. 一种空间飞网二级发射展开装置: CN201310504662. 8 [P]. 2014 - 02 - 19.

[27] LI Yuan, SUO Tao, LI Xiaogang, WEN Yuquan. Fragment velocity distribution formula of the thin - walled structure subjected to two - line asymmetrically initiated explosion [J]. Engineering Structures, 2024, 306: 117850.

[28] WANG Jingcheng, XIONG Shihui, Li Xiaogang, WEN Yuquan, WU Yujun. Multiphase reactive flow and heat transfer simulations in the unlocking components of an ultra - low shock pyrotechnic separation nut [J]. Applied Thermal Engineering, 2024, 248: 123141.

[29] LI Yuan, LI Xiaogang, WEN Yuquan, SUO Tao. Detonation driving rules for cylindrical casings under asymmetrical multipoint initiations [J]. Defence Technology, 2023, 23: 35 - 49.

[30] WANG Jingcheng, REN Xiaowei, LI Xiaogang, WEN Yuquan, CHENG Li, GUO Qing. Numerical simulation of the effect of combustion characteristics of main charges on the output shock of a typical igniter [C]. Journal of Physics: Conference Series. IOP Publishing, 2023, 2478 (7): 072024.

[31] 任小伟, 程立, 张郑伟, 曾晓云, 李晓刚, 汪靖程, 郭庆. 多点起爆驱动飞片的数值模拟研究 [J]. 火工品, 2023, (03): 1 - 6.

[32] CHENG Li, MU Huina, REN Xiaowei, WEN Yuquan, ZENG Xiaoyun, LI Xiaogang. Study on the detonation reliability of explosive trains with a micro - sized air gap [J]. AIP Advances, 2022, 12 (10).

[33] 汪靖程, 李晓刚, 叶耀坤, 丁峰, 熊诗辉, 温玉全. 分离螺母多种火药燃烧模型及影响因素 [J]. 兵工学报, 2022, 43 (12): 3070 - 3081.

[34] YANG Tuo, WANG Jingcheng, XIONG Shihui, LI Xiaogang, WEN Yuquan. Quantitatively decoupling the mechanical noise in the operation process of pyrotechnic separation devices [J]. Vibroengineering Procedia, 2021, 39: 101 - 107.

[35] 郭洪卫, 张浩宇, 李晓刚, 施长军, 邓海. 一种反射增强型起爆结构的数值模拟研究 [J]. 火工品, 2021, (05): 19 - 23.

[36] 李元, 熊诗辉, 李晓刚, 温玉全. 基于爆炸网络的定向战斗部试验及数值模拟研究 [J]. 兵工学报, 2018, 39 (S1): 9 - 16.

[37] LI Yuan, XIONG Shihui, LI Xiaogang, WEN Yuquan. Mechanism of velocity enhancement of asymmetrically two lines initiated warhead [J]. International Journal of Impact Engineering, 2018, 122: 161 - 174.

[38] LI Yanhua, YANG Xiaoyu, WEN Yuquan, XIONG Shihui, Li Xiaogang. Determination of Lee - Tarver Model Parameters of JO - 11C Explosive [J]. Propellants, Explosives, Pyrotechnics, 2018, 43 (10): 1032 - 1040.

[39] LI Yuan, LI Xiaogang, XIONG Shihui, WEN Yuquan. New formula for fragment velocity in the

aiming direction of an asymmetrically initiated warhead [J]. Propellants, Explosives, Pyrotechnics, 2018, 43 (5): 496 - 505.

[40] LI Xiaogang, ZOU Jian, SHAO Bin. Protecting nonlocality of multipartite states by feed - forward control [J]. Quantum Information Processing, 2018, 17: 1 - 18.

[41] LI Yanhua, XIONG Shihui, LI Yuan, LI Xiaogang, WEN Yuquan, MU Huina, LI Zhiliang . Identification of pyrotechnic shock sources for shear type explosive bolt [J]. Shock and Vibration, 2017, 2017 (1): 3846236.

[42] LI Li, CHENG Li, MU Huina, LI Xiaogang, YANG Xiaoyu. Study on the outputperformance of an aerospace pyrotechnic device using numerical simulation [C]. 2016 Prognostics and System Health Management Conference. IEEE, 2016: 1 - 6.

[43] GUO Shaowei, LI Xiaogang, ZHANG Yao, CHENG Li, MU Huina, WEN Yang. Reliability evaluation research for space pyrotechnics devices based on numerical simulation [J]. Journal of Beijing Institute of Technology (English Edition), 2016, 25: 18 - 23.

[44] 李燕华, 李元, 李晓刚, 熊诗辉, 温玉全. 一种间隙弱化爆炸零门的仿真与试验 [J]. 含能材料, 2016, 24 (10): 1005 - 1010.

[45] LI Yanhua, LI Xiaogang, WEN Yuquan, GUO Shaowei, CHENG Li, MU Huina. Optimal design of an explosive separation device based on LS - DYNA [J]. Journal of Beijing Institute of Technology (English Edition), 2016, 25: 24 - 28.

[46] GUO Shaowei, LI Xiaogang, MU Huina, ZHANG Yao, CHENG Li, HUO Wenbiao. Reliability Analysis for Air - Gap Detonation Transfer Interface by Numerical Simulation [J]. Journal of Donghua University (English Edition), 2015, 32 (06): 906 - 909.

[47] LI Xiaogang, WEN Yuquan, JIAO Qingjie, JIA Ningbo. Detonation velocity deficits of superfine desensitized HMX charged in curve limited channel [J]. Chinese Journal of Energetic Materials, 2011, 17 (3): 312 - 316.

[48] 李晓刚, 焦清介, 温玉全. 超细钝感 HMX 小尺寸沟槽装药爆轰波传播速度的测试与分析 [J]. 北京理工大学学报, 2008, (09): 759 - 763.

[49] LI Xiaogang, JIAO Qingjie, WEN Yuquan. A study on the detonation velocity of superfine insensitive HMX charged in small sized channels [J]. Beijing Institute of Technology, 2008, 28: 11 - 15.

[50] 李晓刚, 焦清介, 温玉全. 超细钝感 HMX 小尺寸沟槽装药爆轰波传播临界特性研究 [J]. 含能材料, 2008, (04): 428 - 431.

[51] 温玉全, 程立, 李晓刚, 穆慧娜, 汪靖程, 任小伟. 三角形点阵中心输入式面同步传爆网络的设计方法: 北京市, CN114297812B [P]. 2024 - 08 - 20.

第6章 火工装置产品保证与质量管理

6.1 概述

火工装置因其具有大承载、低能耗、高可靠、小型化、温度适应性强、解锁同步性好的特点，被广泛应用于航天器各类型解锁释放机构中，且多数火工装置是航天器故障单点，其工作性能优劣将直接影响航天器任务的成败。同时，火工装置又属于一次性使用产品，其自身输出性能不可测试，只能通过批次抽检方式予以旁证。因此，航天器产品设计师与质量人员需对火工装置的研制与过程质量控制予以特别关注，质量管理部门也应特别注意火工装置的产品保证与质量管理。火工装置的产品保证侧重于产品质量的保证体系建设与控制，产品质量管理更加侧重于产品从设计、试验到系统使用全周期过程的质量管控。

6.2 产品保证通用流程

火工装置产品保证与质量管理是针对火工装置产品设计、生产、试验、发射、交付使用等全过程进行的一系列有组织、有计划的技术和管理活动，重点对技术风险进行充分地识别和控制，保证火工装置满足型号任务要求，保证航天器飞行任务成功。

火工装置产品保证通用流程覆盖了火工装置产品整个研制过程。根据产品研制阶段划分，产品保证流程分为方案阶段、鉴定阶段和批产阶段，包含了研制过程中各项技术工作项目和产品保证工作项目。在工程研制工作中，可依据产品研制的实际情况对火工装置产品保证流程的工作项目进行适应性剪裁。

方案阶段火工装置产品保证通用流程图见图 6-1，鉴定阶段火工装置产品保证通用流程图见图 6-2，批产阶段火工装置产品保证通用流程图见图 6-3。图中工作项目编号以"Q"开头的，表示需产品保证人员介入的工作项目，以"M"开头的，表示以技术人员为主的工作项目，图中虚线框为外协单位为主的工作项目。

6.3 产品保证管理

6.3.1 产品保证目标

火工装置产品保证总目标为：产品研制风险可控，产品质量稳定；产品在轨可靠工作，使用满足用户要求。

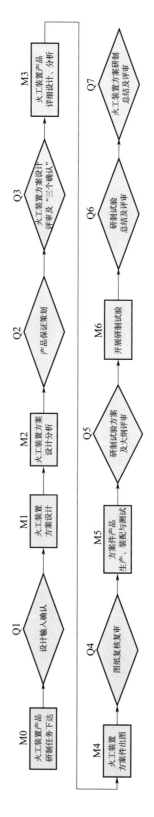

图 6 - 1　方案阶段火工装置产品保证通用流程

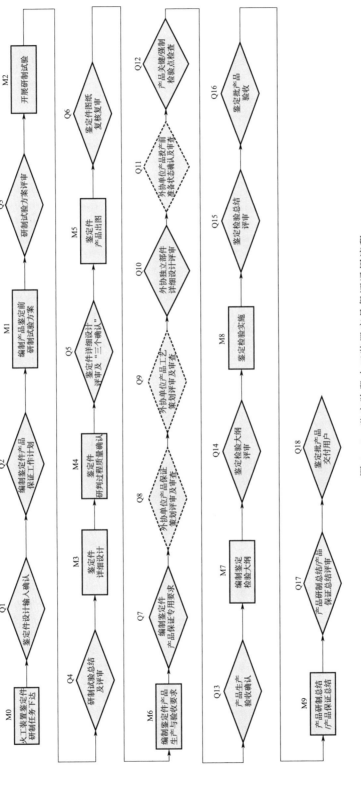

图 6 - 2　鉴定阶段火工装置产品保证通用流程

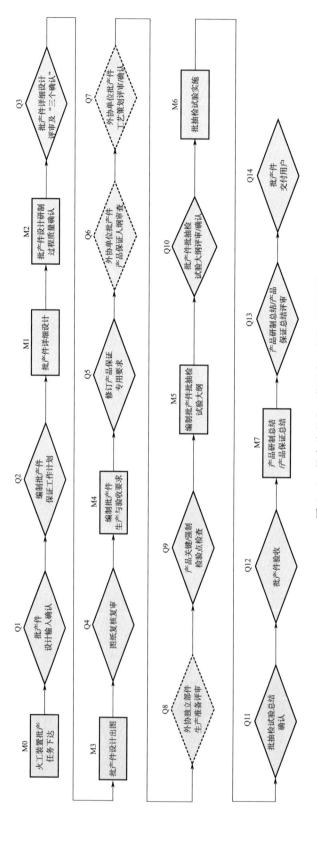

图 6 - 3 批产阶段火工装置产品保证通用流程

火工装置方案阶段产品保证目标为：任务特点和技术风险分析工作全面充分，关键技术攻关彻底；产品保证要求明确，产品保证文件体系有效建立；产品保证组织建设和资源条件策划工作充分到位；新技术、新材料、新器件、新工艺等攻关鉴定工作充分；需求分析全面准确，方案设计与验证充分，满足任务要求。

火工装置鉴定阶段产品保证目标为：以可靠性安全性为重点的各级产品设计正确，技术状态明确；设计验证充分有效；技术风险分析工作全面充分，控制措施落实有效；产品研制过程受控，关键检验点、强制性检验点 100% 落实到位；产品验收工作规范，产品不带问题交付，不带疑点使用；各阶段测试、试验验证有效，全覆盖；产品保证体系运行有效，并持续改进；产品鉴定试验验证充分。

火工装置批产阶段产品保证目标为：技术风险分析工作全面充分，控制措施落实有效；生产基线明确，技术状态受控；过程量化控制措施 100% 落实到位；产品研制过程受控，关键检验点、强制性检验点 100% 落实到位；产品验收工作规范，产品不带问题交付，不带疑点使用；产品测试与试验准备充分、工况明确、试验有效、测试全覆盖，数据判读及时全面；质量问题 100% 彻底归零，举一反三工作 100% 落实到位；产品不带问题出厂，发射场工作零缺陷；产品在轨可靠工作，技术指标满足用户要求；无重大人为责任事故和安全事故。

6.3.2　对外协供方的控制

火工装置作为航天器关键产品，其外协管理需实行统一组织、分级负责的管理模式，按照"谁外协、谁负责"的原则，落实委托方主体责任。

火工装置各级外协、外购整机或零部件级产品需按照承制单位外协和采购合格供方名录进行选择研制单位，目录外的研制单位需要对其质量保证体系、技术力量、工艺水平、质量保证能力和设备状态等进行综合考核，并办理有关审批手续。签订的外协、外购合同明确产品技术要求、产品保证要求、关键项目控制、产品验收等要求，明确双方的产品保证责任和义务，确保外协、外购产品单位执行产品保证的有关要求。

火工装置外协、外购整机或零部件级产品，其鉴定状态件与批产状态件原则上要求在同一外协单位进行，以保证产品质量的稳定性。此外，还需要严格控制外协单位的二次外协，严禁供方将全部协作任务二次外协到其他单位。关键项目、关重件的二次外协，供方需要报委托方批准。

火工装置承制单位可根据具体情况，定期对其外协合格供方名录内的单位进行质量保证能力的评价。根据审核结果对外协供方进行分级评定、确认。外协合格供方名录需进行动态维护。对新增外协供方，协出单位应组织对供方进行现场审核，通过后纳入本单位合格供方名录进行管理。

此外，火工装置还需要加强二次外协单位的管控，并形成具体要求传递给二次外协单位。例如，某火工切割器二次外协件有密封圈、陶瓷垫，二次外协工序包括密封插座壳的玻璃封接和 X 射线检查。在产品二次外协时，产品一次外协的生产单位需对供方提出明确的技术要求，技术要求中明确外协件、外协工序生产技术要求、验收要求及产品数据包管理要求，并严格按技术要求、验收要求规定对产品进行验收，履行验收手续。具体要求示例如下：

（1）密封圈二次外协管理要求

密封圈的原材料合格证、复验合格证等信息应列入产品数据包中。

（2）陶瓷件

陶瓷件合格证应列入产品数据包中。

（3）密封插座壳的玻璃封接工序要求

密封插座壳的玻璃封接相关证明材料应齐全，内容完整，合格证明材料中应明确合格数量及对应的编号。此外，密封插座壳的玻璃封接工作还需满足以下要求：

1）制作蜡坯过程中，每 2 小时加一次料头，顺时针缓慢搅拌 10 分钟；

2）用于点火器密封插座壳封接的玻坯必须使用每批次蜡料的前 5 次（不超过该批次蜡料的 30%）蜡料制作；

3）每批玻坯均进行密度检测，保证玻坯密度不低于理论值（2.7 g/mm³）；

4）保持装配间洁净，避免人为因素污染金属零件；

5）监测环境湿度，避免在湿度大的天气进行封接作业，规定阴雨天或湿度大于 80% 不得进行封接作业；

6）每次封接数量不大于 400 个，若一次封接数量不大于 300 时，每完成一次玻璃封接产品，均须在第一个、中间部位和最后一个封接盒中各抽取一个产品进行解剖检查；若一次封接数量大于 300 个，但不大于 400 个，则应在中间部位增加一个抽样，用于解剖检查；

7）密封插座壳玻璃封接后应 100% 进行耐压测试，耐压测试后再进行 100% 氦质谱检漏；

8）应对密封插座壳玻璃封接处采用 10 倍放大镜进行外观检查；

9）密封插座壳的玻璃封接数量、废品数量、合格数量及其相应的编号，应能一一对应；对同批不合格品进行剖面抽检检查，形成批次质量报告，其中对玻璃封接不合格的产品应进行分析，相应的证明材料应纳入产品数据包内容中；

10）密封插座壳的玻璃封接是重要的二次外协工序，其验收工作作为用户跟产监造的质量控制点，生产单位需通知用户参加密封插座壳的玻璃封接工序验收。

（4）X 射线检查工序要求

X 射线检查相关证明材料应齐全，内容完整，合格证明材料中应明确合格数量及对应的编号。X 射线检查结果作为产品性能无损检测以及装药检查的重要证据，用户在产品验收时一并检查确认。

6.3.3 风险分析与控制

在火工装置研制阶段初期，应针对产品的阶段特点，开展技术风险分析与控制工作策划，进行风险识别、分析和控制工作，重点关注固有风险、技术验证不足带来的风险、过程控制不到位的风险等，并将相关工作纳入研制生产计划。承研单位对识别出的风险进行定性、定量分析，确定风险排序，编制技术风险清单与技术风险控制表，并作为关键项目清单确定的依据。

火工装置承研单位需根据本单位产品特点和所处研制阶段，选择适应的技术风险识别与分析方法进行全面的风险识别与评价，技术风险识别方法包括采用故障模式与影响分析（FMEA），故障树分析（FTA），概率风险评估（PRA），可靠性预计，设计裕度分析，电磁兼容性分析，数据差异性分析，数据超差、数据临界的影响及成功数据包络线分析，"十新"分析，技术成熟度分析，测试覆盖性分析等方法。对于每项已知风险，评估其发生概率和后果严酷度，确定风险评估指数和风险级别，形成火工装置技术风险清单，并制定控制措施。

技术风险项目清单和技术风险控制表应动态管理，对于采取措施后降级或消除的风险应及时闭环，对于新认识到的风险应及时补充到清单中。此外，根据风险综合评价结果，梳理确定高风险项目、中风险项目和低风险项目，并有针对性地分别提出消除、降低、转移或接受的应对措施，确保风险应对措施充分、有效和合理。

对高风险项目，承研单位应建立独立的高等级技术风险项目控制表，全面描述技术风险项目相关信息，明确风险减缓或控制措施、风险控制计划安排、风险控制结果及检查方式、风险控制责任单位等，并落实在火工装置研制生产的各个环节中；采取计算、分析、试验等手段，验证风险控制措施的有效性，加强对实施效果的评估，并对采取措施后的项目重新进行风险综合评级。

对中风险项目，承研单位应将其作为节点质量控制和里程碑评审的重点内容，在后续研制生产各环节中密切关注，并结合研制流程采取有效措施，保证在火工装置产品交付前降至可接受水平。

对低风险项目，承研单位应进行必要的监控，跟踪并记录其后续状态变化情况，防止其危害程度上升。

6.3.4　"三类关键特性"控制

"三类关键特性"是指产品的设计关键特性、工艺关键特性和过程控制关键特性，是产品保证管理的核心内容之一。

火工装置产品设计关键特性指特定的设计方案中存在因产品使用环境变化对产品功能性能变化敏感的设计参数、因方案中选用的制造工艺偏差对功能性能敏感的设计参数、产品在最终状态下存在不可测试的关键功能性能等，决定产品方案的关键设计的总和称为设计关键特性。

火工装置产品工艺关键特性指特定的工艺方案中存在影响产品功能性能不稳定的制造工艺、制造过程控制的不确定性及生产过程不可检测项目，决定该工艺方案的关键工艺参数的总和称之为工艺关键特性。

火工装置产品过程控制关键特性包括对产品设计关键特性的偏差控制项目，产品不可测功能性能需要在制造过程中控制的项目等一系列产品生产过程数据项目的总和。

在火工装置产品工艺关键特性的识别过程中，要围绕产品设计关键特性的工艺实现，通过设计文件规定的某些关键特性及重要特性所形成的工序、在产品生产中加工难度大或质量不稳定的工序、生产周期长/原材料稀缺昂贵/出废品后经济损失较大的工序、关键/重要的外购器材及外协件的入厂验收工序、工艺控制结果只能靠最终产品试验验证的工序等方面的分析，确定其工艺关键特性。

在火工装置产品过程控制关键特性的识别过程中，要围绕产品设计关键特性的工艺关键特性的生产实现，通过设计规定的过程控制关键特性、工艺规定的过程控制关键特性、关键/强制检环节、过程中无法检测的环节、需多媒体记录环节、关键/重要器材及外购件验收环节等方面的分析，确定其过程控制关键特性。

火工装置产品的设计关键特性、工艺关键特性、过程控制关键特性识别情况可以分别参考表6-1、表6-2、表6-3执行。

在火工装置的具体研制过程中，为了高质量保证产品风险控制有效，通常需要针对产品的设计关键特性、工艺关键特性、过程控制关键特性识别情况，检查落实执行结果，并形成检查表，可以分别参考表6-4、表6-5、表6-6执行。

6.3.5 产品鉴定状态管理

承研单位需在火工装置研制初期开展产品鉴定状态评审活动，经评估确定产品的鉴定状态。

为确保火工装置技术状态明确和验证充分全面，承研单位应在方案阶段和鉴定阶段开展产品鉴定状态识别和确认评审工作，制定产品鉴定清单和鉴定计划，明确鉴定试验验证的项目、方法、程序以及要求，形成鉴定试验矩阵。

火工装置通过鉴定确定的状态，在产品批产阶段设计时不得更改。批产产品应使用与鉴定产品同样的图样、设计文档、原材料、加工工具、制造工艺和质量控制程序，并由同样的生产单位和熟练工人来制造，如果需要更改，则应进行鉴定评估分析。

鉴定产品完成全部鉴定试验和相关的功能、性能、精度、漏率、质量特性等检测后，应分解检查，采用适当手段对鉴定产品的最终状态进行确认记录。

鉴定产品试验全部完成后，完成鉴定评估，确定批产产品的生产基线。

6.3.6 技术状态管理

技术状态管理是用技术和行政的方法对火工装置的技术状态实施指导、控制和监督，其主要内容包括：技术状态标识、技术状态控制、技术状态纪实和技术状态审核。技术状态控制贯穿于火工装置研制、生产的全过程。在确定技术状态基线后原则上冻结，若需更改技术状态，应办理相应的审批手续，批准后方可实施技术状态更改。技术状态更改应遵循以下五条原则：论证充分，各方认可，试验验证，审批完备，落实到位。

表 6 - 1　火工装置产品设计关键特性表

产品名称		产品代号		产品生产阶段		

一、通过对火工装置技术指标分析，识别出的设计关键特性

序号	产品设计关键特性	指标数值（范围）	设计验证情况				产品实测值	备注
			复核复算结果	仿真结果	试验验证结果	其他		

二、通过对火工装置设计实现过程工艺设计分析，识别出设计关键特性

序号	主要部（组）件名称	设计关键特性名称	设计关键特性数值（范围）	确定为设计关键特性的依据	确定为设计关键特性的理由	对工艺设计的要求	对过程控制的要求	备注

表 6 - 2　火工装置产品工艺关键特性清单

产品名称		产品代号		产品生产阶段		

一、通过对火工装置产品主要部（组）件工艺设计分析，识别出工艺关键特性

序号	主要部（组）件名称	工艺关键特性名称	工艺关键特性数值（范围）	确定工艺关键特性所开展的工作项目	主要工艺措施	工艺设计验证情况	对检验的要求	备 注

二、通过对火工装置产品实现过程工艺设计分析，识别出工艺关键特性

序号	主要部（组）件名称	工艺关键特性名称	工艺关键特性数值（范围）	确定工艺关键特性所需开展工作项目名称	主要工艺措施	工艺设计验证情况	对检验的要求	备注

表6-3　火工装置产品过程控制关键特性清单

序号	产品名称	产品代号	主要控制措施	产品生产阶段		
				检验(测试)方法	产品实测值	备注
一、通过对火工装置产品主要部(组)件生产实现过程分析,识别出过程控制关键特性						
序号	主要部(组)件设计关键特性,工艺关键特性名称	过程控制关键特性名称	过程控制关键特性数值(范围)	确定工艺关键特性所需开展的工作项目名称	主要控制措施	检验(测试)方法
二、通过对火工装置产品生产实现过程分析,识别出过程控制关键特性						
序号	主要关键特性,工艺关键特性名称	过程控制关键特性名称	过程控制关键特性数值(范围)	确定工艺关键特性所需开展的工作项目名称	主要控制措施	检验(测试)方法

表6-4　火工装置产品设计关键特性执行检查表

序号	产品名称	关键特性名称	关键特性要求	主要控制措施	落实和结果	落实文件及编号	设计师确认	检查人	备注
1									

表6-5　火工装置产品工艺关键特性执行检查表

序号	产品名称	关键特性名称	关键特性要求	主要控制措施	落实和结果	落实文件及编号	设计师确认	检查人	备注
1									

表6-6　火工装置产品过程关键特性检查表

序号	产品名称	关键特性名称	关键特性要求	主要控制措施	落实和结果	落实文件及编号	设计师确认	检查人	备注
1									

火工装置技术状态更改按其对产品的影响程度从小到大依次分为Ⅲ、Ⅱ、Ⅰ类。

Ⅲ类更改是指不涉及火工装置功能及物理特性的文字性更改。如：文字错误、编写格式错误、图纸标注错误等文件性修改。这类更改不涉及制品或产品本身更改。

Ⅱ类更改是指涉及了火工装置功能特性和物理特性的一般性更改，如非对外接口特性、非关键特性的改变；不影响产品可靠性、安全性、维修性、保障性、测试性、环境适应性、电磁兼容性、使用性等的改变。

Ⅰ类更改指涉及了火工装置功能特性和物理特性的重大更改。如：涉及任务书、方案、合同、技术规范中的产品性能、功能指标的更改；涉及关重项目、关重件的更改；接口特性、关重特性的更改；影响到产品可靠性、安全性、维修性、保障性、测试性、环境适应性、电磁兼容性、使用性等性能的更改；影响系统级产品性能和可靠性、安全性、互换性、环境适用性等性能的更改；涉及批量产品变动的更改；需要较大资金投入、严重影响研制周期的更改。

针对火工装置鉴定研制阶段的Ⅰ类技术状态更改，批产研制阶段的Ⅰ、Ⅱ类技术状态更改，应按照技术状态更改五项原则（论证充分，各方认可，试验验证，审批完备，落实到位）开展技术状态更改论证，经批准后予以实施。

航天器火工装置的技术状态更改审批以及落实检查手续可分别参考表 6-7 和表 6-8 执行。

6.3.7　产品数据包管理

火工装置产品数据包是指火工装置在产品设计、生产、试验和交付等研制生产环节及使用和后续改进环节中形成的有关质量与可靠性的各类文件、记录等信息的集合。

火工装置承研单位需进行充分的策划，明确产品研制过程形成的数据包的组成、形成、流转、存档、验收交付文档要求，产品研制过程中严格按数据包策划内容进行数据记录、收集、汇总，确保产品数据包中各项质量记录的完整性、正确性、可追溯性。数据包将作为用户验收评议的主要依据之一。

火工装置产品数据包重点检查项目包括：关键项目、不可测试项目、关键（强制）检验点、关键工序、产品合盖前后照片等关键控制点的记录是否完整、真实、可追溯，是否满足产品验收要求，对于不符合要求的产品应坚决办理拒收手续，并明确整改项目和落实计划。

火工装置产品生产过程中，应按照用户数据包格式要求编制批次产品数据包，数据包内容应完整，能保证每发产品的可追溯性。

一般而言，产品数据包交付的文档中，按文档类型分为清单、记录、文件三类。各类文档的管理和交付要求如下：

表 6 - 7　技术状态更改申请表

承制单位		编　号	
产品名称		产品代号	
产品序号		阶　段	

技术状态说明(更改前技术状态及更改点):

更改原因:

更改后影响分析:

依据文件:			提出人: 　　年　月　日
承 制 单 位	主管设计师意见: 　　年 月 日	质量部门意见: 　　年　月　日 物资部门意见: 　　年　月　日	分系统主任设计师意见: 　　年　月　日
会 签	总体: 　　年 月 日 质量经理: 　　年 月 日	有关分系统: 　　年 月 日	副总师: 　　年　月　日 批准: 　　年　月　日

备注:1. 技术状态更改申请必须由总体会签;

　　　2. 涉及元器件、材料的技术状态更改需要物资部门会签;

　　　3. 更改涉及其他分系统时,应请有关分系统会签。

表 6-8 技术状态更改落实结果检查表

型号： 　　　　　　　　生产阶段： 　　　　　　　　编号：

分系统		产品名称		产品代号	
批次号		技术状态更改申请表号		更改单号	
更改项目					

更改文件类别	更改文件名称及代号：			更改人（日期）	检查人（日期）
接口文件	更改前：				
	更改后：				
产品文件	更改前：				
	更改后：				
产品图样	更改前：				
	更改后：				
工艺文件	更改前：				
	更改后：				

更改产品类别		更改数量	更改结论	检验（日期）	检查人（日期）
主份产品	在线				
	库房				
	已交				
备份产品	在线				
	库房				
	已交				
更换元器件的名称、代号、批次号、数量、单板号	更改前：				
	更改后：				

注：

编写： 　　　校对： 　　　　　　　　共 页 第 页

（1）清单类

清单类为各类文件、记录和专题项目的汇总清单，一般包括：生产输入文件清单（包括合同、设计图样、产品保证要求、生产技术要求、技术通知单和标准规范）、工艺清单、工艺检查单、新工艺汇总表、工艺文件清单、工艺关键特性检查表、过程关键特性检查表、技术状态更改汇总表（含偏离、超差、工程更改三类）、不合格品审理汇总表、技术问题处理单汇总表、代料汇总表、目录外元器件和原材料汇总表、元器件和原材料超期复验汇总表、质量问题汇总表及其他表格（根据用户和生产单位协调确定）。

（2）记录类

记录类为生产过程中形成的各类过程记录，一般包括：产品设计、生产、试验、测试过程形成的过程记录，元器件、零部组件合格证，原材料厂家检验报告和入厂复验报告，技术状态更改申请单、设计关键特性、工艺关键特性和过程关键特性质量控制措施执行情况记录、关键检验点检验记录、强制检验点检验记录、偏离/超差申请单、不合格品审理单、代料单、目录外元器件和原材料审批表、元器件和原材料超期复验审批表、工艺鉴定记录、技术问题处理单、各类照片和录像资料、质量问题归零记录，其他记录（根据用户和生产单位协调确定）。其中，零部组件合格证是指产品下一级零部组件合格证，含点火器和雷管合格证等。

（3）文件类

文件类为生产过程中形成的各类正式文件，一般包括：设计文件、工艺文件、试验文件、试验总结报告、生产和质量总结报告，其他文件（根据用户和生产单位协调确定）。将产品数据包中要求交付的文件发用户资料室归档，其中产品合格证、产品证明书、产品履历书、X光照片随产品流转。

产品数据包应是签署完整的单独文件，且包含二次外协件和二次外协工序产品数据包内容。

6.4　产品质量管理

6.4.1　设计和验证管理

火工装置产品在方案阶段和鉴定阶段通过"试验-分析-改进"过程，消除产品的设计和工艺缺陷，充分验证产品设计和工艺方案的正确性，完善设计模型，验证设计裕度，暴露新故障模式，确保在进入批产研制阶段前产品设计正确，验证充分，不存在设计缺陷。研制试验在鉴定试验前完成，试验项目应不少于鉴定试验项目，试验量级不小于鉴定试验量级。当同一件组件级产品用于不同型号时，应按型号要求的最大包络进行试验。产品研制单位需在产品研制初期制定产品研制试验策划，严格按照试验文件开展研制试验，在研制试验工作全部结束后编制研制试验总结，并进行总结评估，确认研制试验的充分性、有效性。

设计和验证的方法主要包括：不同方法进行计算、类比分析、仿真分析、试验、演示、评审等。

6.4.2　原材料质量管理

火工装置设计选用的原材料一旦确定，就需要加强材料质量保证，包括原材料的采购、验收检验和使用等。

火工装置生产单位采购的原材料应有供货单位的合格证、检验报告，入厂时要按规定进行入厂复验，其性能指标应满足相应的标准要求。

原材料发生代料，需进行影响分析，必要时进行验证试验，并填写代料单，报用户单位设计批准。

火工装置生产使用的原材料须在有效期内使用。原材料发生超期使用须报用户批准，并经航天指定的材料保证机构复验合格后方可使用。对航天指定的材料保证机构无复验能力的原材料，原则上不允许发生超期使用。

6.4.3　试验质量管理

火工装置试验过程的质量控制主要包括：按照试验大纲和试验细则组织试验；按岗位责任制实施试验，对关键岗位实行"双岗制"；按规定的表格化记录收集、整理数据和原始记录，分析、评价试验结果，保证试验数据的完整性和准确性；对试验发现的故障和缺陷，采取有效的纠正措施，并进行试验验证；保持试验过程、结果及任何必要措施的记录；试验过程变更应征得上一级承研单位的同意。

火工装置完成相关试验后，承研单位需对试验数据进行判读，确保试验数据的正确性、完整性；应进行试验总结，编制试验报告；填写产品试验工作程序记录表，纳入试验报告，并作为产品数据包的组成部分在承研单位归档。

6.4.4　产品标识和可追溯性工作

火工装置承研单位需制定产品的标识控制要求，并进行控制，确保在所有研制阶段中对每个或每批产品均建立并保持产品层级明确、研制阶段清晰、接口匹配、易于识别且具有唯一性和永久性的标识。

火工装置承研单位应按规定实施产品的批次管理，以确保：按批次建立记录，详细记录投料、加工、装配、调试、检验、交付的数量、质量、操作者和检验者，并按规定保存；使产品的批次标记和原始记录保持一致；已报废或销毁产品的产品标识代号不得重复使用；产品标识确立后，未经上级承研单位或用户的同意不得更改。

在可追溯性方面，火工装置承研单位应保证：建立完整的质量记录和技术文件控制体系，并在产品研制过程中进行严格控制，确保产品实物状态与文件的对应关系和一致性，并具有可追溯性；制定相关文件或表格，确保产品标识、记录、装配、检验、测试和试验等工作具有可追溯性，确保可追溯性要求的完整性；可以追溯到产品在采购、生产、装配、集成（总装）、检验、测试和试验操作等过程中的相关信息，直至采购的零部件、原材料相关的生产厂家、批次和质量证明材料；在必要的情况下（如质量问题举一反三）可以追溯相关的材料和零部组件产品的存放位置和使用去向；能追溯产品交付前的情况和交付后的使用情况。

6.4.5　洁净度、污染物、多余物控制

火工装置承制单位应制定并执行形成文件的程序，在设计、制造、装配、总装、测试、检验和试验、贮存、包装和搬运过程中，对污染源进行预防和控制。

火工装置机械零部件的加工和装配需有洁净的工作区和检验区，应在技术文件、图样和工艺中规定洁净度等级和控制要求，以及入库保存和转运的条件。特别是对清洁和多余物控制有特殊要求的零部件，工艺、检验、检测等技术文件应明确规定：零部件每道工序完成后和装配前须进行去毛刺和清洁处理；产品贮存、转运过程中及入半成品库前的多余物控制要求。

6.4.6　产品制造、装配质量控制

火工装置承制单位需策划并在受控和可重复生产的条件下进行火工装置的制造、装配。

火工装置生产基线管理包括生产基线的建立、审批及更改的管理。鉴定产品完成鉴定试验后，应确认用于描述和规定产品生产的全部依据性文件，包括设计、工艺、产品保证等文档，建立生产基线，形成生产基线报告。产品生产基线建立后，要严格控制生产过程变更，形成刚性的生产质量管理模式。

火工装置承制单位需在火工装置制造、装配、试验前依据提出检查的主要内容和管理方法，对火工装置批次阶段的生产准备状态（人员配备、生产设施、材料、输入文件、工作环境等）进行全面系统的检查，并对其是否符合生产基线要求作出评价，符合要求后方可进行生产和试验。

火工装置关重件、关键工序过程控制需从人员上岗、设备使用、原材料和外购、外协件复验和筛选、工艺文件、工作环境等方面严格控制。

火工装置关重件、关键工序、关键检验点的各项控制措施实施结果和相关数据必须有记录，有量值要求的指标、参数等必须记录实测值，并具有可追溯性；对于不能用文字和数值记录的关键控制过程，应采用照相、录像等措施进行记载。

例如，某火工切割器在产品生产制造过程，由用户对生产装配单位提出了明确的制造与装配过程控制要求：

1）投产前生产单位应完成生产准备和自查，编制生产准备评审报告、生产基线文件清单，提交用户开展生产准备评审或再投产前生产状态确认。

2）零部件按《航天火工装置通用规范》（GJB 1307A—2004）要求进行批次控制，即同批产品应采用同一批原材料、同样条件的生产手段和管理体系，在同一连续加工过程进行制造。同批产品所用雷管、密封圈和点火器应为同一批次，若由于管理原因将连续生产

的点火器分为两个批次，则这两个批次点火器可以用于一批产品中。同批产品的其余零部件最多允许 2 个批次，2 个批次应相邻，并办理转批审批手续，转批的零部件应在检验合格后方可使用。

3）装配场地要清洁，有防尘、调温、调湿、防火、防爆和防静电措施，记录各装配过程中的环境温度和湿度。

4）在安装点火器陶瓷垫时，陶瓷垫涂胶并装入密封插座壳后胶流应溢满 $\phi1.6$ mm 的孔径；切割器本体组件在安装完活动刀后，应进行氦质谱检漏，压力差为 101 ± 10 kPa，密封圈处漏率不大于 5×10^{-7} Pa·m³/s。

5）产品装配完成后，应 100% 进行 X 射线检查，每 4 发产品一组进行拍照，底片上的每发产品应有编号，且与实际产品一致，每张底片也应有编号。每发产品独立装在一个包装盒内，包装盒的编号与 X 射线底片编号一致。每批产品拍 2 套 X 射线检查底片，其中 1 套随产品交付。

6）产品表面保持清洁，不允许有划伤，不得有多余物，金属屑和其他残余物（例如生产过程中的油脂等）应清除干净。

7）在产品壳体外表面上做标记，标记格式为：年份号-批次号-顺序号/产品代号/生产厂家-年份号。

8）所有短路保护插头，应确保对电点火器的有效短接。

9）每发产品装配完成后，由检验员依据产品配套关系以及各零部件检测记录，单独填写一份产品的重要控制参数记录表，格式见表 6-9。

10）每发产品称重，并记录在产品数据包文件中。

11）交付产品中，产品关键件的关键特性、重要件的重要特性生产不允许有超差。

12）产品装包装盒同时在盒内要加装干燥剂，干燥剂质量为 20 g 至 40 g。

13）针对产品生产过程，用户设置了 2 个强制检验点、5 个关键检验点，在产品跟产监造时执行，保证交付产品质量合格。关键（/强制）检验点要求见表 6-10 和表 6-11。

14）产品生产单位应根据生产、装配、试验计划安排，按照用户设置的跟产监造质量控制点及时通知用户，由用户派人执行切割器装配前准备情况检查、生产过程中的强制检验点和关键检验点检验。

15）产品生产单位应将用户设置的强制检验点、关键检验点设置为本单位的检验点。同时，结合本单位生产特点，根据需要自行设置其他的关键检验点和采取其他行之有效的质量控制措施，以加强产品生产过程质量控制。

表 6 - 9　某火工切割器重要控制参数检验记录表（示例）

产品名称：　　　　　　　　　　　　　　　产品代号：　　　　　　　　　　　　　　　产品编号：

图号	名称	编号	设 计 要 求	实测结果	检测方法	结论	检验员日期	备注
1—0	点火器		两插针间桥丝阻值(1 ± 0.1) Ω(G1)					
			插针与密封插座壳之间绝缘阻值不小于 100 MΩ(DC100 V)					
1—12	插座壳		M12×0.75—6 h					
			M12×1—6 h					
2—01	壳体		27.9±0.1					
			$\phi 8.5^{+0.022}_{0}$					
			M2—6H					
			M12×1—6H					
			M14×1—6 h					
2—02	销子		M2—6 h					
2—04	活动刀		$\phi 6.2^{0}_{-0.05}$					
			$\phi 8.5^{-0.013}_{-0.028}$					
			硬度值：HRC 59～62					
2—05	固定刀		硬度值：HRC 59～62					
2—06	端盖		M14×1—6H					
P－HGP－3LG	双向雷管		装药量：羧甲基纤维素叠氮化铅：2×(50 mg±1 mg)(分两次装填)					

检验员：　　　　　　　　　　　　　　　质量人员：

表 6-10 某火工切割器强制检验点检测记录表（示例）

型号：
生产阶段：
编号：

序号	产品名称和代号	强制检验点名称	检验项目	判定准则	检测方法	检验结果	检验结论	检验签名	备注
1	火工切割器	X射线检查	装药检查	药层清晰，无错漏装现象	X射线仪				
2		发火试验考核	切割器发火	1)可靠性：发火并切断压紧杆；2)气密性：发火时，用高速摄影拍摄记录，无气体泄漏	1)靶线法测时；2)高速摄像检测切割动作以及气密性				

工艺： 设计（用户）： 年 月 日
承制单位：
注：检验结论栏中填写"合格/不合格"结论和检验报告归档编号。

表 6-11 某火工切割器关键检验点检测记录表（示例）

型号：
生产阶段：
编号：

序号	所属系统	产品名称和代号	关键检验点名称	检验项目	判定准则	检测方法	检验结果	检验结论	检验签名	备注
1	机构分系统	火工切割器	活动刀硬度检测	硬度值	HRC：59～62	硬度计				
2			点火器阻值测量	桥丝阻值及绝缘阻值	1)桥丝阻值：(1 ± 0.1) Ω 2)绝缘阻值：≥100 MΩ(DC 100 V,1 min)	电爆元件测试仪、兆欧表				
3			插座壳玻璃封接检查	玻璃封接性能	玻璃密度不小于 2.7 g/mm³，封接后耐压不小于 120 MPa	打压装置				
4			雷管装药检查	装药量	羧甲基纤维素叠氮化铅：$2\times(50\ \text{mg}\pm1\ \text{mg})$（分两次装填）	天平				
5			销子涂胶检查	本体组件销子涂胶	涂胶均匀，销子旋入到位后端口四周均有溢出	拍照				

工艺： 设计（用户）： 年 月 日
承制单位：
注：检验结论栏中填写"合格/不合格"结论和检验报告归档编号。

6.4.7　检验管理

用于火工装置检验工作的设备、量具不得与生产共用，并确保在检定或校准有效期内。

对于火工装置生产特种工艺（如焊接、胶接、电镀、热处理等）的检验，应选择制作同批次的工艺试件。

检验、验收人员必须严格执行工艺纪律，认真执行工序间交接质量控制、不合格处理、工序间拒付、拒收等制度，杜绝不合格产品流到下道工序。

为确保检验实施过程受控，对航天器配套的火工装置产品检验需实施下列控制：检验依据的文件、图样、标准和工艺文件、调试、测试、试验细则等必须现行有效；按检验依据文件对产品进行检验，不允许漏检；检验过程所使用的检测设备应与检测的要求相适应；检验使用的通用或专用测试仪器、仪表和设备，应有周期检定（校准）合格证明，并在有效期内使用同时，应对检测设备、工具进行校准；对同一批次产品的同一工序的检验，一般应使用同一检验设备与工具，保证参数的可比较性；生产和检验共用的设备用于检验前，应按规定加以校准或校验并记录；当发现检验所用的检测设备不合格时，应对该设备以往所测量结果的有效性进行评价和记录，并对该设备和受影响的产品采取适当的措施；对特种工艺实施过程的检验，除按工艺规程进行过程检验外，应制作同炉的随炉试片进行性能检测，用以证明产品符合要求的程度；发现不合格时应及时进行标识、隔离、报告，并按各单位规定程序进行不合格品审理。产品的检验要按相应的程序、规范、标准或技术条件进行准确、完整地记录和签署，检测结果需有数据支持，确保产品检验记录的可追溯性，并清楚地表明产品的检验状态及检验是否合格。

6.4.8　搬运、贮存、包装、防护质量控制

火工装置搬运装置的设计需满足产品力学环境和静电防护的要求；包装箱在使用前应全面检查其功能和性能，搬运前进行状态确认。

火工装置产品贮存区（含库房）的洁净度、温湿度和安全性等需满足有关要求，有明显的标识只允许被授权的人员进入；应保证其贮存环境满足要求。

火工装置产品设计时应考虑产品的安全防护要求；工艺文件应明确规定产品的安全防护要求和控制措施；产品研制全过程以及搬运、贮存、包装等各个环节应确保各项防护措施落实到位。

6.4.9　地面支持设备管理

火工装置地面用设备、工装的设计和研制应满足强度、刚度、稳定性、安全性要求，与上级结构连接后不应改变其的特性，应避免产生附加载荷。

火工装置设备使用前应进行状态确认，明确具备相关操作资质的设备使用人，并按照工装使用、维护说明进行使用保养，设备均应粘贴最大安全工作负载标识。设备使用应制定复验工作流程，定期对地面设备进行加载复验。

6.4.10　"十新"管理

火工装置生产单位在每批产品生产前和生产过程中，要以上一批次产品技术状态为基线，适时开展新技术、新材料、新工艺、新状态、新环境、新单位、新岗位、新人员、新设备、新流程等"十新"分析。针对识别出的"十新"情况应进行深入系统分析，识别出技术风险、管理风险和关键环节，采取有效措施消除风险或减小风险，以使风险可控，确保变化因素不会影响产品质量稳定性、一致性和符合性。

发生、发现"十新"情况，责任单位应及时通知任务提出方和用户，并经相关各方确认认可。

在产品交付验收时，产品交付方要对"十新"管理执行情况进行总结，在生产和质量总结报告中进行分析说明。

6.4.11　质量问题归零管理

火工装置质量问题归零和举一反三管理应分阶段进行汇总、审查和确认。

火工装置质量问题归零工作按问题性质、产品层次和管理层次分级管理；不得以问题说明和问题分析代替质量问题归零，不得以技术归零代替管理归零；对主要因技术原因造成的质量问题，应在开展技术归零的同时，查找管理方面的原因；避免因质量问题归零不彻底而造成类似问题重复发生，反复归零；建立质量问题快速响应和举一反三机制。

火工装置研制过程发生的技术归零遵循航天技术归零的五条原则：

1) 定位准确：确定产品故障问题所在，是技术归零的前提。

2) 机理清楚：摸清产品故障的根本机理和源头，是技术归零的关键。

3) 问题复现：是检验定位准确和机理清楚的控制、验证手段。

4) 措施有效：是技术归零的核心，旨在确保产品改进后的措施得到充分验证，确保改进措施可彻底解决故障问题，同时消除改进措施的风险影响。

5) 举一反三：是技术归零的结果延伸，为了解决故障问题重复发生在类似产品上，确保各类航天器系统的安全性。

火工装置研制过程的管理归零也同样遵循航天管理归零的五条原则：

1) 过程清楚：是管理归零的基础，目的是从质量问题中找出管理上的薄弱环节或漏洞。

2) 责任明确：是管理归零的前提，根据职责分清造成质量问题的责任单位和责任人，并分清责任的主次和大小。

3) 措施落实：是管理归零的核心，主要为了制定并落实有效的纠正和预防措施。

4) 严肃处理：对因重复和人为原因发生的质量问题责任者按规定给予严肃处理，是管理归零的手段。

5) 完善规章：是管理归零的结果延伸，主要把归零工作的措施固化到相关的规章制度、作业指导文件、标准或规范中，避免类似的质量问题再次发生。

6.5　发射场质量状态确认

火工装置进入发射场后，不仅意味着产品将参加最终飞行任务，也将意味着与航天器命运紧紧连在一起了，其质量好坏对航天器任务的成败起着十分关键作用，甚至起着决定性作用，因此，火工装置在发射场的质量状态往往备受各方关注。

随着我国航天器任务不断增加，火工装置在发射场的质量状态确认也逐渐形成了相对固定的流程，一般由航天器型号的总体人员、质量人员、检验人员、技安人员以及设计人员共同参与发射场火工装置的质量状态确认活动。

进入发射场前，通过全方位的复查工作，对要随航天器进入发射场的火工装置质量状态进行检查，并确定相关产品编号、证明书、履历书、X 射线照片、包装状态等信息无误后，装入防爆箱，由专人监督运输至发射场。

产品运输至发射场后，运输至发射基地的专用火工品库房进行贮存，并按照要求保证贮存湿度、温度等环境条件。等待航天器要开始安装前，航天器型号总体人员、设计人员、质量人员、检验人员以及技安人员共同到火工品库房，办理产品质量状态的进一步确认手续。

在产品质量状态检查过程中，需要确认的主要事项包括：包装状态、贮存环境状态、产品基本信息、表观形貌及多余物、接口状态、关键活动部件状态以及其他各航天器型号重点关注的其他事项，各事项的内容见表 6 - 12。按照"做事有依据、做事按依据、做事留记录"的要求，一般确认过程还需要摄影人员进行拍照留证据。

表 6 - 12　发射场航天器火工装置质量状态确认表

序号	确认事项	主要内容	拍照要点	拍照注意事项
1	包装状态	检查产品的外包装、中间包装以及内包装状态是否正常，其中重点确认运输过程中层包装外形无磕碰，内部包装处于真空负压状态	1）中层包装状态；2）内部真空负压包装状态	要清晰拍出包装袋上产品编号信息
2	贮存环境状态	检查产品运输过程、基地火工品库房贮存过程的状态，重点通过检查火工品库房温度、湿度以及产品包装箱内的干燥剂状态，旁证产品贮存的温湿度条件控制情况	1）库房温度；2）库房湿度；3）干燥剂	必要时可以打开干燥剂包装袋拍照确认有无变色
3	产品基本信息	检查产品证明书、履历书、合格证、产品编号等信息，核对所有信息正确性与一致性，确保文件与实物相符、完全对应，无产品混用、错用等情况；并通过 X 射线照片以及产品实物检查装药状态，确认装药正确性	1）产品证明书封面；2）产品履历书封面；3）产品合格证；4）X 射线底片（若无电子版可翻拍）；5）装药状态（若装药是裸露状态）	要清晰拍出文件上产品编号信息，X 射线底片若有电子版可不再拍照
4	表观形貌及多余物	检查产品表面有无异常划痕、镀层脱落等现象，确认产品无多余物附着	产品整体表观形貌	可依据型号要求拍摄表面特定位置

续表

序号	确认事项	主要内容	拍照要点	拍照注意事项
5	接口状态	检查机械、电等接口状态,状态包括以下方面: 1)确认点火器的螺纹无异常划痕,无镀层脱落; 2)确认点火器的插针无弯曲、缩针; 3)检测桥路电阻、绝缘阻值等性能,并与出厂数据进行比对,确认无阻值漂移等异常现象	1)点火器螺纹及镀层状态; 2)点火器插针状态; 3)检测结果数据表	点火器螺纹、镀层、插针状态可通过一张照片反映;性能检测过程需要采取必要的静电防护措施
6	关键活动部件状态	检查特定关注的火工装置关键活动部件状态,例如火工切割器装置的固定刀、活动刀表面及刀刃等状态检查,确认无异常损伤	关键活动部件表面状态	具体依据产品特性确认拍照部位
7	其他	根据型号在发射场关注的其他确认事项,例如配合火工切割器实现关键解锁功能的压紧杆状态	具体依据产品特性确认拍照部位	/

　　在上述各事项确认过程中,可一张照片对应多个拍照要点,也可以在一个时刻同时拍照记录多个确认事项,原则是能准确体现各项确认内容的客观证据。下面以航天器应用较为广泛的某火工切割器为例,阐述在发射场确认产品质量状态的拍照过程。

　　1)从外包装防爆箱中取出一盒火工切割器,对中层的铅封包装状态以及产品编号信息进行确认,如图 6-4 所示。证明火工切割器中层包装铅封完好,且内含有 076、077、078、079 共四发 P-HGP-3 型火工切割器产品。

图 6-4　火工切割器中层包装状态确认

　　然后用工具打开中层包装盒的铅封,针对火工切割器的内包装状态进行检查,确认内部包装处于真空负压状态,真空密封袋无破损,且内包装袋中的编号信息与中层包装的编号一致,四发产品编号分别为 076、077、078、079,如图 6-5 所示。

　　2)可见包装盒内部装有干燥剂,将温湿度计和干燥剂分别进行拍照记录,结果表明

图 6 - 5　火工切割器内包装状态确认

温度 20.2 ℃、湿度 46％符合火工切割器的贮存条件要求，且通过打开干燥剂检查变色状态，显示干燥剂无变色，表明火工切割器的贮存状态良好，如图 6 - 6 所示。

　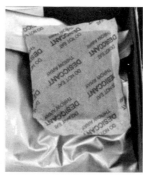　

(a) 温湿度计检测结果　　　　　(b) 干燥剂状态　　　　　(c) 干燥剂开袋检查状态

图 6 - 6　火工切割器贮存状态确认

　　3）拆开火工切割器内包装，对照产品编号信息与产品合格证，确认产品文件与实物相符、完全对应，无产品混用、错用等情况，并对产品的 X 射线底片进行检查，确认产品已装药。076 编号产品的基本信息拍照记录情况如图 6 - 7 所示。

　　4）针对每发火工切割器产品的整体表观形貌进行检查，并确认产品表面有无异常划痕、镀层脱落等现象，且产品无多余物附着。076 编号产品的正面、反面表观形貌拍照记录情况如图 6 - 8 所示。

　　5）拆下产品的短路保护插头，针对实现机械固定连接的两个安装孔、插接电缆的点

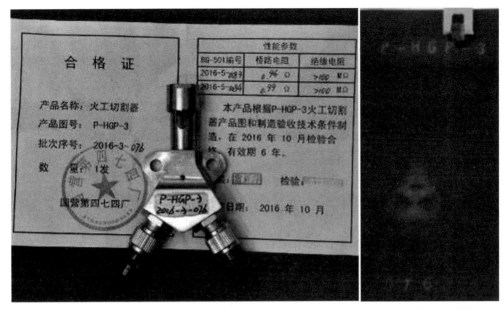

(a) 产品实物与合格证一致性检查　　　　　　(b) X射线检查装药状态

图 6-7　火工切割器的基本信息检查确认

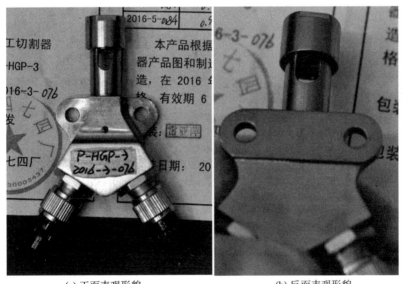

(a) 正面表观形貌　　　　　　　　(b) 反面表观形貌

图 6-8　火工切割器整体表观形貌状态确认

火器螺纹进行检查，确认无异常划痕、镀金层无脱落现象。076 编号产品的两个点火器正面、反面连接螺纹拍照记录情况如图 6-9 所示。

　　与此同时，针对火工切割器的点火器插针状态进行检查，确认均无插针弯曲和缩针现象，点火器腔内无多余物。076 编号产品的两个点火器插针状态拍照记录情况如图 6-10 所示。

(a) 左侧点火器螺纹正面   (b) 左侧点火器螺纹反面

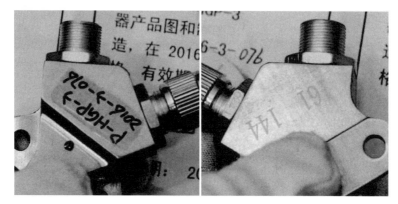

(c) 右侧点火器螺纹正面   (d) 右侧点火器螺纹反面

图 6-9 火工切割器点火器连接螺纹状态确认

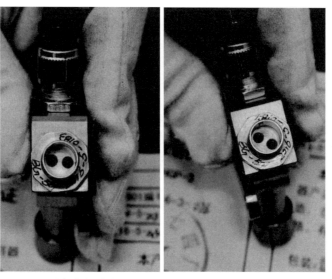

(a) 左侧点火器插针   (b) 右侧点火器插针

图 6-10 火工切割器点火器插针状态确认

　　确认机械、电接口均正常后，用电爆元件测试仪、兆欧表分别测试火工切割器的桥路阻值、绝缘阻值，并与出厂检测数据进行比对，典型测试记录表模板如图 6-11 所示。

附表1 _____ 发射场检验记录表

型号		测试地点		测试间温度 (25℃±10℃)		测试间湿度 (30%~70%)			测试电缆 阻值	
SC20-3型电爆元件测试仪仪器编号							有效期			
ZC-7型兆欧表仪器编号							有效期			
序号	产品编号	点火器编号	出厂桥路阻值 (Ω)	测试回路阻值(Ω)	桥路阻值 (l±0.1Ω)	出厂绝缘阻值 (MΩ)	绝缘阻值 (>100MΩ)	外观	对应 X光 底片	备注
1										
2										
3										
4										
操作员：		检验员：			复核人：			测试日期：		

图 6-11　火工切割器发射场测试数据记录表

　　6）对于火工切割器而言，能否完成切割功能，关系着航天器任务的成败，其中活动刀、固定刀作为关键活动部件，对切割功能的保证至关重要。因此，在发射场需要对活动刀、固定刀的刀刃状态进行检查，确认无异常损伤等情况。076 编号产品活动刀、固定刀的刀刃状态拍照记录情况如图 6-12 所示。

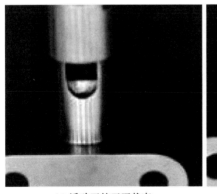
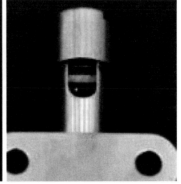

(a) 活动刀的刀刃状态　　　　　　(b) 固动刀的刀刃状态

图 6-12　火工切割器关键活动部件状态确认

　　7）火工切割器一般配合压紧杆实现设备的连接与解锁功能，在接受解锁指令后需可靠完成压紧杆的切割功能。压紧杆虽然不属于火工装置，但其与火工切割器是密切配合零件，因此，有的型号任务在发射场明确要求对火工切割器配套使用的压紧杆螺纹以及表观形貌状态进行检查确认。图 6 - 13 所示为 076 编号火工切割器配套使用的压紧杆状态拍照记录情况。

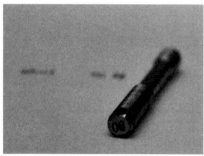

图 6 - 13　火工切割器配套使用的压紧杆状态检查

参 考 文 献

［1］ 陈烈民．航天器结构与机构［M］．北京：中国科学技术出版社，2005：305－306．

［2］ GJB 1307A—2004，航天火工装置通用规范，2004．

［3］ Q/WY 113—2009，航天器故障模式及影响分析（FMEA）工作指南．

［4］ GJB/Z 1391—2006，故障模式、影响及危害性分析指南．

［5］ QJ 2172A—2005，卫星可靠性设计指南．

［6］ QJ 1408A—1998，航天产品可靠性保证要求．

［7］ QJ 2437—1993，卫星故障模式影响和危害分析．

第7章 火工装置试验验证

7.1 概述

本章内容关于火工装置试验验证，用于纠正火工装置因性能无法测试以及无法精确统计而认为火工装置不能被理解的观念。尽管公认的标准规范试验验证方法不能完全表征火工装置的性能，但它为保证火工装置的成功奠定了一定基础。

火工装置试验验证方法的关键目的是从最少试验量和测试参数中获取最多的信息。但由多少信息来决定试验效果和试验数量呢？一般而言，同一条件下的三次到五次重复试验是有一定说服力的。相同条件的性能参数获取得越多，说服力越强。因此，火工装置的一个重要目标是研究制定试验流程和计划，该流程计划允许对火工装置最敏感的影响性能参数进行多次重复试验，以达到验证充分的目的，试验过程使用接近飞行状态的试验件更佳。

由于大多数火工装置是不可重复的，为验证火工装置的功能，火工装置试验件必须在外形、尺寸、体积、质量、材料、冲击属性和冲击阻力方面精确接近需要被测试的装置，且试验策划时应该综合评估起爆输入和输出性能，测试时应将输入控制覆盖所有可能的范围，并多次测试燃烧或爆炸压力曲线，将结果进行比对分析。例如，NASA 针对关于各种不同的 NSI 管壳或 NSI 的衍生火工品测试，在 25 年里共进行了 100 多次点火试验，每次点火试验都与初始曲线进行比对，确保每次试验结果相吻合。试验过程的成本能通过使用可控的、可重复的飞行件模拟件来降低。

本章重点针对航天器火工装置的主要试验项目、试验流程进行介绍，并结合试验案例对典型的试验方法进行阐述。

7.2 试验项目

航天器火工装置研制阶段不同，对应的试验项目和试验目的也不同。概括而言，主要分为四类：功能试验、设计验证试验、鉴定检验、质量一致性检验。各项试验的执行标准为《航天火工装置通用规范 GJB 1307A—2004》。

7.2.1 功能试验项目

不同的航天器火工装置，其完成的功能也不尽相同。在初步方案设计阶段，需重点完成功能试验，验证初步方案的原理可行，能满足预期的功能要求。

不同功能的航天器火工装置，需开展不同的功能试验项目。通常而言，主要分为以下典型的功能试验项目：

（1）切割功能试验

该功能试验主要针对切割器类火工装置，用于验证切割金属杆、绳索等目标物体的能力。例如，在某火工切割器研制初期，需开展切割功能摸底试验，在给定的电激励条件下进行产品发火试验，验证切割器对 $\phi4mm$ 钛合金杆的切割能力，并确认在切割过程以及切割完成后无碎片及烟雾等多余物产生。

（2）连接功能试验

对于连接类火工装置，连接承载能力是一项重要的功能。在方案设计阶段，需进行连接承载能力试验。例如，采用微机控制电子万能拉伸试验机，对某火工连接分离装置进行拉断试验，获得产品的拉断试验曲线和极限连接承载力，检测拉伸断裂现象，找出产品连接薄弱环节，并与理论预示情况进行比对分析。

（3）解锁释放功能试验

对于火工分离螺母、火工锁等火工装置，其核心功能之一就是完成解锁释放功能，在产品研制初期，需通过解锁释放功能试验进行验证。例如，针对某火工锁，先通过液压加载装置进行预紧力加载，然后给电点火器通电点火，验证解锁释放功能，过程中需测试解锁释放时间、释放冲击等数据，试验后对发火产品进行解剖，进一步检查内部机构的解锁运动情况。

（4）阀门开闭功能试验

电爆阀的功能就是实现管路的开通和闭合，在方案设计初期，需重点验证开闭功能。例如，某航天器推进剂供应系统关键流路采用电爆阀实现管路的开通功能，在产品设计过程中，需根据电爆阀工作时所需的电爆力，选择合适的装药量，并通过试验进行验证，试验过程中还需测试电爆阀的内部工作压力和内外泄漏率。

（5）分离功能试验

分离功能试验主要针对有分离质量、分离速度、分离姿态、分离冲量等指标要求的火工装置而言，如火工分离推杆，在方案设计初期，需通过地面试验对产品进行功能摸底试验，获取分离相对速度、分离冲量等分离性能参数，验证初步方案的可行性。

（6）拔推功能试验

拔推功能试验主要针对拔销器、推销器等火工装置而言，例如某拔销器的功能是为航天器电分离插头的强制分离提供预定的分离力和分离行程，在方案设计过程中，需通过发火试验验证产品的拔销功能，获取拔脱力和拔销行程，并对照技术指标分析方案的合理性。

7.2.2　设计验证试验项目

国内外通用的火工装置设计模式是发火组件选用成熟可靠的点火器，主装药和功能组件根据功能需求进行研制，该情况下主要针对火工装置进行设计验证试验。但有时候也面临点火器、主装药、功能组件都需要新研，该情况下需要先进行点火器设计验证试验，然后开展火工装置设计验证试验。

7.2.2.1　点火器设计验证试验项目

点火器的设计验证试验主要针对全发火能量、不发火能量、发火时间、输入能量、输出能量、温度适应性、电性能等参数进行测试，验证设计方案的正确性与合理性，主要试验项目及典型的要求见表 7-1。

表 7-1　点火器设计验证试验项目

序号	试验项目	试验要求（数据为示例）
1	全发火能量试验	在规定的全发火能量激励下，点火器应在规定时间内发火，发火可靠度应大于 0.999，置信度 0.95
2	不发火能量试验	在规定的不发火能量激励下，点火器应不发火，不发火可靠度应大于 0.999，置信度 0.95；钝感电点火器应满足输入直流电流至少 1A 且功率不小于 1 W，通电 5 min 不发火、不失效
3	发火时间测试	电点火器在全发火电流输入条件下，发火作用时间应不大于 50 ms
4	输入能量试验	点火器在系统预计的工作输入和最大输入能量刺激下，应正常发火。当不能确定最大输入能量时，按 2 倍全发火能量试验，钝感电点火器按 22A 大电流发火试验；电点火器工作时，最小输入能量至少应比全发火能量高 20%，输入能量的持续时间应至少是电点火器作用时间设计值的 2 倍
5	输出能量试验	点火器的最小输出能量应比传爆序列或终端装置所需最小输入能量至少高 25%；点火器的最大输出能量应比传爆序列或终端装置所能承受的最大输入能量至少低 20%
6	温度适应性	点火器暴露到比最高预示温度高 30 ℃ 且不低于 71 ℃ 的温度下，不应发生自动点火和分解失效
7	2 m 跌落适应性	点火器从 2.0 m±0.3 m 高度跌落到 50 mm±1 mm 厚钢板上应不发火，且性能满足预定要求
8	静电感度试验	用 500 pF±25 pF 电容充电至 25 000 V±500 V，通过 5 000 Ω±500 Ω 电阻，对电点火器的桥路、短路针脚和壳体间、以及双桥丝（带）的针脚间放电，电点火器应不发火，且性能不降低
9	桥路电阻检测	电点火器的桥路电阻的测量应符合 GJB 5309.4 的规定，测试结果应满足电点火器的技术指标要求，同批电点火器阻值的均值偏差应不大于 0.2 Ω
10	绝缘电阻检测	电点火器的绝缘电阻的测量应符合 GJB5309.6 的规定，或用如下方法测量：在环境温度 15 ℃～25 ℃，相对湿度 30%～70% 条件下，用 100 V 直流电压兆欧表测量短路脚线与壳体、脚线与脚线间的绝缘电阻，常态阻值应不低于 20 MΩ
11	密封试验	电起爆器的密封形式有胶塞密封、玻璃密封、锥套密封等形式，其中胶塞密封的承压一般为 10 MPa 以下，一般不建议采用，后两种密封形式的承压可达 70 MPa 以上，建议优先选用；隔板起爆器利用金属隔板密封，承压大于 70 MPa

7.2.2.2　火工装置设计验证试验项目

对于火工装置而言，当点火器设计验证完成后，需要将执行机构部分与药盒、点火器装配成整体进行设计验证，试验项目主要包括最大输入能量、最小输入能量、结构承载以及系统联合试验等项目，主要试验项目及典型的要求见表 7-2。

表 7 - 2　火工装置设计验证试验项目

序号	试验项目	试验要求（数据为示例）
1	最大输入能量	按爆炸序列或起爆器最大输出能量的 120% 或更高，取 6 发试验件，其中 3 发在最低预示温度下发火，3 发在最高预示温度下发火。试验工装应能模拟系统真实使用的结构、材料、动力学特性、摩擦、刚度等条件。发火时测定性能参数如作用时间、位移、推力、速度、冲击响应、应力、污染等
2	最小输入能量	按爆炸序列或起爆器最大输出能量的 80% 或更低，取 6 发试验件，其中 3 发在最低预示温度下发火，3 发在最高预示温度下发火。试验工装应能模拟系统真实使用的结构、材料、动力学特性、摩擦、刚度等条件。发火时测定性能参数如作用时间、位移、推力、速度、冲击响应、应力、污染等
3	结构承载	在常温下，至少取 2 发火工装置，按规定外载荷的 1.2 倍加载后，在模拟系统预计最恶劣载荷条件的专用试验工装上发火
4	系统联合试验	将火工装置安装在真实系统结构上，按系统要求和条件进行发火试验，试验时应考核各种边界条件，测量规定性能参数，以评估火工装置与系统的匹配性和完成功能的情况

7.2.3　鉴定检验项目

一般而言，火工装置工作后不能再次使用，必须用新产品替换，因此，用于航天器飞行试验的产品，其性能无法直接进行全面验证，只能在同批产品中抽取一定数量的产品进行试验，通过旁证的方式鉴定产品性能能否满足要求，该试验称为鉴定试验。

需开展鉴定试验的产品应已经通过设计验证，并根据最终设计和规定的材料、工艺、过程制造和控制，且检验合格。为了确保间接验证的充分性，航天器火工装置的鉴定试验主要分为点火器鉴定试验和火工装置鉴定试验。

对于新研制或有重大修改的火工装置，以及长期停产后重新投产的火工装置或转厂生产的火工装置，应进行鉴定检验。

各项检验测试的顺序应与火工装置在轨应用所经历的环境条件顺序保持一致。一般而言，随着运载火箭发射入轨到在轨工作，经历的环境条件顺序依次为加速度、正弦与随机振动、冲击、温度循环、热真空以及不同温度条件下的发火工作，对不同温度环境下的发火试验，可以结合型号的具体要求确定是否在热真空环境条件下开展，模拟真实的空间应用条件。当需要变化试验顺序时，可以结合工程型号影响分析情况确定是否调整试验顺序。一般而言，火工装置结构相对较为结实，对加速度不敏感，在试验项目策划过程可以通过计算分析的方法验证适应性，特别需要针对剪切销的强度裕度进行分析。

7.2.3.1　点火器鉴定试验项目

在火工装置鉴定试验前，需对产品中的点火器进行鉴定检验。点火器的鉴定检验应从同一批中至少抽取 126 发产品进行试验，样品数量分配、检验项目和顺序按表 7 - 3 规定进行，可根据系统要求增加检验项目。发火试验时按温度分组，同时应测量相关性能参数，如发火时间、输出压力等。

表 7-3　点火器鉴定试验项目

序号	试验项目		检验数量			
			1组	2组	3组	4组
1	外观质量		5	6	10	105
2	尺寸					
3	桥路电阻					
4	绝缘电阻					
5	密封(要求时)					
6	结构内部质量					
7	静电感度(要求时)					
8	高温暴露		5	—	—	—
9	正弦、随机振动		—	—	—	105
10	冲击		—	—	10	105
11	温度循环		—	—	10	105
12	2m 跌落		—	6	—	—
13	不发火能量		—	6	10	105
14	常温全发火输入能量		—	6	10	—
15	常温[a]发火	全发火输入能量	—	—	—	15
		输入能量	—	—	—	15
		最大输入能量	—	—	—	5
16	高温[b]发火	全发火输入能量	—	—	—	15
		输入能量	—	—	—	15
		最大输入能量	—	—	—	5
17	低温[c]发火	全发火输入能量	—	—	—	15
		输入能量	—	—	—	15
		最大输入能量	—	—	—	5

a. 常温为室温;

b. 高温为最高预示工作温度,且不低于 50 ℃;

c. 低温为最低预示工作温度,且不高于—40 ℃。

　　各项试验项目要求应符合图纸设计,满足产品详细规范的规定。试验条件和试验方法按照航天火工装置通用规范执行。

　　126 发点火器样品通过规定的试验后,判定为合格。1~6 项中出现不合格后允许剔除或返工后重新检验,但不合格率不应超过 10%;若重新检验出现不合格,则鉴定检验不通过。7~17 项出现不合格,鉴定检验不通过。

7.2.3.2　火工装置鉴定试验项目

　　火工装置的鉴定检验项目和顺序按表 7-4 规定进行,可根据系统或详细规范要求增加检验项目。环境试验项目和要求应满足系统鉴定级环境试验条件规定。

发火试验应模拟实际最恶劣使用条件，在规定载荷下验证其规定功能。发火试验时按温度分组，同时应测量相关性能参数，如发火时间、输出压力、推力、冲量、速度等。采用冗余点火器时，高温发火应同时引爆两个点火器，低温发火只引爆其中一个点火器。对于承受拉、压或剪切等外载荷的火工装置应验证其结构强度。

表 7 - 4　火工装置鉴定试验项目

序号	试验项目	检验数量	
		1组	2组
1	外观质量	6	6
2	尺寸		
3	桥路电阻		
4	绝缘电阻		
5	结构内部质量		
6	正弦、随机振动	—	21
7	冲击	—	21
8	温度循环	6	21
9	热真空试验	6	21
10	常温发火	2	7
11	高温发火	2	7
12	低温发火	2	7

27 发火工装置样品通过规定的试验后，判定为合格。序号 1～5 项中出现不合格后允许剔除或返工后重新检验，但不合格率不应超过 10％；若重新检验出现不合格，则鉴定检验不通过。序号 6～12 项出现不合格，鉴定检验不通过。

对于连接类火工装置，在鉴定试验中，需进行承载能力试验，用于测试火工装置的实际承载能力，确保工作前对两个对接面可靠连接要求，并具有适当的裕度。承载力试验时，一般将火工装置试件在万能试验机上拉伸直至断裂破坏，得出产品的拉力-位移曲线和极限承载力值。必要时应模拟被连接件的刚度，同时施加规定的预紧力。无特殊要求时，在鉴定批产品中抽取 3 件开展极限承载力试验，满足连接强度设计要求则判定合格。

7.2.4　质量一致性检验项目

通过鉴定检验后的火工装置再次投产时，每批产品可以通过质量一致性检验替代鉴定检验，主要验证每批产品的技术状态和制造、质量控制过程与鉴定试验的一致性。质量一致性检验对象包括点火器和火工装置，一般进行分组检验。

各项检验测试的顺序应与火工装置在轨应用所经历的环境条件顺序保持一致，具体顺序要求与鉴定检验项目一致，当需要变化试验顺序时，可以结合工程型号影响分析情况确定是否调整试验顺序。

7.2.4.1　点火器质量一致性检验

点火器质量一致性检验习惯分为 A 组和 B 组进行，A 组为全数检验，B 组检验应从同一批中随机抽取批量总数的 10%，但不少于 30 发产品进行破坏性试验。以 30 发产品为例，样品检验项目、数量分配、试验顺序按表 7−5 规定进行。

表 7−5　点火器质量一致性检验项目

序号	分组	试验项目		检验数量
1	A 组	外观质量		全批产品100%
2		尺寸		
3		桥路电阻		
4		绝缘电阻		
5		密封（要求时）		
6		结构内部质量		
7		静电感度（要求时）		
8	B 组	正弦、随机振动		30
9		冲击		30
10		温度循环		30
11		不发火能量验证		30
12		常温[a]发火	全发火输入能量	5
13			输入能量	5
14		高温[b]发火	全发火输入能量	5
15			输入能量	5
16		低温[c]发火	全发火输入能量	5
17			输入能量	5

a. 常温为室温；
b. 高温为最高预示工作温度，且不低于 50 ℃；
c. 低温为最低预示工作温度，且不高于 −40 ℃。

点火器质量一致性检验可根据系统或详细规范要求增加检验项目。发火试验时按温度分组，同时应测量相关性能参数如发火时间、输出压力等。

30 发点火器样品通过规定试验后，该批产品判定为合格。序号 1～6 项出现不合格后允许剔除或返工后重新检验，但不合格率不应超过 10%；若重新检验出现不合格，则该批产品判定为不合格。序号 7～17 项出现不合格，该批产品判定为不合格。

7.2.4.2　火工装置质量一致性检验

火工装置质量一致性检验习惯分为 A 组和 B 组进行，A 组为全数检验，B 组检验应从同一批中随机抽取批量总数的 10%，但不少于 9 发产品进行破坏性试验。以 9 发产品为例，样品检验项目、数量分配、试验顺序按表 7−6 规定进行。相对于鉴定试验，火工装置质量一致性检验项目没有热真空试验要求，主要因为火工装置一般都为密封结构，真空条件对密封型的火工装置影响较小，且通过鉴定试验进行了充分验证。

表 7-6 火工装置质量一致性检验项目

序号	分组	试验项目	检验数量
1		外观质量	
2		尺寸	全批产品 100%
3		桥路电阻	
4		绝缘电阻	
5		结构内部质量	
6	A组	正弦、随机振动	9
7		冲击	9
8		温度循环	9
9		常温发火	3
10		高温发火	3
11		低温发火	3

火工装置质量一致性检验可根据系统或详细规范要求增加检验项目，环境试验项目和要求应满足系统验收级环境试验条件的规定。

发火试验应模拟实际使用条件验证其规定功能。发火试验时，按温度分组进行，同时应测量相关性能参数，如发火时间、输出压力、推力、冲量、速度等。

9发火工装置样品通过规定试验后，该批产品判定为合格。序号1~5项出现不合格后允许剔除或返工后重新检验，但不合格率不应超过10%；若重新检验出现不合格，则该批产品判定为不合格。序号6~11项出现不合格，该批产品判定为不合格。

7.3 试验方法及典型实例

对于航天器火工装置而言，需要完成运输环境、地面温度、温度冲击、湿热等地面环境试验，正弦振动、随机振动、冲击、加速度等发射环境试验，以及热循环试验、热真空试验、带电粒子辐照等空间运行环境试验，上述试验方法均已完成标准化，只需按照相关标准和规定执行，试验量级一般由航天器系统规定。

对于鉴定前的航天器火工装置，需通过多项性能试验，准确定量地测试输出参量，正确评价其输出性能，这不仅是火工装置研制和性能质量评价的重要科学依据，也是深入了解火工装置作用机理的研究手段。目前，航天器火工装置性能评价方法主要依据成败型数据，测试参量分为连接承载力、作用时间和同步性、作用压力、作用冲击、推拔力等。根据同一发试验过程中测试参量的多少，可以分为单参量测试和多参量测试。

7.3.1　承载能力试验

对于连接类火工装置，连接功能是火工装置的主要功能之一，需要开展连接承载力试验。承载力试验一般在电子万能试验机上进行，如图 7 - 1 所示。加载时一般需要专用的工装，以尽可能模拟实际的承载情况。为了保证连接的可靠性，防止成组使用时的不均匀承载，装置的最大承载力一般不应小于使用载荷的 2 倍。

图 7 - 1　连接承载能力试验机

以某连接解锁螺栓的连接承载能力测试为例，在拉伸速度为 5 mm/min 的条件下，共进行了 3 次解锁螺栓承载能力测试，典型试验曲线及拉伸后实物状态见图 7 - 2，结果见表 7 - 7。

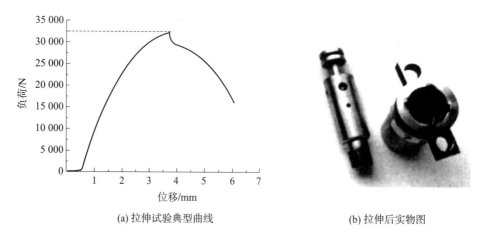

(a) 拉伸试验典型曲线　　　　　　　　　　(b) 拉伸后实物图

图 7 - 2　某连接解锁螺栓的拉伸试验结果

表 7 - 7　某连接解锁螺栓的拉伸试验数据

序号	极限承载力/kN	试验后产品外观情况
1	32.34	滚珠成扁状且有部分被削掉,外筒、内筒和活塞稍有变形
2	32.96	滚珠成扁状且有部分被削掉,外筒、内筒和活塞稍有变形
3	31.13	滚珠成扁状且有部分被削掉,外筒、内筒和活塞稍有变形

从拉伸试验后产品的各零部件变形情况可得到,该连接解锁螺栓的破坏主要因为滚珠被挤压成扁状且有部分被削掉。此外,外筒、内筒和活塞也稍有变形,说明螺栓的破坏是诸多影响因素的综合,其中主要是滚珠的破坏。根据实验结果,此种连接解锁螺栓的最大承载力为 31.13~32.96 kN,散差主要原因在于零件的加工误差以及各部件的装配误差引起。

7.3.2　作用时间及同步性测试

作用时间对火工装置来说是一个重要参数,它是决定火工装置的特性和功能的重要指标之一。当火工装置受到外界能量刺激后,产生爆燃并逐步达到爆轰,爆轰成长过程需要一定的时间,时间的长短取决于火工装置内部各层装药的种类、药量、密度及颗粒等条件的约束。一般而言,将火工装置从输入端接受规定的外部能量刺激到完成规定的功能所用时间定义为火工装置的作用时间。同步性指两发或两发以上火工装置同时接受相同刺激量时,试件作用时间的最大时间差。

不同类型和不同用途的火工装置的作用时间相差很大,一般在毫秒量级。快速作用特点对作用时间的测试方法和仪器设备要求较高,特别是作用时间在微秒级的火工装置,要求测试系统必须具备很高的响应和测试精度。按作用时间长短分类,火工装置作用时间的测试方法包括微秒、毫秒和秒量级火工装置的时间测试;按获取信号手段分类,包括探针法、靶线法、声电法、光电法和高速摄影法等。探针法、光电法和高速摄影法适合测量微秒级火工装置,也可测量毫秒级火工装置。靶线法和声电法只适合于测试毫秒和秒量级火工装置。

对于航天器火工装置而言,作用时间一般为毫秒级,多数时间采用靶线法进行测试。例如,针对某火工连接分离装置,采用靶线法测试作用时间,采用高速摄影法测试 4 发产品的同步性,典型结果如图 7 - 3 和图 7 - 4 所示。

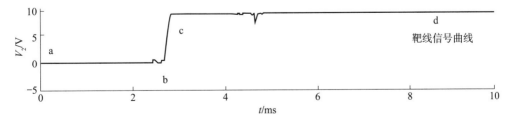

图 7 - 3　某连接分离装置的分离作用时间

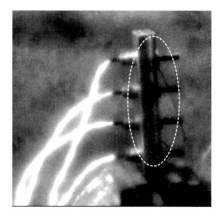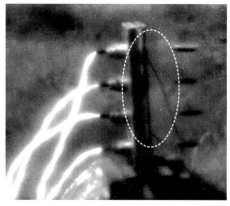

(a) 分离前　　　　　　　　　　　　　　　(b) 分离后

图 7 - 4　某连接分离装置的同步性试验结果

该连接分离装置的分离时间和分离同步性数据如表 7 - 8 所示。

表 7 - 8　某连接分离装置的分离时间和同步性结果

序号	分离时间/ms(靶线法)	同步性/ms(高速摄影法)
1	2.54	
2	2.46	
3	2.31	0.13
4	2.48	
均值 $\bar{x}$	2.45	
标准偏差 $s(x)$	0.10	

7.3.3　压力测试

燃烧室的腔内压力是火工装置完成规定功能的动力源，也是评估火工装置输出威力的主要指标，一般由燃烧波或爆轰的直接驱动，以及燃烧产物或爆轰产物的瞬态膨胀而产生的，也可能是以上多种因素共同产生。火工药剂在燃烧室燃烧或爆炸后产生的腔内压力是火工装置设计和验收中的一项重要技术指标，并且以压力—时间（$P - t$）曲线的测试结果来考核产品的输出特性，获取火工装置腔内最大压力 p_m。

对主装药是炸药的火工装置，测量输出压力一般为冲击波压力，现有的成熟测试方法有两种：一种是电磁速度法，另一种是锰铜压力计法。对于主装药是火药的火工装置，测量的输出压力一般为燃烧压力，通常采用压力传感器法。

火工装置作用后产生的压力大小与装药种类、药量、产品结构、容腔等多方面因素有关。产品不同，压力峰值差别很大，从几兆帕至一百多兆帕不等，响应时间和工作时间都非常短，属于瞬态测量范围。以某解锁螺栓为例，其内部主装药为 2/1 樟枪药，对应的输出压力主要由燃烧波直接驱动和燃烧产物膨胀产生高温高压燃气产生，采用电荷式压力传感器进行测试，典型测试曲线和结果分别见图 7-5 和表 7-9 所示。

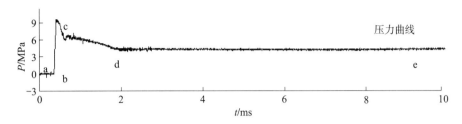

图 7-5　某解锁螺栓的作用压力测试曲线

表 7-9　某解锁螺栓腔内压力测试数据

序号	压力峰值 p_m/MPa
1	8.9
2	10.8
3	8.7
4	9.7
均值 $\overline{x}$	9.5
标准偏差 $s(x)$	0.95

7.3.4　冲击测试

爆炸冲击环境是航天器产品经历的最强烈的动力学环境之一，它可以使外形尺寸与波长同量级的微型电子芯片产生很高频率的响应，从而对电子设备、集成电路甚至机械设备产生危害。不同形式的火工装置产生爆炸冲击环境的过程也不尽相同。

按爆炸冲击源的形式及产生冲击的特点，火工装置爆炸冲击源可分为：点状源（如分离螺母）、线状源（如聚能切割索）及组合源（如包带式星箭解锁装置）。不同形式的分离装置产生爆炸冲击环境的过程也不尽相同。

爆炸冲击测量技术理论上可以用多普勒激光干涉仪测量爆炸冲击的位移和速度，用应变仪测量应变，但工程上主要使用加速度计直接测量。目前，常用加速度冲击计有压电式和压阻式两种，它们有体积小、质量轻、可测范围广、频响高等特点。随着传感器技术的发展，爆炸冲击专用加速度传感器的测量范围可达 $2 \times 10^5\ g$、频响高达 200 Hz～1 MHz，而质量只有几克。

以某解锁螺栓为例，通过将加速度传感器直接安装在产品上，测试的典型冲击曲线如图 7-6 所示。

火工装置作用后，爆炸冲击会传播至附近结构，剩余加速度响应也很大。例如，在上述解锁螺栓附件结构上，通过加速度传感器测试剩余加速度响应，幅值可达 4 000 g，历程较为剧烈振荡，主要频率范围通常在 1×10^2 Hz～1×10^6 Hz，并具有一个接近 10 μs 的基本上升时间，响应时间历程本质上是随机的，重复性很小，如图 7-7 所示。

由于火工装置爆炸冲击的高频高幅值特性，若操作不当可能产生传感器松动、晶体缺

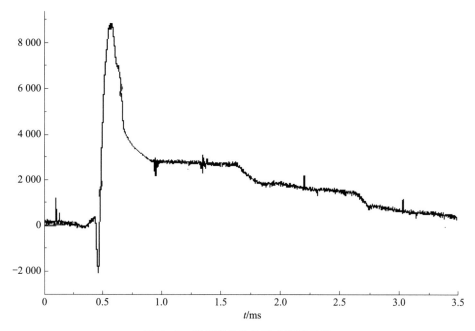

图 7 - 6　某解锁螺栓的冲击测试曲线

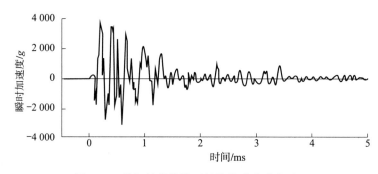

图 7 - 7　某解锁螺栓附近结构的冲击响应过程

陷、系统饱和、高频干扰等问题。另外，由于传感器安装座的摇摆运动存在，可使传感器输出的附加测量误差达100%以上。火工装置爆炸作用过程的加热现象，也会对测量结果的精度产生影响。对于上述问题，工程上已经提出了各种各样的解决方案，以保证测量数据的品质。测量爆炸冲击时，具体建议如下：

1）传感器的频响要高于100 kHz，最好使用机械滤波器；

2）被测信号要小于测量系统的1/5，以保证有足够的测量裕度；

3）传感器最好同时使用胶粘和螺接方式固定到试件上，必要时，建议使用楔形传感器块，以消除摇摆误差；

4）A/D变换前必须进行抗混滤波，截止频率设为最高信号频率的1.5倍；

5）测量系统的采样频率至少是信号带宽的10倍以上；

6）另外，由于爆炸冲击环境在3个方向的量级相当，因此，要求传感器的三轴向必须具有足够的极限承受能力。

纵观国内外对火工装置爆炸冲击环境的认识及其技术发展的历史，人们对爆炸冲击环境的认识是在大量的飞行故障基础上逐渐建立和提高的。随着研究的深入，人们对火工装置爆炸冲击环境的产生、特点、危害及防护措施有了深入的了解，在爆炸冲击环境测量技术、模拟试验技术及环境预示技术方面取得了长足进步，并在保证产品的可靠性方面建立了一套相对完善的管理体系及技术规范。这些成果的取得和相应措施的实施，使航天器与爆炸冲击有关的飞行故障大幅减少。国内航天界对这个问题的研究正在兴起，在借鉴国外经验的基础上，发展也比较快。目前，欠缺的是在爆炸冲击环境预示技术方面的研究成果以及一套完善的管理体系及技术规范。目前，国内外加大了对火工装置爆炸冲击环境预示技术、模拟试验技术及低冲击分离装置等方面的研究力度。总结国内外的相关经验与教训有如下几点启示：

1）建立完善的爆炸冲击环境可靠性管理体系及技术规范，使制定产品的设计规范和鉴定及验收试验条件时，分析爆炸冲击环境的极端危害；

2）为了保证产品可靠性，在采取特殊设计的同时，加强对飞行产品的鉴定和验收试验，这样可以大大降低由爆炸冲击引起的飞行故障；

3）加强爆炸冲击环境模拟试验技术的研究，提供模拟真实、操作方便、成本低廉的实验设备和技术；

4）加大爆炸冲击环境仿真预示技术的研究力度，力求达到工程实践的要求，为预研型号的环境条件制定提供较准确的依据；

5）加强爆炸冲击环境测量技术手段，并严格对测量数据按相关标准要求进行评估，以保证数据的可靠性；

6）从火工装置爆炸冲击源至航天器冲击敏感部位的传递路径入手，系统性地建立火工装置爆炸冲击衰减措施，例如增加缓冲蜂窝、安装过渡垫片等措施。

7.3.5　推力测试

对于推冲器、拔销器等火工装置，火药燃烧后的高温高压气体在活塞端面上产生的推力，能否克服活塞运动阻力、推动载荷作功、完成预定功能，是该类产品的主要技术指标之一，需要通过推力测试进行评估。

以某推冲器为例，采用压电式动态测力传感器和加速度传感器，在特制的测试台架上对推冲器产生的推力和加速度进行了直接测试，实现了两个运动参数的同时测试。采用的测试台系统如图 7-8 所示。

测试台为水平工作方式，在测试台上分别完成火工装置推冲器的安装、起爆、作功和负载减速等动作。测试台主要包括推力墙、负载砝码（砝码车、砝码）、轨道、减速装置及地基等部分。测力传感器安装在推力墙内侧的两个圆形法兰之间，并通过螺栓预压后固定，发射固定架将推冲器固定安装定位；砝码车及所载砝码总重量模拟工作负载，砝码车左侧紧贴推冲器的输出端。点火后推冲器在内部高压燃气驱动作用下，活塞向外弹出作

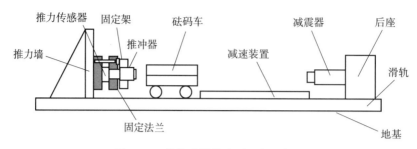

图 7 - 8　某推冲器推力测试台示意图

功；推力墙固定不动，砝码车在瞬间推力作用下高速滑出，通过减速轨道和后座减震器的作用使砝码车减速停止。推冲器将砝码车推出的瞬间，其后端通过固定法兰内侧的传力块，将压力作用于测力传感器；测力传感器所受力与推冲器输出推力是一对作用力与反作用力关系，所以通过测出测力传感器输出数据便可得到推冲器输出的推力。同时砝码车上安装加速度传感器测出其被推出的最大加速度，作为推冲器设计和输出能力测试的另一个重要数据。

7.3.6　组合性能测试

许多情况下航天器火工装置都是成组使用的，如载人飞船舱段之间的连接分离、伞舱盖的连接与弹抛等，为了验证火工装置的组合工作性能，还需要进行组合性能试验，如图 7 - 9 所示。

图 7 - 9　某舱段连接分离面的组合性能试验

在组合试验时，目标体的机械接口要真实，以模拟连接释放装置之间的承载关系。目标体的质量、质心位置及转动惯量一般也要与真实情况一样。

在试验时可以通过高速摄像测量出目标体的分离速度、分离时间及分离姿态，通过冲击加速度传感器测量释放分离时的爆炸冲击。组合性能试验也可以采用自由落体及水平方式实现分离。

7.3.7　多参量测试

多参量测试方法是相对于单参量测试方法而言的，基本思想是：通过科学合理的试验工装，尽可能地将多个性能参数在同一发试验中进行有效、高精度的数据采集，旨在降低试验消耗成本，提高性能参数测试水平和性能分析的准确度，满足多参量、高精度、小样本的输出性能测试需求。

一般而言，航天器火工装置待测参量有火药产生的燃气压力、作用时间、同步性、运动位移、运动速度和加速度等，测试这些参量的传感器具有一个共性，均输出电信号，可以通过电信号类传感器进行测试，此外，还可通过运动位移信号间接获取运动速度与分离冲量，通过高速摄影仪同步监测火工装置的污染性和密封性。该方法可从不同角度研究火工装置性能及作用过程，降低试验消耗成本。多参量同步测试方法的原理如图 7 - 10 所示。

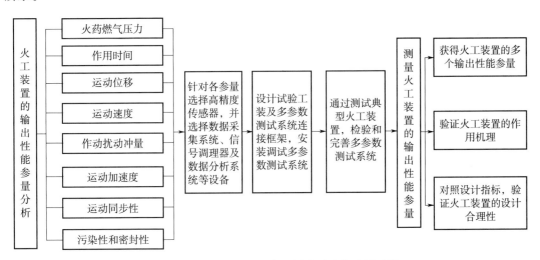

图 7 - 10　火工装置的多参量同步测试方法原理图

以某航天器火工分离装置为例，由于分离速度、分离行程位移、分离时间、分离冲击加速度、内部燃气压力都是产品设计关心的技术指标，需要对多个参量进行同步测试，为此设计了一套多参量同步测试系统，如图 7 - 11 所示。

测试原理：压力药筒起爆后，信号调理器先将压力传感器的信号进行放大与滤波处理并输出到动态分析仪，通过计算机显示内腔气体压力-时间（$P - t$）曲线；同时压力药筒装药产生的高温、高压燃气推动活塞运动使内筒与外筒分离，固定在内筒上的反射板随内筒向前运动，激光位移传感器产生的位移信号和加速度传感器产生的冲击加速度信号通过动态分析仪同时显示内筒的位移-时间（$s - t$）曲线和加速度-时间（$a - t$）曲线。通-断靶线测试的曲线也直接显示在动态分析仪上，高速摄影仪记录的图片信号通过专用软件显示在动态分析仪的另一个画面中。上述多参量同步测试系统具有以下特点：

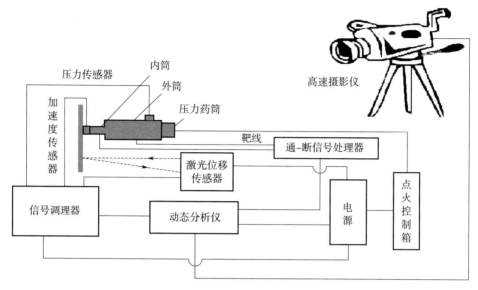

图 7-11　某火工分离装置多参量同步测试系统

1）结构安装简单，测量系统安全稳定，测量精度高；

2）不仅能同步测得腔内燃气压力、位移-时间关系、分离时间、分离加速度等参数，还可间接得出分离速度及分离冲量；

3）根据实际需要，还可以接入温度、推力等其他传感器，测试温度、推力等性能参数。

4）可应用于作动类火工装置运动部件的运动特性测量。

参 考 文 献

[1] GJB 1307A—2004，航天火工装置通用规范 ［S］. 北京：国防科学技术工业委员会，2004.

[2] 陈烈民. 航天器结构与机构 ［M］. 北京：中国科学技术出版社，2005：305 - 306.

[3] 李科杰，等. 现代传感技术 ［M］. 北京：电子工业出版社，2005.

[4] 李国新，焦清介，黄正平. 爆炸测试技术 ［M］. 北京：北京理工大学，2007.

[5] 张训文. 现代测试技术与信号处理 ［M］. 北京：北京理工大学，2004.

[6] 晋小莉，赵孝彬，刘刚，等. 新型密闭爆发器测试系统的研制 ［J］，火工品，2004（9）：22 - 27.

[7] Daniel V. Gunter，Design and Specification of Ballistic Test Fixtures and a Data Acquisition System for Analysis of Bridge - Wire Initiators. The Aerospace Corporation，El Segundo，AIAA 2005：276 - 277.

[8] GJB 3756—1999，测量不确定度的表示与评定 ［S］. 北京：国防科学技术工业委员会，1999.

[9] 沙定国. 误差分析与测量不确定度评定 ［M］. 北京：中国计量出版社，2003.

[10] 黄正平，著. 爆炸与冲击电测技术 ［M］. 北京：国防工业出版社. 2006：1 - 104.

[11] GJB 3756—1999，测量不确定度的表示与评定 ［S］. 北京：国防科学技术工业委员会，1999.

[12] 刘振岳，江志农. 基于 PC/104＋的多通道数据采集系统的设计 ［J］. 仪器仪表用户，2008（05）：19 - 24.

[13] 孙二敬，蔡伯根. 基于 LabVIEW 的多传感器信息采集平台 ［J］. 北京交通大学学报，2005（05）：11 - 16.

[14] 李国新，程国元，焦清介. 火工品实验与测试技术 ［M］. 北京：北京理工大学出版社. 2007：1 - 80.

[15] 叶耀坤，严楠. 一种新的解锁螺栓分离时间测试方法 ［J］. 北京理工大学学报，2011，31（10）：1139 - 1142.

[16] 程俊，严楠，魏继锋，李朝振，叶耀坤，李燕华. 激光驱动分离螺母冲击测试. 2015 空间机构技术学术研讨会 ［C］. 载人航天编辑部；，2015：373 - 379.

[17] 严楠，叶耀坤，周玲，毕文辉，付永杰. 作功火工品输出多参量测试系统及测试方法. 第四届全国强动载效应及防护学术会议 ［C］. 中国力学学会；中国兵工学会，2012，191 - 197.

[18] 高凤川，方蜀州，叶耀坤，刘旭辉. 微型推进器的推力测试系统综述. 中国航空学会火箭发动机专业委员会 2012 年火箭推进技术学术年会 ［C］. 中国航空学会，2012，145 - 151.

[19] YE Yaokun，YAN Nan. Application of a Laser Displacement Sensor for Measuring the Separation Parameters of a Pyrotechnic Separator ［J］. Laser Eng，2011（22）：189 - 196.

[20] YE Yaokun，YAN Nan，HE Chunquan. A Method for Measuring Separation Multi - parameters of Releasable Explosive Bolts. Proceedings of 9th International Conference on Electronic Measureement & Instruments ［C］. Beijing：Electronic Measurement & Instruments，2009（02）：395 - 398.

[21] 严楠，毕文辉，叶耀坤，何爱军. 带有活塞装置的爆发器：CN200910169398. 0 ［P］. 2010 - 04 - 14.

[22] 严楠，叶耀坤，毕文辉，曾雅琴，何爱军. 火工分离装置分离特性的一种高精度测量方法：CN201010226071. 5 ［P］. 2010 - 12 - 08.

第8章　火工装置可靠性评估与验证

8.1　概述

随着火工装置技术的发展，火工装置逐步向小型化、系列化和通用化发展，功能由单一化向多元化发展。火工装置在载人航天、深空探测等领域中的应用越来越广泛，几乎每一个航天器需要其完成包含解锁、切割、分离、作动等在内的几项到几十项的功能，使用过程中也将面临严酷的空间环境。火工装置能否正常作用，关系到航天器飞行任务的成败，甚至航天员的安全，所以对火工装置提出了更高的可靠性和安全性要求。如何对火工装置进行可靠性试验与评估，判断其是否满足应用于航天器的指标要求成为工程必须解决的关键问题。

可靠性评估是根据产品的可靠性模型、特征量分布模型、可靠性试验数据信息，运用统计学数值估计的理论和方法，获得产品可靠性特征量区间估计的过程。航天器火工装置具有成本高、一次性作用、生产使用数量小等特点，若采用 GJB 376—1987《火工品可靠性评估方法》中规定的计数法对其进行可靠性评估，要保证火工装置的可靠度指标达到 $R=0.999\,9$（$\gamma=0.9$），在零失效的情况下需要的试验样本量为 23 026 发，这是采用该方法进行评估需要的最少样本量，允许 1 发失效的情况下需要的样本量更多。评估的可靠度指标多一个 9，样本量就增加若干倍。显然计数法对于高指标要求和高价值的航天火工装置是不适用的。

可靠性评估技术的关键是尽可能获取足够的可靠性信息并充分利用这些信息。只要利用的可靠性信息量达到某种程度，就可以实现对可靠性较为准确的评估。计数法由于仅仅利用了现场试验成功或者失败的次数等信息，没有考虑更多的试验信息，所以其样本量比较大，导致试验的成本高、周期长。因此如何更好地设计可靠性试验方案，获得尽可能多的试验信息，降低试验样本量，研究火工装置的小样本可靠性评估方法成为必然趋势。

本章主要针对火工装置介绍了常用的火工元件、装置及系统可靠性评估方法，包括计数法、计量法、敏感性试验方法、基于数据转换的系统可靠性评估方法等；然后给出了燃气驱动解锁和爆炸作功两类火工装置的评估原理；最后以典型火工装置及系统为例，进行了可靠性试验与评估的实例应用。

8.2 火工装置可靠性评估方法

8.2.1 火工元件可靠性评估方法

8.2.1.1 计数法

由于计数法需要的样本量比较大，又称为大样本方法，该方法试验操作和计算都比较简单，不需要寻找一个或多个参数，能更好地评估点火器、起爆器等火工元件在真实条件下的可靠性水平。

计数法只需要在某刺激处进行试验，记录试验成功和失败的数据，然后在成功数或失败数服从二项分布或超几何分布的条件下获得其可靠度下限评估结果。记试验数 $n = f + s$，其中 f 为失败数，s 为成功数。

当火工元件的批量 N 很大，试验数 n 小时，如通常认为 $N \geqslant 10n$，可根据失败数 f 服从参数为 $1 - R$ 的二项分布，置信度为 γ 下可靠度 R 的单侧置信下限 R_L 可由下式确定：

$$\sum_{i=0}^{f} \binom{n}{r} R_L^{n-i} (1-R_L)^i = 1 - \gamma \tag{8-1}$$

当 $f = n - 1$ 时，$R_L = 1 - \sqrt[n]{\gamma}$；$f = n$ 时，$R_L = 0$；当 $f = 0$，则

$$R_L = \sqrt[n]{1-\gamma} \tag{8-2}$$

或者说，要试验 n 发火工元件才能达到 R_L 的可靠性要求，n 的取值如下

$$n = \frac{\ln(1-\gamma)}{\ln R_L} \tag{8-3}$$

GJB 376—1987《火工品可靠性评估方法》中可以查到常用参数范围内的可靠度置信下限，也可利用国家标准采用的贝泽-普拉特近似计算。常用的 $f = 0$ 条件下，评估不同置信度下的可靠度需要的样本量如表 8 - 1 所示。

表 8 - 1 $f = 0$，评估不同置信度 γ 下可靠度 R_L 需要的样本量

γ ＼ R_L	0.99	0.999	0.999 9	0.999 99
0.90	230	2 303	23 026	2 302 590
0.95	298	2 996	299 573	2 995 730

当火工品批量 N 比较小时，用超几何分布计算可靠度下限，计算公式为

$$\sum_{i=0}^{f} \frac{\binom{NR_L}{n-i}\binom{N-NR_L}{i}}{\binom{N}{n}} = 1 - \gamma \tag{8-4}$$

根据 N、n、f、$1 - \gamma$，根据式（8 - 4）用迭代法或查询 GJB 376 - 1987 提供的数值表获得 R_L。

8.2.1.2　正态容许限法

当火工元件的可靠度由某一性能参数决定时，可采用正态容许限法评估可靠度下限。获得性能参数测量值以后，通过 GB/T 4882—2001《数据统计处理和解释-正态检验性》中规定方法的正态分布检验，若性能参数服从正态分布，通过正态容许限法计算火工元件可靠度的置信下限。

假设性能参数为 X_i，$i=1,2,\cdots,n$，设计阈值为 L（L 为性能参数取值的单边容许下界）或 U（U 为性能参数取值的单边容许上界），即在 $X \geqslant L$ 或 $X \leqslant U$ 时产品不发生失效。通过试验得到性能参数的 n 个测量值，$X_1,X_2,\cdots,X_n$，给定置信度 γ，由于均值 μ 和方差 σ 未知，常用 $(\bar{X}-L)/S$ 代替 $(\bar{\mu}-L)/\sigma$。

火工元件可靠性置信下限 R_L 按下述步骤求得：

1）根据样本计算样本均值 $\bar{X}$ 和样本标准差 S

$$\bar{X}=\frac{1}{n}\sum_{i=1}^{n}X_i \tag{8-5}$$

$$S=\sqrt{\frac{1}{n-1}\sum_{i=1}^{n}(X_i-\bar{X})^2} \tag{8-6}$$

2）根据样本均值 $\bar{X}$、样本标准差 S 和产品的设计阈值 L 或 U，计算 K

$$K=\begin{cases}(\bar{X}-L)/S,\text{当对可靠性特征量的要求为 } X \geqslant L \text{ 时}\\(U-\bar{X})/S,\text{当对可靠性特征量的要求为 } X \leqslant U \text{ 时}\end{cases} \tag{8-7}$$

3）根据 K 值、样本数 n 和置信度 γ，查 GB/T 4885—2009《正态分布完全样本可靠度置信下限》，即可得置信度 γ 下的可靠性置信下限 R_L。

查表法能简单方便地查到可靠度下限值，但精度较低。在精度要求较高的情况下，需要用直接法进行精确的求解，火工元件的可靠性精确置信下限可用如下方法获得：

令 $K=(\bar{\mu}-L)/\sigma$，则

$$F_{n-1,\sqrt{n\omega^2}}(\sqrt{n}K)=\gamma \tag{8-8}$$

式中，$F_{n-1,\sqrt{n\omega^2}}(x)$ 表示自由度为 $n-1$，非中心参数为 $\sqrt{n\omega^2}$ 的非中心 t 分布的分布函数，$F_{n-1,\sqrt{n\omega^2}}(\sqrt{n}K)$ 为 $x=\sqrt{n}K$ 时的函数值。通过 MATLAB 对函数进行求解，得到 ω_L。可得正态分布中可靠度置信下限为 $R_L=\Phi(\omega_L)$，$\Phi(\bullet)$ 为标准正态分布。

当要求性能参数的范围为 $L \leqslant X \leqslant U$ 时，按正态分布双边容许限系数方法确定其可靠度下限为：

$$R_L=R_{L1}+R_{L2}-1 \tag{8-9}$$

其中 R_{L1} 和 R_{L2} 分别为 $K_1=(\bar{X}-L)/S$ 和 $K_2=(U-\bar{X})/S$ 时对应的单边可靠度下限值。

在进行计量法评估时提供的应力条件应尽可能接近真实环境，由于影响应力的因素较多，测试过程中存在误差等原因，需要较大的样本量才能准确的评估可靠度。若无法利用试验获取相关试验数据，可利用仿真软件进行分析，计算火工元件受到的应力及性能参数情况。

8.2.1.3　计量法

计量法由于利用了火工元件感度分布模型的信息，所需的试验量少。常用方法有升降法、兰利法、OSTR 法、Neyer - D 最优化法、步进法等。兰利法对于均值的估计是无偏的，对于标准差估计的偏差比较大，而且其参数估计必须借助计算机编程获得。OSTR 法是分组的兰利法适用于估计特定条件下的响应点。Neyer - D 最优化法需要借助计算机计算每一次试验的刺激量点，对工程应用造成了一定的限制。升降法是常用的计量法，其试验过程简单，工程人员可根据公式计算获得，在工程中应用比较广。步进法是计量法中的"大样本"方法，尤其是功能特殊性，本节也对其做简单介绍。

（1）升降法

升降法最早是在 20 世纪 40 年代初由美国 Bruceton 的一个炸药研究所提出来的，因此该方法又称为 Bruceton 方法。该方法是火工品应用最广的感度试验方法，在 1987 年成为国家军用标准 GJB 376—1987《感度试验用升降法》，后升级为 GJB/Z 377A—1994《感度试验用数理统计方法》。此后工程和应用数学领域对该方法做了较为系统的研究工作，从试验方案、样本量选择、参数估计精度等方面取得了一系列成果。

制定一个升降法试验方案需要确定三个因素，即试验量 N，初始刺激量 x_0 和步长 d。N 的确定要考虑试验费用和估计精度之间的平衡。x_0 和 d 的选择依赖于对参数 μ 和 σ 的经验知识。理想的情况是 x_0 选在 μ 值附近，d 同 σ 值相差不大。若 d 过大，会使数据不含混合结果区。d 过小，会影响估值的精度。

x_0 和 d 选定后，有刺激量集合

$$\{x_i = x_0 + id \mid i = 0, \pm 1, \pm 2, \cdots\} \tag{8-10}$$

试验用刺激量按下列升降规则选择。在 x_0 进行第一发试验，如结果为响应，记为 1，则降一步，将刺激量调整为 $x_0 - d$ 进行第二发产品试验；如果为不响应，记为 0，则升一步，将刺激量调整为 $x_0 + d$ 进行试验。一般地，设当前试验所用刺激量为 x_i，若结果为响应，则取 x_{i-1}（即 $x_i + d$），否则取 x_{i+1}（即 $x_i + d$）作为下一发产品试验用的刺激量。循此规则进行，每次试验一个单元，直至完成预定试验量 N 为止。

表 8-2 给出了一组升降法试验的部分记录，表中用 1 表示响应，用 0 表示不响应。第一发产品试验用刺激量 x_0，结果为不响应。第二次用 x_1 试验。由于第二发产品试验的结果为响应，第三发产品试验又用刺激量 x_0。依此方法，如果要做第 15 发火工元件试验，所用刺激量仍是 x_0。

表 8-2　典型升降法试验数据

i	x_i	1	2	3	4	5	6	7	8	9	10	11	12	13	14
2	x_2													1	
1	x_3		1		1						1		0		1
0	x_0	0		0		1		1		0		0			
-1	x_{-1}						0		0						

因为均值 μ 对应的响应概率为 50%，所以按响应与否选取降步和升步，使刺激量集中于 μ 附近，分列两侧，有利于对 μ 进行估计。

升降法基于极大似然估计进行参数估计，出现数据混合区是估计值存在的条件，也是判断升降法数据有效性的标准。当下列条件同时满足时数据判为有效：

1）升降法试验刺激量个数为 $4\sim7$ 个；

2）对于正态分布和对数正态分布：$M \geqslant 0.25$；对于逻辑斯谛分布和对数逻辑斯谛分布：$M \geqslant 0.3$。M 为中间计算参数，计算方法见下面的参数估计方法。

对满足数据有效性的升降法试验数据，按如下步骤作统计分析。

（a）确定名义响应数和样本量

计算每个 x_i 的响应数 n_i 和不响应数 m_i，名义响应数 n_i'，$i=0$，±1，±2，…，为

$$n_i' = \begin{cases} n_i, & \text{当} \sum_i n_i \leqslant \sum_i m_i \\ m_{i-1}, & \text{当} \sum_i n_i \geqslant \sum_i m_i \end{cases} \tag{8-11}$$

名义响应数为总的响应数和总的不响应数二者中较小者。

（b）求 μ 和 σ 的估计值

首先计算

$$A = \sum_i i n_i' \tag{8-12}$$

$$B = \sum_i i^2 n_i' \tag{8-13}$$

$$n = \sum_i n_i' \tag{8-14}$$

$$M = \frac{nB - A^2}{n^2} \tag{8-15}$$

$$\hat{\mu} = x_0 + (A/n - 1/2)d \tag{8-16}$$

$$\hat{\sigma} = \rho d \tag{8-17}$$

其中 ρ 的选取，对于正态分布和对数正态分布，当 $M > 0.3$ 时：

$$\rho = 1.620(M + 0.029) \tag{8-18}$$

当 $M \leqslant 0.3$ 时，ρ 可通过查询 GJB/Z 377A—1994《感度试验用数理统计方法》附录 103—A 表 A1 获得，参数 b 的计算过程如下：

取 $|A/n - 0.5|$ 的小数部分并按四舍五入规则舍入到一位小数，记为 b'。b 按公式 (8-19) 计算。

$$b = \begin{cases} b' & \text{当} b' \leqslant 0.5 \\ 1 - b' & \text{当} b' > 0.5 \end{cases} \tag{8-19}$$

对于逻辑斯谛分布和对数逻辑斯谛分布，ρ 可通过查询 GJB/Z 377A—1994《感度试验用数理统计方法》附录 103—A 表 A5 获得。

（c）估计量的标准误差

$\hat{\mu}$ 和 $\hat{\sigma}$ 的标准误差分别为

$$\sigma_{\hat{\mu}} = \frac{G}{\sqrt{n}} \hat{\sigma} \qquad (8-20)$$

$$\sigma_{\hat{\sigma}} = \frac{H}{\sqrt{n}} \hat{\sigma} \qquad (8-21)$$

其中 G 和 H 依赖于 ρ 和 b。对于正态分布和对数正态分布，由 GJB/Z 377A—1994《感度试验用数理统计方法》附录 103—A 表 A3、表 A4 查取。对于逻辑斯谛分布和对数逻辑斯谛分布，G 由 GJB/Z 377A—1994《感度试验用数理统计方法》附录 103—A 表 A6 查取。

（d）p 响应点的估计值及其标准误差

对给定概率 p，按正态分布规律有：

$$\hat{x}_p = \hat{\mu} + u_p \hat{\sigma} \qquad (8-22)$$

式中　　u_p —— $N(0，1)$ 的 p 分位数。

标准误差取

$$\sigma_{\hat{x}_p} = \sqrt{\sigma_{\hat{\mu}}^2 + u_p^2 \sigma_{\hat{\sigma}}^2} = \frac{\sqrt{G^2 + u_p^2 H^2}}{\sqrt{n}} \hat{\sigma} \qquad (8-23)$$

（e）区间估计

根据最大似然估计的渐进正态性质，可给出 μ，σ 以及 x_p 的区间估计。以 x_p 为例，对置信水平 $1-\alpha$，其双侧置信下限和上限分别为

$$x_{pL}，x_{pU} = \hat{x}_p \pm u_{1-\frac{\alpha}{2}} \sigma_{\hat{x}_p} \qquad (8-24)$$

式中"＋"号对应于上限，换成"－"号则对应于下限。若以 $u_{1-\alpha}$ 取代 $u_{1-\alpha/2}$，则得相应的单侧置信限。若 n 较小，也可用 t 分布分位数代替 $u_{1-\alpha/2}$ 与 $u_{1-\alpha}$。

感度分布为变换正态分布时，数据统计分析要对变换刺激量 y_i 进行分析，在完成步骤（a）～（e）求得变换 p 响应点 y_p 的估计值和置信限之后，按公式（8-25）、（8-26））求 p 响应点及其置信限

$$\hat{x}_p = T^{-1}(\hat{y}_p) \qquad (8-25)$$

$$x_{pL} = T^{-1}(\hat{y}_{pL})，x_{pU} = T^{-1}(\hat{y}_{pU}) \qquad (8-26)$$

（f）最小全发火刺激量及裕度系数

对于正态分布，最小全发火刺激量 $x_{AF\gamma}$ 按公式（8-27）计算。

$$x_{AF\gamma} = \hat{\mu} + U_{PN}\hat{\sigma} + t_\gamma(n-1)\sqrt{\sigma_{\hat{\mu}}^2 + U_{P_N}^2 \sigma_{\hat{\sigma}}^2} \qquad (8-27)$$

对于逻辑斯谛分布，$x_{AF\gamma}$ 按公式（8-28）计算。

$$x_{AF\gamma} = \hat{\mu} + U_{PL}\hat{\lambda} + t_\gamma(n-1)\sqrt{\sigma_{\hat{\mu}}^2 + U_{P_L}^2 \sigma_{\hat{\lambda}}^2} \qquad (8-28)$$

感度分布为对数分布时，对 $x_{AF\gamma}$ 进行对数反变换。

根据火工元件工作刺激量 x_H，由公式（8-29）计算裕度系数 M_d：

$$M_d = \frac{x_H}{x_{AF\gamma}} \qquad (8-29)$$

（g）标准差估计的纠偏

升降法对于标准差的估计是有偏差的，从大量计算机模拟得出标准差的估计值约 2/3 偏小，1/3 偏大。为提高评估结果的精度，对标准差的纠偏进行了研究，通过计算机模拟获得了不同样本量、不同刺激量个数时的纠偏系数表，表 8-3 为感度分布为正态分布或对数正态分布时的纠偏系数，表 8-4 为感度分布为逻辑斯谛分布或对数逻辑斯谛分布时的纠偏系数。

表 8-3 正态分布纠偏系数 ε

单组样本量	升降法试验刺激量个数 s			
	4	5	6	7
30	0.555	0.785	1.070	1.515
35	0.567	0.776	1.023	1.380
40	0.570	0.768	0.987	1.300
42	0.571	0.767	0.971	1.271
45	0.575	0.766	0.959	1.243
48	0.576	0.765	0.944	1.213
49	0.576	0.764	0.939	1.207
50	0.577	0.764	0.936	1.193

表 8-4 逻辑斯谛分布纠偏系数 δ

单组样本量	升降法试验刺激量个数 s			
	4	5	6	7
30	0.597	0.838	1.179	1.663
35	0.599	0.818	1.115	1.529
40	0.599	0.807	1.052	1.414
42	0.599	0.796	1.043	1.368
45	0.599	0.791	1.037	1.331
48	0.600	0.805	1.003	1.304
49	0.600	0.805	0.999	1.304
50	0.600	0.802	0.990	1.293

对于正态分布或对数正态分布，根据升降法试验样本量和刺激量个数，查表 8-3 得到纠偏系数 ε，按 $\hat{\sigma}^* = \hat{\sigma}/\varepsilon$ 计算纠偏后的标准差估计 $\hat{\sigma}^*$。

对于逻辑斯谛分布或对数逻辑斯谛分布，根据单组升降法试验样本量和刺激量个数，查表 8-4 得到纠偏系数 δ，按 $\hat{\lambda}^* = \lambda/\delta$ 计算纠偏后的刻度参数估计 $\hat{\lambda}^*$。

关于升降法的几点说明：

1）升降法数据除了要有数据混合结果区之外，所包含的刺激量集合的元素个数，即升降过程所跨"台阶"数，不能过多或过少。这取决于比值 d/σ。一般说来，在 $\sigma/2 < d < 2\sigma$ 范围内，试验会成功。这使 d 的设定依赖于试验前对 σ 的经验知识。对于实际试

验，可通过摸底试验预估 μ 和 σ 。

2）对于服从对数正态或对数逻辑斯谛等分布类型的火工元件，确定的升降法刺激量对数等间隔，在进行变换之后的刺激量下进行试验，在对数值条件下进行参数的估计，最后对获得的最小全刺激量等参数再进行反变换。对随产品发火概率增大而下降的刺激量进行变换，使变换后的刺激量恒取正值，变换方法为用一个足够大的常量减去原刺激量。

3）用升降法数据外推估计的可靠度以指标 0.999 为限。当有可以利用的历史数据时，为保证估计精度，需要两两做同产品检验，转换为刻度参数的一致性检验。三组升降法试验数据的一致性检验方法如下：

对于正态分布或对数正态分布，取 $\hat{\sigma}_j (j = 1, 2, 3)$ 中的两两和相应的 $\sigma_{\hat{\sigma}_j}$ 进行一致性检验。当两两均满足对应的检验式 $|\hat{\sigma}_1 - \hat{\sigma}_2| < U_{1-\alpha/2}(\sigma_{\hat{\sigma}_1}^2 + \sigma_{\hat{\sigma}_2}^2)^{\frac{1}{2}}$ 时，刻度参数通过一致性检验；当存在任何一项不满足时，刻度参数未通过一致性检验。

对于逻辑斯谛分布或对数逻辑斯谛分布，取 $\hat{\lambda}_j (j = 1, 2, 3)$ 中的两两和相应的 σ_{λ_j} 进行一致性检验，当两两均满足对应的检验式 $|\hat{\lambda}_1 - \hat{\lambda}_2| < U_{1-\alpha/2}(\sigma_{\hat{\lambda}_1}^2 + \sigma_{\hat{\lambda}_2}^2)^{\frac{1}{2}}$ 时，刻度参数通过一致性检验；当存在任何一项不满足时，刻度参数未通过一致性检验。

4）对于感度分布的选择：机械能激发的火工元件选择对数正态分布，电能激发的火工元件选择逻辑斯谛分布。其他能量激发的火工元件，可根据工程经验选择正态分布、对数正态分布、逻辑斯谛分布或对数逻辑斯谛分布。

（2）步进法

计量法在进行参数估计时是在假设临界刺激量服从某个特定分布的条件下进行的，感度分布模型假设的正确与否也是影响评估结果的一个重要因素，分布模型的类型通过步进法来验证。步进法的主要作用就是确定火工元件的感度分布类型，并进行参数估计。步进法的步骤如下：

1）选择试验参数：初始刺激量 x_0 ，步长 d ，每个刺激量下试验的样本量 N' ；

2）从 x_0 开始，依次向前用 $x_1 = x_0 + d$ ，$x_2 = x_0 + 2d$ ，…，每一个刺激量试验 N' 个单元，记录响应数 n_i 和响应频率 f_i ，$i = 0, 1, 2, …$。首次出现 $f_i = 1$ 即停止步进，返回到 x_0 ，再依次向后，用 $x_{-1} = x_0 - d$ ，$x_{-2} = x_0 - 2d$ ，…，每一个刺激量试验 N' 个单元，记录 n_i 和 f_i ，至出现 $f_i = 0$ 停止整个试验；

3）将所得数据按刺激量的升序排列，赋各数据点以从 $i = 1$ 到 k 的下标，得到如式(8-30)的数据组合，且其中 x_i 等步长，各个 $N_i = N'$ ，$f_1 = 0$ ，$f_k = 1$ 。

$$\begin{bmatrix} x_1 & x_2 & \cdots & x_k \\ N_1 & N_2 & \cdots & N_k \\ n_1 & n_2 & \cdots & n_k \end{bmatrix} \qquad (8-30)$$

参数 x_0 的选择，应以预估的 50% 响应点为目标。当一开始用 x_0 试验就出现 $f_0 = 1$ 或 $f_0 = 0$ 时说明 x_0 选择不当，过大或过小了，要重新选择。

步长 d 决定了数据点数 k 。如果数据用于感度分布模型检验，k 值应该在 8 以上，但也不必要太大。当点数不够时，可以在相邻 x_i 中插入新的试验刺激量，补充试验。如果要保持等步长，可以在每相邻二 x_i 的中点上补试，这样一来，d 的选择不宜太小，略大些则无妨；恰当的选择依赖于对临界刺激量的标准差取值范围的较准确预估。

因为步进法数据的统计分析依据是频率 f_i 为响应概率 $p_i = F(x_i)$ 的观察值，所以当试验数据用于检验感度分布模型时，数据 N' 值不宜太小，一般要求 $N' \geqslant 25$。

如果数据只用于求某个估计值，则 N' 可以小一些，可以取 $N' < 25$，这一般只适用于试验费用不高的产品。

各个 x_i 的刺激量 N' 可以不相等，为使各个 f_i 有大体一致的标准误差，对于在 50% 相应点附近的 x_i，N_i 值要大一些。此外，为了使得数据有较宽的覆盖范围，在两端的 $p_i \approx 0$ 和 $p_i \approx 1$ 的响应点位置上，只有加大试验量 N_i，才可能得到不等于 0 或 1 的响应频率 f_i。

有时人们规定数据符合 f_i 不减的要求。因为 $p_i = F(x_i)$ 是不减的，这一要求有其根据。但随机误差会使观察值 f_i 不符合这一单调性规律。只有加大试验量，才能消除这种不符合要求的现象。

8.2.2　火工装置过程功能小样本可靠性评估方法

火工装置有时需要评估工作过程功能的可靠性，例如发火、传火等功能可靠性，若采用计数法，则面临需要较大的样本量和经费成本；采用计量法时，由于利用了火工品感度分布模型的信息及样品试验结果之间的信息，减少了样本量，但是分布模型选择错误或感度分布参数估计的偏差会造成可靠度估计误差较大，且这些方法只能用于推断或预计火工品的可靠性，没有试验验证。为了克服计数法和计量法的缺点，学者们开展了计数-计量综合评估方法的研究，试图在小样本的条件下提高火工装置发火可靠性评估结果的精度。因此大量学者对火工装置的小样本可靠性评估方法进行了研究，本节对基于均值的火工装置小样本可靠性评估方法及最大熵方法进行介绍。

（1）基于感度分布均值的小样本可靠性评估方法

基于感度均值的小样本可靠性评估方法首先利用升降法估计感度分布参数，并采用纠偏系数对标准差进行纠偏，然后基于信息量等值原理计算某低刺激量，通过在低刺激量处进行少量样本的计数试验评估工作刺激量处的发火可靠度。与计量法相比，计量-计数综合评估方法在样本量稍许增加的情况下提高了火工装置可靠性的评估精度。但是该方法仍需要依赖感度分布模型参数的估计值。统计理论认为，计量感度试验方法对均值的估计是无偏的，但是对标准差的估计是有偏的。即使对标准差的估计进行了纠偏，也无法保证完全消除了标准差的估计偏差对火工装置发火可靠性评估结果的影响。

为了完全消除标准差的估计误差对火工装置发火可靠性评估结果的影响，基于应力-强度干涉理论，提出了基于感度分布均值的火工装置小样本发火可靠性评估方法。该方法只依赖火工装置感度分布的均值估计，就可以在置信水平不变前提下，通过在低刺激量处进行少量的计数试验，来评估火工装置在工作刺激量处的发火可靠性。因此本方法的关键在于如何确定低刺激量点以及计数试验的样本量。

　　在进行火工装置发火敏感性试验时，虽然在要求的刺激量下进行，但由于受到设备自身、环境以及人为误差等因素的影响导致产品实际受到的刺激量值都不同，是一个随机变量。比如受电激励作用的电火工装置，由于电源设备材料、加工、生产等因素影响自身属性存在不确定性，且受使用环境和存储时间的影响，输出的电压或电流也会发生波动。临界刺激量是火工装置的固有属性，即使对于同一型号同一批次的火工装置也会因为药剂颗粒度、敏感杂质、装配工艺等影响导致设计的产品属性具有一定的随机性，因此临界刺激量是随机变量，临界刺激量的分布就是常说的感度分布。将外界施加的刺激量作为应力，用 X 表示，其概率密度函数为 $f(x)$，均值为 μ_x；火工装置自身的属性临界刺激量作为强度，用 Y 表示，其概率密度函数为 $f(y)$，感度分布均值为 μ_y。则火工装置的发火可靠性可以用应力–强度干涉模型来分析，即 $R = P(X > Y)$，如图 8–1 所示的火工装置发火应力–强度干涉模型，其中 μ_{X_1} 为刺激量 X_1 的分布均值，μ_{X_2} 为刺激量 X_2 的分布均值。

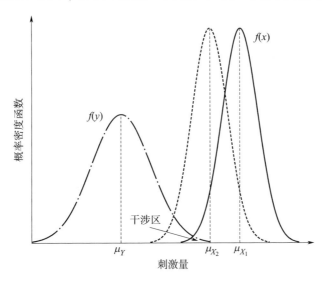

图 8–1　火工装置发火应力–强度干涉模型

　　以某火工装置发火刺激量的分布和感度分布均为正态分布为例，说明基于感度均值进行可靠性评估的原理。设输入刺激量为 X，临界刺激量为 Y，两者相互独立，其分布模型及参数分别如下所示：

$$X \sim N(\mu_X, \sigma_X^2)$$
$$Y \sim N(\mu_Y, \sigma_Y^2)$$

　　令 $Z = X - Y$，根据正态分布的可列可加性，Z 服从均值 $\mu_Z = \mu_X + \mu_Y$，方差 $\sigma_Z^2 = \sigma_X^2 + \sigma_Y^2$ 的正态分布，记为

$$Z \sim N(\mu_Z, \sigma_Z^2)$$

　　则火工装置的发火可靠度为 $R = P(X > Y)$，即

$$R = P(X - Y > 0) = P(Z > 0) \tag{8-31}$$

对于随机变量 Z ，当 μ_Z 不变时，发火可靠度 R 随 σ_Z 增加而单调下降。因此，当 σ_Z 取上限值 σ_{UZ} 时，对应的发火可靠度为下限值，即

$$R_L = \Phi\left(\frac{\mu_Z}{\sigma_{UZ}}\right) \tag{8-32}$$

式中　$\Phi(\cdot)$——标准正态分布的分布函数。

设某火工装置发火可靠性指标要求为在工作刺激量 X_1 处，在置信度为 γ 时可靠度下限达到 R_{L1} 。X_2 是进行验证试验的低刺激量点。则根据式（8-32）可得当刺激量分别为 X_1、X_2 时对应的发火可靠度下限分别如下

$$R_{L1} = \Phi\left(\frac{\mu_{Z_1}}{\sigma_{U_1 N_1}}\right) = \Phi\left(\frac{\mu_{X_1} - \mu_Y}{\sqrt{\sigma_{UX_1}^2 + \sigma_{UY}^2}}\right) \tag{8-33}$$

$$R_{L2} = \Phi\left(\frac{\mu_{Z_2}}{\sigma_{U_2}}\right) = \Phi\left(\frac{\mu_{X_2} - \mu_Y}{\sqrt{\sigma_{UX_2}^2 + \sigma_{UY}^2}}\right) \tag{8-34}$$

其中（8-33）式中 R_{L1} 为指标规定的可靠度下限，（8-34）式中低刺激量点对应的可靠性下限 R_{L2} 根据计算获得。

在置信度不变的条件下，在低刺激量 X_2 处进行 n_2 发计数试验，失效数记为 f_2 ，则根据二项分布计算可靠度下限的公式如式（8-35）所示。

$$\sum_{i=0}^{f_2} C_{n_2}^i R_{L2}^{n_2-i} (1 - R_{L2})^i = 1 - \gamma \tag{8-35}$$

当无失效即 $f_2 = 0$ 时

$$R_{L2}^{n_2} = 1 - \gamma \tag{8-36}$$

输入刺激量的标准差反映的是由于试验感度试验装置和人为误差等导致的分散性，对于同一工程人员操作同一台感度试验装置进行的感度试验而言，即使产生的刺激量不同，但是刺激量的标准差上限相同，即 $\mu_{X_1} \neq \mu_{X_2}$、$\sigma_{UX} = \sigma_{UX_1} = \sigma_{UX_2}$ 。对于同一型号同一批次火工装置，不同刺激量下火工装置的感度分布模型保持不变，即感度参数 μ_X 和 σ_Y 不变。则式（8-37）和（8-38）等价为

$$R_{L1} = \Phi\left(\frac{\mu_{Z_1}}{\sigma_{UZ_1}}\right) = \Phi\left(\frac{\mu_{X_1} - \mu_Y}{\sqrt{\sigma_{UX}^2 + \sigma_{UY}^2}}\right) \tag{8-37}$$

$$R_{L2} = \Phi\left(\frac{\mu_{Z_2}}{\sigma_{UZ_2}}\right) = \Phi\left(\frac{\mu_{X_2} - \mu_Y}{\sqrt{\sigma_{UX}^2 + \sigma_{UY}^2}}\right) \tag{8-38}$$

对于敏感性试验而言，对 μ_Y 的估计是无偏的，对 σ_Y 的估计是有偏的，即使已经标准差估计进行了纠偏，也无法完全消除由于估计 σ_Y 产生的偏差对评估精度的影响。为了获得更精确的计算结果，将（8-37）式和（8-38）式取反函数并结合（8-36）式，得

$$\frac{\mu_{Z_2}}{\mu_{Z_1}} = \frac{\Phi^{-1}(R_{L2})}{\Phi^{-1}(R_{L1})} = \frac{\Phi^{-1}((1-\gamma)^{1/n_2})}{\Phi^{-1}(R_{L1})} \tag{8-39}$$

式中　$\Phi^{-1}(\cdot)$——标准正态分布的反函数。

结合式（8-37）～式（8-39）可得，当给定低刺激量的值为 X_2 时，对应的样本量

n_2 为

$$n_2 = \frac{\ln(1-\gamma)}{\ln\Phi\left(\dfrac{\mu_{X_2} - \mu_Y}{\mu_{X_1} - \mu_Y} \cdot \Phi^{-1}(R_{L1})\right)} \tag{8-40}$$

同样也可预先给定低刺激量点试验的样本量 n_2，获得进行试验的低刺激量点 X_2，计算结果如式（8-41）所示：

$$X_2 = \mu_{X_2} = \frac{\Phi^{-1}((1-\gamma)^{1/n_2})(\mu_{X_1} - \mu_Y)}{\Phi^{-1}(R_{L1})} + \mu_Y \tag{8-41}$$

则从被评估的产品中随机抽取 n_2 发，在刺激量 X_2 处进行发火试验。当试验结果为全部发火或有一发以上不发火时，停止试验；当只有一发不发火时，则从被评估的产品中再随机抽取 n_2 发，在刺激量 X_2 处重做试验。

试验出现下列结果之一，判定被评估产品达到可靠性指标：

1）计数试验全部发火；

2）计数试验有一发不发火，重做的计数试验全部发火。

试验出现下列结果之一，则判定被评估产品未达到可靠性指标：

1）计数试验有一发以上不发火；

2）计数试验有一发不发火，重做的计数试验又有不发火。

当失效数不为 0 时，利用式（8-35）同样可以得到刺激量和试验样本量之间的函数关系。

类似地，根据该方法的原理可以推导获得服从其他类型分布函数时对应的评估试验方案。

（2）最大熵方法

最大熵方法是基于可靠性信息量等值原理的小样本可靠性评估方法，此方法对试验应力进行加速，通过评估加速条件下的试验数据外推设计应力下的可靠性水平。应用此方法的前提条件是火工装置过程功能的可靠度可认为由某性能参数评估且此性能参数有设计裕量，性能参数服从正态分布。该方法的原理如图 8-2 所示，B 点为设计应力即应力强度模型中应力，A 点为临界应力即应力—强度模型中强度。其中，$M = P_A / P_B$（P 为产品的失效概率）被称为功能裕度系数。一般来讲，设计裕度 M 越大，产品的可靠性越高。此方法的试验点介于 A 和 B 之间。

通过图 8-2 可以看出，设计应力点 B 越小于此临界点，可靠性 R_g 越高，成败型试验的置信度 γ 一定时，其需要的无失效子样数 n_B 也就越多。可靠性信息等值方程如下式：

$$n_A(-\ln R_A) = n_B(-\ln R_B) = -\ln(1-\gamma) \tag{8-42}$$

根据可靠性信息量等值原理，为了降低样本量，可在设计应力点 B 和临界应力点 A 之间选择一个合适的试验点 S，把 $K = P_S / P_B$ 叫做熵强化系数，$1 \leqslant K \leqslant M$，其试验样本量会比设计应力点 B 的少很多，试验点 S 越靠近临界应力点 A，试验样本量越少。试验点 S 需要通过工程经验或预试验等方法获取，当 S 点越靠近 A 点时，可能预试验需要的样本量越大。因此，工程上往往取一个合理的试验点，用较少的试验样本量开展试验。

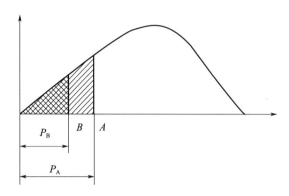

图 8-2　性能参数的正态分布概率密度函数和应力点的位置

A—临界应力；B—设计应力

假定某火工装置可靠性的性能参数为 X，服从正态分布。设计值为 X_B，临界值为 X_A。选取 X_S（$X_S > X_B$）作为试验点，试验的样本量为 n_S，试验中 F 个试验件失效，则产品可靠性评估公式为

$$R_{L_B} = 1 - \Phi\left(\frac{X_B + C \cdot X_B \cdot \Phi^{-1}(1 - R_{L_S}) - X_S}{C \cdot X_S}\right) \qquad (8-43)$$

式中　R_{L_B} ——实际产品可靠性置信下限；

　　　C ——临界值 X_A 的变差系数，它反映的是产品的质量控制水平，是正态分布中标准差与均值的比值。

可以通过大量的试验数据得到比较精确的估计值。一般 C 值的范围为 $0.03 < C < 0.15$。如果没有任何数据可供参考，也可通过摸底试验确定该值。R_{L_S} 为可靠性置信下限，根据计数数据获得。

当 $X_S = X_B$ 时，$R_{L_B} = 1 - \Phi(\Phi^{-1}(1 - R_{L_S})) = R_{L_S}$。在无失效的情况下即 $F = 0$，产品可靠性评估公式（8-43）可转换为

$$R_{L_B} = 1 - \Phi\left(\frac{X_B + C \cdot X_B \cdot \Phi^{-1}[1 - (1 - \gamma)^{1/nS}] - X_S}{C \cdot X_S}\right) \qquad (8-44)$$

当试验中失效数 $F = 0$ 时，可靠性指标 R_0，试验所需小样本量 n_S 的计算公式为

$$n_S = \frac{\ln(1 - \gamma)}{\ln\left\{1 - \Phi\left[\dfrac{X_S}{C \cdot X_B} + \dfrac{X_S \cdot \Phi^{-1}(1 - R_0)}{X_B} - \dfrac{1}{C}\right]\right\}} \qquad (8-45)$$

8.2.3　火工装置系统功能小样本可靠性评估方法

火工装置系统功能可靠性评估是在单元可靠性、过程功能可靠性数据的基础上，按照系统可靠性模型，综合利用单元和过程功能可靠性数据进行综合评估。由于火工装置系统存在结构复杂、试验费用高、对试验场所及条件要求高等特点，仅利用系统自身的试验数据对其最终的输出功能进行可靠性评估，往往导致估计精度难以达到工程需求，因此如何充分利用火工元件、产品过程功能验证等试验数据进行火工装置系统可靠性评估成为解决

该问题的核心。系统可靠性经典精确置信限方法由于理论实施上尚存在一定困难和争议，至今还未达到工程上的应用。Bayes 方法在充分利用先验信息的基础上可以在不降低置信度的前提下降低试验次数，一定程度上解决了小样本与高可靠性评估之间的矛盾，但是在先验分布选择和确定上也一直是该方法存在争议的地方。国外在 50 年代的中、后期就总结出了系统综合数据分析的近似方法，该方法充分利用元件和各级分系统的试验数据，解决系统试验数据不足的问题。该方法对系统结构和数据要求相对宽松，计算简便，评估结果偏保守，在工程中应用广泛。本节主要介绍基于 LM 法进行火工系统可靠性综合评估的方法。

假设火工装置系统是由 N 个单元串联和 M 组单元并联（每组并联的个数 ≥ 2）构成的混联系统，对该类型系统进行可靠性评估的思想是将多个并联单元的数据折合为一个单元的数据，非成败型数据等效折合为成败型数据，然后基于 LM 法结合现场试验数据进行火工装置系统功能可靠性评估。

（1）非成败型数据的折合与转化

通过对火工装置系统输出的性能参数如压力、推力、加速度等的测试，获得到 m 个性能测试数据 x_i（$i = 1, 2, \cdots, m$）。以燃气压力为例，对其需要克服的执行机构运动阻力性能测试中，得到 l 个执行机构运动阻力测量数据 y_j（$j = 1, 2, \cdots, l$）。

首先，计算输出性能对应的可靠度下限。首先根据国家标准 GB/T 4882—2001 的方法对数据进行正态性检验，并计算燃气压力 x 和执行机构运动阻力 y 的样本均值和标准差

$$\bar{\bar{x}} = \frac{1}{m} \sum_{i=1}^{m} x_i, \bar{\bar{y}} = \frac{1}{l} \sum_{j=1}^{l} y_i \tag{8-46}$$

$$S_x = \sqrt{\frac{\sum_{i}^{m} (x_i - \bar{x})^2}{m-1}}, S_y = \sqrt{\frac{\sum_{j}^{l} (y_i - \bar{y})^2}{l-1}} \tag{8-47}$$

则解锁动力余量 Z 为

$$Z = x - y \tag{8-48}$$

对应的均值 $\bar{z}$ 和方差 s^2 分别为

$$\bar{z} = \bar{x} - \bar{x} \tag{8-49}$$

$$s^2 = s_x^2 + s_y^2 \tag{8-50}$$

根据应力－强度干涉理论，动作可靠度可表示为

$$R_2 = P(Z > 0) \tag{8-51}$$

则随机变量

$$\hat{z}_R = \bar{z} - ks \tag{8-52}$$

是正态分布条件下 $Z_R = \bar{z} - ks$ 的置信度为 γ 的置信下限，即

$$P\{\bar{x} - kS \leqslant \mu - \mu_R \sigma\} = \gamma \tag{8-53}$$

其中 k 为二维单侧容许限系数，可由下式求得

$$k = \frac{u_R + u_\gamma \sqrt{\frac{1}{n_e}\left(1 - \frac{u_\gamma^2}{w}\right) + \frac{u_R^2}{w}}}{1 - \frac{u_\gamma^2}{w}} \sqrt{\frac{2v-1}{2v-2}} \tag{8-54}$$

$$w = 2\left(v + u_\gamma - 0.645 - \frac{1}{\sqrt{v + u_\gamma - 0.645}}\right) \tag{8-55}$$

其中，u_R 是可靠度为 $R(R \geqslant 50\%)$ 的标准正态分布分位数，即

$$R = \Phi(u_R) = \int_{-\infty}^{u_R} \frac{1}{\sqrt{2\pi}} e^{-\frac{u^2}{2}} du \tag{8-56}$$

n_e，v 分别为 $\bar{z}$ 和 s^2 的自由度，由下式求得

$$n_e = m + 1 \tag{8-57}$$

$$v = n_e - 1 \tag{8-58}$$

根据式（8-46）～式（8-58），置信度 γ 下，作动可靠性 R 单侧置信下限为

$$R_L = \Phi\left(\frac{\bar{z}}{s}\sqrt{\frac{2v-2}{2v-1}} - u_\gamma \sqrt{\frac{1}{n} + \frac{\bar{z}^{-2}(2v-2)}{s^2 w(2v-1)}}\right) \tag{8-59}$$

分别计算 $\gamma = 0.5$ 和 $\gamma = \gamma_0$ 时对应的可靠度下限，并记：$\hat{R}_c = R_L \mid_{\gamma=0.5}$，$R_{cL} = R_{1L} \mid_{\gamma=\gamma_0}$。

其次，将非成败型数据转换为成败型数据。设 n 和 s 分别执行机构作动可靠性试验等效的成败型试验次数和成功次数，则 n 和 s 可以通过下式求解

$$\begin{cases} s = n\hat{R}_c \\ \int_0^{R_{cL}} x^{s-1}(1-x)^{n-s} dx = (1-\gamma_0)\int_0^1 x^{s-1}(1-x)^{n-s} dx \end{cases} \tag{8-60}$$

求解式（8-60）即可获得该条件下对应的成败型数据 (n, s)。

（2）并联系统数据的折合与转化

对于由 k 个成败型单元构成的并联系统进行系统可靠性评估。记

$$\begin{cases} b = \left(\frac{f}{n}\right)^k \\ \frac{1}{x^*} = \left(\frac{1}{n}\right)^k \\ n^* = \frac{x^*}{b}, b \neq 0 \\ m_p = \ln(n^* + 0.5) - \ln(x^* + 0.5) \\ u_p = (x^* + 0.5)^{-1} - (n^* + 0.5)^{-1} \\ v_p = 2m_p^2 / u_p \end{cases} \tag{8-61}$$

当无失效时，令其失败数为

$$f = \frac{4}{kn} \tag{8-62}$$

则给定置信度 γ 下，其可靠性置信下限为

$$R_L = 1 - \exp\left\{-m_p\left[1 - \frac{2}{9v_p} - U_\gamma\left(\frac{2}{9v_p}\right)^{\frac{1}{2}}\right]^3\right\}, \quad v_p \geqslant 3 \qquad (8-63)$$

式中　　U_γ——标准正态分布的 γ 分位数。

同样分别计算 $\gamma = 0.5$ 和 $\gamma = \gamma_0$ 时对应的可靠度下限作为点估计和区间估计，根据 (8-60) 式将其转化为对应的成败型试验数据。

（3）可靠性综合评估

由于火工装置系统功能可靠性的精确置信限适用条件苛刻，而且计算复杂，难以实现，因此实际中常采用近似方法，其中最常用的就是 LM 法和 MML 法。LM 法由于计算简便，公式易于理解，便于向一般的串联系统推广，在工程中广泛采用该方法对火工装置系统功能进行可靠性评估。

LM 法是由 Lindstorm 和 Madden 提出的经典近似限中比较有代表性的一种方法，适用于有多个火工装置串联组成的系统。设系统由 m 个装置组成，单装置的成败型试验数据为 (n_i, s_i)，$i = 1, 2, \cdots, m$，取

$$N = \min\{n_1, n_2, \cdots, n_m\}$$

$$F = n^* \cdot \left(1 - \prod_{i=1}^{m} s_i/(n_i)\right)$$

式中　　N——虚拟试验数；

　　　　F——虚拟失败数。

由于 N、F 一般不是整数，因此可以通过线性插值得到该条件下对应的可靠度下限。具体步骤为：

1）在 N、F 附近分别取两个相邻的正整数 N_1、N_2 和 F_1、F_2，使得 $N_1 < N < N_2$，$F_1 < F < F_2$；

2）按照试验数 N_1，失败数 F_1、F_2，分别查 GB 4087.3 —1985《数据的统计处理和解释二项分布可靠度单侧置信下限》，得到置信度 γ_0 下对应的可靠度单侧置信下限 R'_{11} 和 R'_{12}；

3）根据 R'_{11} 和 R'_{12}，通过线性插值可以得到成功数 N_1、失败数 F 对应的可靠度单侧置信下限 R'_1；

4）对于试验数 N_2，失败数 F_1、F_2，重复步骤 2）～3），同样可以由线性插值得到成功数为 N_2、失败数 F 对应的可靠度单侧置信下限 R'_2；

5）根据失败数为 F，试验数分别为 N_1、N_2 对应的可靠度单侧置信下限 R'_1 和 R'_2，由线性插值可以得到成功数 N、失败数 F 对应的可靠度单侧置信下限，即为系统的可靠性单侧置信下限 R_L。

LM 法是基于物理模型的直观考虑，可以处理零失效装置的情况。

8.3　燃气驱动解锁类火工装置可靠性评估方法

航天器火工装置主要有火药燃气驱动、火炸药爆炸作功两种类型。对于燃气驱动解锁

类火工装置而言，在产品实际生产过程中，由于环境温度、压强、药粒厚度、均匀性等存在一定的随机误差，使得火药的火药力具有一定的散布特性。火药力的散布以及装药质量、药室容积等均存在的随机误差使火药燃爆产生的峰值压力具有一定的随机性。而其中火药力的散布对峰值压力的偏差影响最大。这些独立随机因素的影响造成了火药燃爆产生的峰值压力并非某一确定值，而是呈某种统计分布特性，工程实践表明，点火器定容测压试验的峰值压力分布可按正态分布进行处理。同样，机构阻力值（如剪切销的抗剪力、活塞运动的阻力等）也受到材料性能、机加工尺寸等独立随机误差的影响，其分布仍可按正态分布进行处理。由于这种分布特性的存在，造成了火工装置可能会出现燃气峰值压力小于机构阻力的不可靠情况。因此，解锁类火工装置的功能可靠性可简化为火炸药燃爆产生的峰值压力大于机构阻力的概率，根据扩展的应力-强度模型的概念，把火炸药燃爆产生的峰值压力看作该模型中的强度，把机构运动的阻力值当作应力。

8.3.1　单一型号火工装置的可靠性评估方法

根据燃气驱动解锁类火工装置的工作原理，只要其工作时的驱动能量大于解除连接约束所需的能量，即可保证火工装置的正常解锁。以火工分离螺母为例，其工作过程为电起爆器起爆产生高压燃气，直接作用于套筒上使其承受解锁动力，当燃气压力大于解锁阻力（即剪切销剪切力、弹簧弹力以及套筒承受的轴向摩擦力之和）时，即可推动套筒运动，使螺母瓣分离，从而解除压紧螺栓的轴向约束，完成解锁。可见，只要解锁瞬间的燃气压力大于解锁阻力，火工分离螺母即可完成解锁功能，因此火工分离螺母的解锁可靠性即为解锁瞬间燃气压力大于解锁阻力的概率，从而通过对两者的实际测量，实现火工分离螺母解锁可靠性的定量评估。与成败型的计数可靠性试验相比，这种计量型的可靠性试验一般可提供近10倍的试验信息，即节省近90%的试验量，而且更能直观反映火工分离螺母的工作能力。

8.3.2　不同型号火工装置可靠性的综合验证方法

同一系列、不同型号火工装置的工作原理相同，差别主要是火工组件的装药量和执行部件的几何尺寸。因此，同一系列的火工装置之间具有大量的共性可靠性信息可供开发利用，从而可在一个型号火工装置可靠性试验的基础上，减少其他型号的可靠性试验量。

在给定装药量下，火药燃烧结束时产生燃气压力（即火工装置解锁的驱动力）可由下式计算

$$P_d = \frac{f}{\Delta^{-1} - \alpha} \qquad (8-64)$$

式中　P_d ——火药产生的燃气压力；

　　　f ——火药力；

　　　α ——火药余容；

　　　$\Delta = \dfrac{m}{v}$ ——火药装填密度；

m —— 火药装药质量；

v —— 火工装置的初始容腔。

燃气压力的统计特性主要为均值和标准差，前者体现火工装置所产生燃气压力的平均大小，后者体现所产生燃气压力的散布程度。

根据式 (8 - 64)，给定装填密度 Δ（即装药量 m 和容腔体积 v）下，火工装置燃气压力的均值 $\bar{P}_d$ 和标准差 S_{p_d} 分别可由下式计算

$$\bar{P}_d = F_1(\bar{f}, \bar{\Delta}, \bar{\alpha}; s_f, s_\Delta, s_a) \tag{8 - 65}$$

$$S_{pd} = F_2(\bar{f}, \bar{\Delta}, \bar{\alpha}; s_f, s_\Delta, s_a) \tag{8 - 66}$$

式中　$F_1(\cdot)$、$F_2(\cdot)$ —— 燃气压力的均值函数和标准差函数，其解析形式可由多元正态独立分布随机变量分布参数的计算方法获得；

$\bar{f}$、$\bar{\Delta}$、$\bar{\alpha}$ 和 s_f、s_Δ、s_a —— 火药力、燃气余容和装填密度的均值和标准差。

火药力和燃气余容的均值和标准差主要与火药类别有关，是同一系列不同火工装置之间的共性信息；装填密度的均值和标准差则主要由火工装置的装药量、容腔体积决定，主要体现了同一系列不同火工装置的个性信息。

由于燃气压力的测试为消耗型试验，每测一个燃气压力数据，就需要消耗一组火工组件，因此通过利用同一系列不同火工装置燃气压力之间的共性信息，再结合所分析火工装置装药量和容腔体积的个性信息，可以大大减少火工装置燃气压力测试的试验量，从而节约试验成本。解锁阻力的测试则为非消耗型，对于批产的火工装置，可在生产过程中对每个产品进行阻力测试，从而对单个产品的阻力进行摸底、对批次产品的阻力一致性进行控制，因此可不单独进行专项的解锁阻力可靠性试验。对于尚未批产的火工装置，则可以采用下述方法对其解锁阻力值和解锁可靠性进行预计。

对火工装置的执行组件进行受力分析，可以得到其解锁阻力与运动组件摩擦系数以及零件局部几何尺寸之间的关系。以某火工分离螺母为例，对套筒、活塞和螺母瓣分别进行受力分析，可以得到火工分离螺母解锁阻力 P_r 的计算公式

$$P_r = F(P_0; f_k, f_\tau, f_I, f_{II}; \mu_{LT}, \mu_{LH}, \mu_{LD}; A_T, A_H) \tag{8 - 67}$$

式中　P_0 —— 火工分离螺母的预紧力；

f_k, f_τ, f_I, f_{II} —— 弹簧弹力、剪切销剪切力、密封圈 I 和密封圈 II 对套筒的阻力；

μ_{LT}, μ_{LH}, μ_{LD} —— 螺母瓣与套筒、活塞和端盖接触面的摩擦系数；

A_T, A_H —— 燃气在套筒和活塞上的作用面积。

同理，由多元正态独立分布随机变量分布参数的计算方法，可以得到解锁阻力的均值 $\bar{p}_r$ 和标准差 s_{p_r}。这里，摩擦系数反映了同一系列不同火工装置之间的共性信息，其余变量则反映了其个性信息。

根据概率论中的中心极限定理，燃气压力和解锁阻力值可看做正态分布，即

$$P_d \sim N(u_d, \sigma_d^2), \quad P_r \sim N(u_r, \sigma_r^2) \tag{8 - 68}$$

式中 u_d、u_r、σ_d^2 和 σ_r^2——燃气压力和解锁阻力的母体均值和方差。

定义解锁余量 $P_{dr} = P_d - P_r$，表示解锁过程中燃气压力（即解锁动力）大于解锁阻力的程度，则由正态分布理论可知，P_{dr} 亦服从正态分布，即

$$P_{dr} \sim N(u_{dr}, \sigma_{dr}^2) \qquad (8-69)$$

式中 $u_{dr} = u_d - u_r$，$\sigma_{dr}^2 = \sigma_d^2 + \sigma_r^2$。

根据应力-强度干涉理论，火工装置的可靠性由燃气压力和解锁阻力的分布特性决定，当燃气压力大于解锁阻力时，可以正常解锁，否则，解锁失败。因此，火工装置的可靠度可以表示为

$$R = P\{P_d > P_r\} = P\{P_{dr} > 0\} = \Phi\left(\frac{u_d - u_r}{\sqrt{\sigma_d^2 + \sigma_r^2}}\right) \qquad (8-70)$$

式中 $\Phi(x) = \dfrac{1}{\sqrt{2\pi}} \displaystyle\int_{-\infty}^{x} \exp\left(-\frac{t^2}{2}\right) \mathrm{d}t$ 为标准正态分布函数。

假设燃气压力的等效测试次数为 n_d，得到其样本均值和标准差分别为 $\bar{p}_d$ 和 s_{pd}；解锁阻力的等效测试次数为 n_r，其样本均值和标准差分别为 $\bar{p}_r$ 和 s_{pr}；则解锁余量 p_{dr} 的样本均值和方差估计量分别为 $\bar{p}_{dr} = \bar{p}_d - \bar{p}_r$，$s_{dr}^2 = s_d^2 + s_r^2$，且燃气压力和解锁阻力的样本均值和标准差分别服从正态分布和卡方分布，即

$$\bar{p}_d \sim N\left(u_d, \frac{\sigma_d^2}{n_d}\right), \quad \bar{p}_r \sim N\left(u_r, \frac{\sigma_r^2}{n_r}\right) \qquad (8-71)$$

$$\frac{v_d s_d^2}{\sigma_d^2} \sim \chi^2(v_d), \quad \frac{v_r s_r^2}{\sigma_r^2} \sim \chi^2(v_r) \qquad (8-72)$$

式中 $v_d = n_d - 1$——强度方差估计量 s_d^2 的自由度；

$v_r = n_r - 1$——应力方差估计量 s_r^2 的自由度。

根据燃气压力和解锁阻力分布参数的估计量和式（8-70），可以得到火工装置解锁可靠度 $R = P\{P_d \geqslant R_L\}$ 的点估计为

$$\hat{R} = \Phi\left(\frac{\bar{P}_d - \bar{P}_r}{k\sqrt{s_d^2 + s_r^2}}\right) = \Phi(\hat{u}_R) \qquad (8-73)$$

$$k = \sqrt{\frac{v}{2}} \tau\left(\frac{v}{2}\right) \tau^{-1}\left(\frac{v+1}{2}\right) \approx \frac{4v+1}{4v} \qquad (8-74)$$

$$v = \frac{(s_d^2 + s_r^2)^2}{s_d^4/v_d + s_r^4/v_r} \qquad (8-75)$$

式中 $\hat{u}_R = \dfrac{\bar{P}_d - \bar{P}_r}{k\sqrt{s_d^2 + s_r^2}}$——可靠度 R 对应百分位值的估计值；

$\tau(x) = \displaystyle\int_0^{+\infty} t^{x-1} \exp(-t) \mathrm{d}t$——$\tau$ 函数；

k 和 v——解锁余量方差估计量 P_{dr} 的纠偏系数和等效自由度，即 $E(ks_{dr}^2) = \sigma_{dr}^2$。

置信度 γ 下，火工装置可靠度 $R = P\{P_d \geqslant R_L\}$ 的置信下限 R_L 由下式定义

$$P\{R \geqslant R_L\} = \gamma \qquad (8-76)$$

它表明在概率为 γ 下可以认为该火工装置的可靠度不小于 R_L 。由于燃气压力和解锁阻力的均值和方差相互独立，则可以证明火工装置的可靠度置信下限 R_L 可由下式计算

$$R_L = \Phi^{-1}\left(\hat{u}_R - u_\gamma \sqrt{(k^2-1)\hat{u}_R + \frac{1}{n}}\right) \qquad (8-77)$$

式中　$n = \dfrac{s_d^2 + s_r^2}{s_d^2/n_d + s_r^2/n_r}$ ——解锁余量均值 $\bar{P}_{dr}$ 的等效自由度。

8.4　爆炸作功类火工装置可靠性评估方法

典型的爆炸作动类火工装置有爆炸螺栓、火工切割器等。此类火工装置在使用过程中的主要性能参数为爆炸压力或者爆炸能量，在作功过程时，需剪断剪切销并克服阻力使活塞运动作功，该性能参数的规范限一般可以通过试验或者历史数据给出。在可靠性评估时，可以基于下规范限已知、上规范限已知或上下规范限已知等条件建立相应的可靠性评估方法。

8.4.1　下规范限 L 已知的可靠性评估方法

产品的下规范限为 L ，随机变量 X 服从 $N(\mu, \sigma^2)$ 的正态分布，分布参数均未知，可靠性分析评价模型如图 8-3 所示。设 $x_1, x_2, \cdots, x_n$ 为随机变量 X 的 n 个独立测量值，$\bar{x}$ ，s_x 分别为其样本均值和样本标准差，令 $K_L = (\bar{x} - L)/s_x$ 。

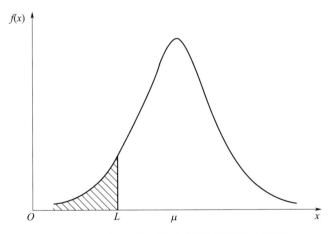

图 8-3　已知下规范限的可靠性分析评价模型

在对服从正态分布的随机变量 X 进行 n 次测量后，如果对 $n+1$ 次及以后的测量值感兴趣，但是在 $n+1$ 及以后处并未进行观察或者暂时无法进行观察时，可以在前面 n 次测量值的基础上对其进行预测。

引入中间变量，设 $y_1, y_2, \cdots, y_n$ 为 X 的未来 k 个独立观察值，$\bar{y}$ 为 k 个观察值的样

本均值，即

$$\bar{y} = \sum_{j=1}^{k} \frac{y_j}{k} \tag{8-78}$$

随机变量 X 的样本均值分别服从以下分布：

$$\bar{x} \sim N(\mu, \sigma^2/n), \quad \bar{y} \sim N(\mu, \sigma^2/k)$$

定义随机变量 Z，有

$$Z = \bar{x} - \bar{y} \tag{8-79}$$

则有

$$E(Z) = E(\bar{x} - \bar{y}) = E(\bar{x}) - E(\bar{y}) = 0 \tag{8-80}$$

$$D(Z) = D(\bar{x} - \bar{y}) = D(\bar{x}) + D(\bar{y}) = \sigma^2 \left(\frac{1}{n} + \frac{1}{k} \right) \tag{8-81}$$

将随机变量 Z 化为标准正态分布，则有

$$Z' = \frac{Z}{\sqrt{D(Z)}} = \frac{\bar{x} - \bar{y}}{\sigma \sqrt{\frac{1}{n} + \frac{1}{k}}} \sim N(0,1) \tag{8-82}$$

由统计学知识可知

$$\frac{(n-1)s_x^2}{\sigma^2} \sim \chi^2(n-1) \tag{8-83}$$

故

$$T = \frac{Z'}{s_x/\sigma} = \frac{\bar{x} - \bar{y}}{s_x \sqrt{\frac{1}{n} + \frac{1}{k}}} \sim t(n-1) \tag{8-84}$$

由于火工装置具有一次性作用的特点，在执行任务时只需工作一次。所以，未来观察值 $k=1$。其功能可靠性就是未来这一次观察值大于应力值的概率，即

$$R_L = P\{\bar{y} \geqslant L\} \tag{8-85}$$

对式（8-85）进行恒等变形，得

$$R_L = P\left\{ \frac{\bar{x} - \bar{y}}{s_x \sqrt{\frac{1}{n} + 1}} < \frac{\bar{x} - L}{s_x \sqrt{\frac{1}{n} + 1}} \right\} = P\left\{ \frac{\bar{x} - \bar{y}}{s_x \sqrt{\frac{1}{n} + 1}} < \sqrt{\frac{n}{n+1}} K_L \right\} \tag{8-86}$$

结合式（8-84）和式（8-86）可知，其可靠度计算公式为

$$R_L = t_{n-1}\left(\sqrt{\frac{n}{n+1}} K_L \right) \tag{8-87}$$

式（8-87）只是产品可靠度的点估计值，如将此可靠度看做产品的可靠度置信下限，可将此点估计转化为区间估计，其对应的置信度计算公式为

$$\gamma = F_{n-1, \sqrt{n}\omega L}(\sqrt{n} K_L) \tag{8-88}$$

式（8-87）和式（8-88）中：$t_n(x)$ 是在自由度为 n 时，中心 t 分布在 x 处的累积概率密度，$F_{n,\sigma}(x)$ 表示自由度为 n，非中心参数为 σ 的非中心 t 分布的分布函数在 X 处的

值，$\omega_L = \varnothing^{-1}(R_L)$。

8.4.2 上规范限 U 已知的可靠性评估方法

产品的上规范限为 U，随机变量 X 服从 $N(\mu, \sigma^2)$ 的正态分布，分布参数均未知，可靠性分析评价模型如图 8-4 所示。设 $x_1, x_2, \cdots, x_n$ 为随机变量 X 的 n 个独立测量值，$\bar{x}$，s_x 分别为其样本均值和样本标准差，令 $K_U = (U - \bar{x})/s_x$。

则此产品的可靠度为

$$R_U = t_{n-1}\left(\sqrt{\frac{n}{n+1}} \cdot K_U\right) \tag{8-89}$$

如将式（8-89）中的可靠度当成产品的可靠度置信下限，则对应的置信度为

$$\gamma = F_{n-1, \sqrt{n}\omega_U}(\sqrt{n}K_U) \tag{8-90}$$

式中，$\omega_U = \varnothing^{-1}(R_U)$，其余参数定义同 8.4.1 节。

式（8-90）的推导过程类似于式（8-88），在此不再赘述。

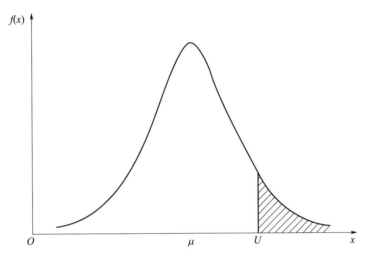

图 8-4 已知上规范限的可靠性分析评价模型

8.4.3 上、下规范限 (U, L) 已知的可靠性评估方法

当同时已知火工装置的下规范限 L 和上规范限 U 时，可靠性分析评价模型如图 8-5 所示，阴影部分为可能发生失效的失效区，其功能可靠性就是未来这一次观察值介于下规范限 L 和上规范限 U 之间的概率值，即

$$R = P\{L < \bar{y} < U\} \tag{8-91}$$

对式（8-91）进行恒等变形，得

$$R = 1 - P\{\bar{y} \leqslant L\} - P\{\bar{y} \geqslant U\} = P\{\bar{y} \geqslant L\} + P\{\bar{y} \leqslant U\} - 1 = R_L + R_U - 1 \tag{8-92}$$

在计算出产品的可靠度 R 后，通过式 $R = t_{n-1}(\sqrt{n/(n+1)} \cdot K)$ 计算系数 K 值和 ω

值，再代入 $\gamma = F_{n-1,\ \sqrt{n\omega}}\ (\sqrt{n}K)\ (\omega = \varnothing^{-1}(R))$ 中计算产品的置信度。

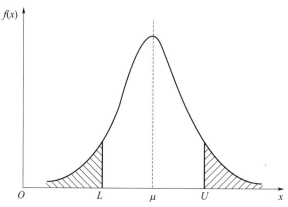

图 8-5　已知上、下规范限的可靠性分析评价模型

8.5　火工装置可靠性验证与评估应用实例

8.5.1　火工分离螺母应用实例

某火工分离螺母解锁可靠性指标为 $R = 0.9999$，要求按置信度 $\gamma = 0.95$ 进行评估。经统计，该火工分离螺母所用点火器已完成 546 次地面和在轨飞行发火试验。经评估，火工分离螺母点火器并联系统发火可靠性置信下限 R_{1L} 大于 0.999999（置信度 0.95），满足不小于 0.99995 的可靠性指标要求。因此，该火工分离螺母无需对点火器发火可靠性开展专项试验验证，仅需对执行机构作动可靠性进行专项试验验证。

火工分离螺母执行机构作动可靠性 R_2 验证试验方案如下：

1）试验目的：验证某火工分离螺母执行机构作动可靠性 R_2；

2）试验对象：点火器及不含点火器的火工分离螺母（即执行机构部分）；

3）试验内容：点火器发火试验，试验中测试燃气压力；火工分离螺母气动解锁试验，试验中检测火工分离螺母解锁时执行机构运动最大阻力；

4）试验条件：点火器发火试验和火工分离螺母气动解锁试验均在常温常压环境下进行；

5）试验件状态：点火器试验件与火工分离螺母产品实际安装的点火器为同一批次合格产品，并将点火器安装在火工分离螺母模拟试验工装上，试验工装具有与真实火工分离螺母相一致的点火器安装接口，并真实模拟火工分离螺母解锁前的容腔体积及轮廓；火工分离螺母气动解锁试验件为将交付用户的火工分离螺母正式产品（不安装点火器）；

6）可靠性特征量：点火器发火燃气压力 X 及执行机构运动阻力 Y；

7）特征量概率分布：正态分布（根据工程经验，点火器燃气压力和执行机构运动阻力均不拒绝正态性检查）；

8）试验件数量：点火器 36 组、不安装点火器的火工分离螺母正式产品 32 件。

　　按上述可靠性验证试验方案，采用 36 组点火器进行发火测试共获得 36 组点火器燃气压力测试数据，如表 8-5 所示。某火工分离螺母在研制过程中，对所有 32 个合格产品进行了气动解锁测试，得到 32 组火工分离螺母执行机构运动最大阻力数据 y_j（$j=1,2,\cdots,32$），如表 8-6 所示。

表 8-5　某火工分离螺母点火器燃气压力测试数据

序号 i	1	2	3	4	5	6	7	8	9	10	11	12
燃气压力 x_j/MPa	37.68	46.32	48.6	46.75	47.14	42.83	39.17	45.03	40.25	41.6	39.7	38.08
序号 i	13	14	15	16	17	18	19	20	21	22	23	24
燃气压力 x_j/MPa	39.67	39.11	38.4	38.2	40.21	41.11	46.2	38.42	39.73	38.33	38.57	36.4
序号 i	25	26	27	28	29	30	31	32	33	34	35	36
燃气压力 x_j/MPa	43.1	41.33	41.36	57.76	38.31	38.75	37.48	35.09	40.15	42	34.21	36.03

表 8-6　某火工分离螺母执行机构运动阻力测试数据

序号 j	1	2	3	4	5	6	7	8	9	10	11	12	13	14	15	16
执行机构运动最大阻力 y_j/MPa	7	9.8	8.5	8.3	8	7.6	7.8	11	9	8.4	7	9.2	8.6	9	9	8.2
序号 j	17	18	19	20	21	22	23	24	25	26	27	28	29	30	31	32
执行机构运动最大阻力 y_j/MPa	8.1	9	9	7	9.4	8.4	9	7.8	8.4	9	7.8	8	8.2	8.4	9.2	9

　　经正态性检验，表 8-5、表 8-6 中的数据均不拒绝正态性假设，将表 8-5、表 8-6 数据代入公式（8-46）～（8-59），计算得，$R_2 > 0.999\,999$，满足可靠性指标要求。

　　火工分离螺母的解锁可靠性可按照 8.2.3 所述的串联系统可靠性综合评估方法——LM 法获得，本节对火工分离螺母解锁功能可靠性评估过程不再赘述。

8.5.2　火工切割器应用实例

　　火工切割器是航天领域广泛采用的一种火工装置，作动时涉及点火器、切刀以及配套的压紧杆、缓冲器等（如图 8-6 所示），其工作过程为通过点火器（有时还有主装药）燃烧、爆炸产生的压力效应，驱动切刀运动，切断压紧杆，释放被连接的两个部分，完成解锁功能，被连接的两个部分在配套分离装置（如压缩弹簧）的作用下实现分离，如图 8-7 所示。压紧杆断开的同时，在切刀的驱动作用下，会将缓冲器压缩，从而将压紧杆切断后剩余的动能转化为缓冲器的塑性变形能。

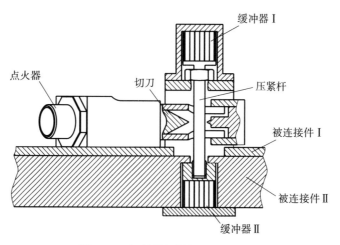

图 8-6　切割器切割解锁原理结构

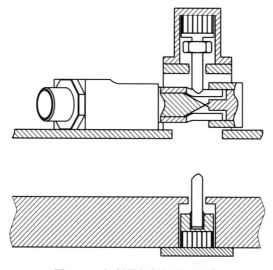

图 8-7　切割器切割解锁后状态

可靠性验证与评估过程如下：

（1）确定火工切割器可靠度表达式

根据解锁工作原理，火工切割器的解锁过程就是切刀切断压紧杆，进而由压紧杆将缓冲器压缩的作功过程。一般而言，只要缓冲器的压缩量大于零，即表明压紧杆能够被有效切断，解锁功能已经实现。因此，火工切割器的可靠度 R，可以用"缓冲器压缩量 X 大于下限值 x_L 的概率"来度量，即

$$R = P\{X > x_L\} \tag{8-93}$$

其中缓冲器压缩量下限值 $x_L = 0$，保守起见，工程中也可取一定的余量，如 $x_L = 5 \text{ mm}$。一般情况下，火工切割器均采用两个缓冲能力相同的缓冲器吸收其解锁后剩余的动能，因此，压缩量 X 为两个缓冲器压缩量之和；对于只采用一个缓冲器的情况，压缩量 X 即为

该缓冲器在火工切割器解锁前后的高度差。

（2）实施火工切割器可靠性试验

通过试验工装，模拟火工切割器实际安装状态，进行可靠性试验。在每次解锁试验前，实测每个缓冲器的高度 H_1；每次解锁后，取出缓冲器，实测每个缓冲的高度 H_2（如图 8-8 所示），则火工切割器解锁过程中缓冲器的压缩量为

$$x = H_1 - H_2 \qquad\qquad (8-94)$$

假设共进行了 m 次试验，获得缓冲器压缩量数据 $x_i(i=1,2,\cdots,m)$。

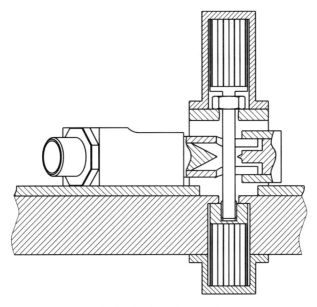

图 8-8　缓冲高度测量

若试验过程中发现缓冲器压缩量过大，则表明缓冲器的缓冲能力不足，缓冲器压缩量无法体现出火工切割器的解锁能力。以工程中常用的铝蜂窝缓冲器为例，其压缩量一般应不大于初始高度 H_1 的 3/4。若缓冲器压缩量过大，可以将火工切割器试验件进行改造，增大缓冲器的吸能能力。

（3）对缓冲器压缩量进行统计分析

①缓冲器压缩量概率分布检验

对火工切割器可靠性试验获得的缓冲器压缩量实测数据 $x_i(i=1,2,\cdots,m)$ 进行正态分布检验。检验的显著性水平通常取 5%。若不能通过正态分布检验，则可通过 Box G E P 和 Cox D R 1964 年发表于 Journal of the Royal Statistical Society 的论文 An analysis of transformation 中提出的 Box—Cox 变换方法将压缩量变换为正态分布。

②缓冲器压缩量分布参数估计

根据缓冲器压缩量的实测数据 $x_i(i=1,2,\cdots,m)$，计算其均值 $\bar{x}$ 和标准差 s

$$\bar{x} = \frac{1}{m}\sum_{i=1}^{m} x_i \qquad\qquad (8-95)$$

$$s = \sqrt{\frac{1}{m-1} \sum_{i=1}^{m} (x_i) - \bar{x})^2} \qquad (8-96)$$

（4）分析火工切割器可靠性满足情况

①计算火工切割器可靠性容限系数 K

根据缓冲器压缩量的均值 $\bar{x}$、标准差 S 和下限值 x_L，计算火工切割器可靠性容限系数

$$K = \frac{\bar{x} - x_L}{S} \qquad (8-97)$$

②计算火工切割器可靠性容限系数下限 K_L

对于火工切割器在规定的置信度 γ 下的可靠性指标 R，对应于试验次数 m 的可靠性容限系数下限 K_L 可由下式计算

$$K_L = t_\gamma (m-1, \sqrt{m} u_R) / \sqrt{m} \qquad (8-98)$$

式中 $t_\gamma (m-1, \sqrt{m} u_R)$ 为自由度为 $(m-1)$、非中心参数为 $\sqrt{m} u_R$ 的非中心 t 分布的 γ 分位数，$u_R = \Phi^{-1}(R)$ 为标准正态分布的 R 分位数，$\Phi(t) = \int_{-\infty}^{t} \frac{1}{\sqrt{2\pi}} e^{-\frac{u^2}{2}} du$ 为标准正态分布的分布函数。

可靠性容限系数下限 K_L 也可由国家标准 GB/T 4885—2009《数据的统计处理和解释 正态分布完全样本可靠度置信下限》中附表 A 查得。

③火工切割器可靠性满足情况分析

若 $K \geqslant K_L$，则表明火工切割器的可靠性满足置信度 γ 下不小于 R 的指标要求，火工切割器可靠性试验结束。否则，则表明火工切割器的可靠性不满足指标要求，分析原因，对火工切割器进行设计改进，如增大装药量，或减小切刀运动所受到的摩擦阻力，或在承载力满足要求的前提下减弱压紧杆等。经改进后，再次按照步骤（2）～（3）对火工切割器的可靠性重新进行验证。

若要对火工切割器的可靠性水平进行评估，则只需根据下式由二分法求得 u_{RL}

$$t_\gamma (m-1, \sqrt{m} u_{RL}) / \sqrt{m} = K \qquad (8-99)$$

再根据 $R_L = \Phi(u_{RL})$，即可求得置信度 γ 下火工切割器的可靠度置信下限 R_L。也可根据置信度 γ、可靠性容限系数 K、试验次数 m，由 GB/T 4885—2009《数据的统计处理和解释 正态分布完全样本可靠度置信下限》中附表 A 查得 R_L。

参 考 文 献

［1］ GJB 376－87. 火工品可靠性评估方法［S］. 北京：国防科学技术工业委员会，2002.

［2］ GB/T 4882—2001. 数据统计处理和解释——正态检验性［S］. 北京：中国标准出版社，2001.

［3］ GJB 378—1987. 感度试验用升降法［S］. 北京：国防科技工业委员会，1987.

［4］ GJB/Z 377A—1994. 感度试验用数理统计方法［S］. 北京：国防科学技术工业委员会，1994.

［5］ GB 4087.3 —1985. 数据的统计处理和解释二项分布可靠度单侧置信下限［S］. 北京：中国标准出版社，1985.

［6］ GJB 1307A—2004. 航天火工装置通用规范［S］. 北京：国防科学技术工业委员会，2004.

［7］ 李良巧. 机械可靠性设计与分析［M］. 北京：国防工业出版社，1998.

［8］ 周源泉，翁朝曦. 可靠性评定［M］. 北京：科学出版社，1990.

［9］ Rciser B，Cuttman L. Statisical inf erence for Pr（X＜Y）：The Normal case［J］. Technetr ics，1986，28：253－257.

［10］ Ahmad K E，Fakhry M E，Jaheen Z F. Empirical Bayes estimation of P（Y＜X）and characterization of Burr－type X mode［J］. Journal of statistical planning and inference. 1997，64：297－308.

［11］ 周正伐. 航天可靠性工程［M］. 北京：中国宇航出版社，2007.

［12］ 傅惠民. 二维单侧容限系数方法［J］. 航空学报，1993，14（3）：166－172.

［13］ 刘志全，陈新华，孙国鹏. 航天器火工机构的可靠性验证试验及评估方法［J］. 航天器工程，2008，17（4）：62－66.

［14］ GB 4882—2001. 数据的统计处理和解释——正态性检验［S］. 北京：中国标准出版社，2001.

［15］ 刘志全，孙国鹏，宫颖. 载人飞船某连接分离机构的可靠性验证试验方法［J］. 中国空间科学技术，2011 31（1）：56－61.

［16］ GB 4087.3－85. 数据的统计处理和解释——二项分布可靠度单侧置信下限［S］. 北京：中国标准出版社，1985.

［17］ 刘炳章，丁同才. 小子样验证高可靠性的可靠性评估方法及其应用［J］. 质量与可靠性，2004，（01）：19－22.

［18］ 刘宝光. 敏感性数据分析与可靠性评定［M］. 北京：国防工业出版社，1995.

［19］ 徐振相，秦士嘉. 火工品可靠性技术基础与管理［M］. 北京：兵器工业出版社，1996.

［20］ 荣吉利，张涛，宋乾强. 航天火工装置可靠性小子样分析评价技术［M］. 北京：国防工业出版社，2018.

［21］ 马文涛，穆慧娜，秦国圣，等. 冲击片雷管四点阵列输出界面作用可靠性设计方法［J］. 含能材料，2023，31（12）：1279－1286.

［22］ Ma Wentao，Mu Huina，Liu Wei，etc. Reliability Evaluation Method for Initiating Explosive Device Output Performance Based on SMOTE－Bootstrap Method in Small Sample Sizes［C］. The 5th SRSE，2023：439－444.

［23］ Cheng L.，Mu H. N.，Ren X. W.，etc. Study on the Detonation Reliability of Explosive Trains with a Micro‑sized Air Gap ［J］. AIP Advances 12，2022，105309.

［24］ 程立，董海平，穆慧娜，等. 基于感度分布均值的火工品发火可靠性小样本评估方法 ［J］. 兵工学报，2020，41（12）：2444‑2450.

［25］ Cheng L.，Yang Y. Y.，Mu H. N.，etc. Reliability Evaluation Method Based on Double Beta Prior Distribution for the Pyrotechnic Device ［J］. Journal of Shanghai Jiaotong University（Science），2019（24）：622‑627.

［26］ ZHANG Yao，MU hui‑na，CHENG Li，etc. Principle and method of pyrotechnics reliability assessment based on the mean value ［J］. Journal of Beijing Institute of Technology（English Edition），2016，25：11‑17.

［27］ GUO Shao‑wei，LI Xiao‑gang，ZHANG Yao，CHENG Li，MU hui‑na＊，WEN Yu‑quan. Reliability evaluation research for space pyrotechnics devices based on numerical simulation ［J］. Journal of Beijing Institute of Technology，（English Edition），2016，25：18‑23.

［28］ Hui‑na Mu，Yang Wen，Shao‑wei Guo，etc. Reliability Design of a Retracting Actuator Based on NESSUS ［C］. The 10th International Conference on Reliability，Maintainability and Safety. Guangzhou，2014，8：689‑692.

［29］ 穆慧娜，温洋，郭少伟，张瑶. 基于 NESSUS 的某拔销器可靠性设计与优化 ［J］. 含能材料，2015，23（1）：85‑88.

［30］ 穆慧娜，张利敏，温玉全，温洋，李志良. 基于 NESSUS 的空气隙传爆界面可靠性分析 ［J］. 北京理工大学学报，2013，33（4）：331‑334.

［31］ Shao‑wei Guo，Xiao‑gang Li，Hui‑na Mu，etc. Reliability Analysis of Air‑gap Detonation Transfer Interface by Numerical Simulation ［J］. Journal of Donghua University（English Edition），2015，32（6）：906‑909.

［32］ 张利敏，穆慧娜，董海平，李志良. 用 D‑最优化法估算空气隙传爆界面的可靠性 ［J］. 含能材料，2012，20（6）：766‑769.

［33］ 董海平，蔡瑞娇，穆慧娜. 火工品可靠性计量-计数评估方法的有效性研究. 含能材料 ［J］，2008，16（5）：553‑555＋559.

［34］ 董海平，蔡瑞娇，穆慧娜，曹建华. 灼热桥丝式电火工品发火可靠性设计方法. 含能材料，2008，16（5）：560‑563.

［35］ 穆慧娜，焦清介，温玉全. 基于可靠性指标变换的机械能激发火工品可靠性设计方法 ［J］. 北京理工大学学报，2008，28（6）：478‑480，495.

［36］ 穆慧娜，焦清介，温玉全. 机械类火工品感度变差系数统计分析 ［J］. 含能材料，2008，16（2）：212‑215.

［37］ 穆慧娜，焦清介，温玉全，董海平. 基于电流冲量的桥丝式电火工品安全性设计. 火工品，2008，（2）：6‑8.

［38］ 穆慧娜，马文涛，伊枭剑，等. 一种基于裕度的火工品发火可靠性评估方法 ［P］. 中国，202210214960. 2.

［39］ 穆慧娜，刘炜，伊枭剑，等. 一种基于阈值双区间的火工品安全性评估方法 ［P］. 中国，

　　　202210214960. 2.

[40]　穆慧娜，程立，温玉全，等. 一种火工品可靠性指标的小样本验证方法［P］. 中国，
　　　201910714787. 0.

[41]　牛磊，严楠，董海平，叶耀坤，马兵. 低冲击分离螺母的机构分离可靠性分析方法［P］. 中
　　　国，CN113673051B.

第9章　火工装置典型应用与故障案例

9.1　概述

火工装置是与航天器同步发展起来的一门技术，早期的功能需求仅涉及连接、释放、分离等功能，用于实现航天器本体和部件、设备或舱段之间的牢固连接，到达预定轨道按照指令要求实现航天器部件、设备或舱段之间的释放与分离功能。随着航天器需求外延，火工装置多了一些新的使用要求，如大承载、低冲击、长寿命、耐高温等。

本章首先针对火工装置在航天器系统典型的应用进行介绍，即星箭连接分离系统、设备与星体连接解锁系统、舱段/器间连接分离系统；最后对火工装置地面研制过程中发生的典型失效案例进行分析。

9.2　星箭连接分离系统应用

在卫星发射时，卫星与运载火箭（简称"星箭"）依靠星箭对接组件连接在一起。星箭对接组件是由卫星底部的对接框、连接与分离机构和运载火箭上的对接段组成的组合体。其中连接与分离机构是对接组件中的一个重要组成部分，它的功能是在地面和发射时保证星箭可靠地连接；在预定轨道上保证星箭之间按规定要求可靠地分离。

星箭连接与分离机构的设计除了需要考虑其自身的结构形式、对接尺寸、连接强度与刚度以及重量以外，还需要考虑分离的速度要求和允许的分离干扰、分离的可靠性等因素。

连接与解锁方式可分为两种：一种是直接采用多个爆炸螺栓点式安装实现连接解锁功能，另一种是采用包带式连接解锁装置实现连接与解锁功能，分离装置可以采用分离弹簧或固体分离火箭。因此两种连接解锁方式与两种分离装置可以组合成四种连接与分离机构形式，表 9 - 1 表示了常用的两种组合方式。

表 9 - 1　常用的星箭连接分离系统

连接与释放装置	分离装置	应用的火箭实例
爆炸螺栓	弹簧	"德尔它"系列、"长征一号"、"长征二号丁"、"风暴一号"等
包带式连接解锁装置	弹簧	"德尔它"系列、"阿里安"系列、"长征二号戊"、"长征三号"、"长征三号甲"、"长征四号"、"长征四号乙"等

9.2.1　爆炸螺栓式星箭连接与分离机构

（1）连接与解锁系统

在航天技术发展初期，星箭连接与解锁系统大多直接采用爆炸螺栓方式实现。爆炸螺栓的轴线与火箭飞行方向平行；爆炸螺栓的数目可在 4～24（偶数）之间按要求选择，星箭对接面的连接强度和刚度随爆炸螺栓数量增加而增高。但爆炸螺栓数量越多，星箭分离的可靠性越低。图 9-1 为爆炸螺栓式的星箭连接与解锁系统示意图。

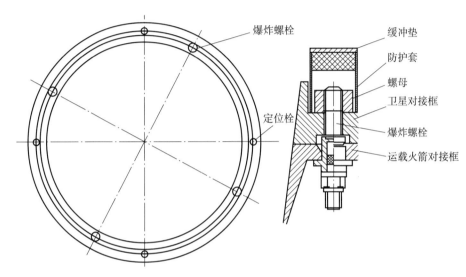

图 9-1　使用爆炸螺栓的星箭连接与解锁系统

①爆炸螺栓的受力分析

在发射时，连接航天器和运载火箭的爆炸螺栓受到轴向、弯曲和横向的外载荷作用。在进行星箭连接设计时，需要确定爆炸螺栓所受的最大轴向力和最大剪切力，作为爆炸螺栓和连接部位强度和刚度设计的依据，图 9-2 表示了星箭连接的受力示意图。

在纵向载荷 N 作用下，每个爆炸螺栓承受的轴向力 P_{li} 为

$$P_{li} = N/n \tag{9-1}$$

式中　n——爆炸螺栓的数量。

根据静力平衡条件，可以得到外载荷弯矩 M 与各爆炸螺栓所受的附加轴向载荷 P_{wi}（$i=1，2，3，\cdots，n$）的关系为

$$M = P_{w1}r_1 + P_{w2}r_2 + \cdots + P_{wn}r_n \tag{9-2}$$

式中　$r_i（i=1，2，3，\cdots，n）$——各爆炸螺栓中心到连接框的中心面（图 9-2 中 O-O 线）垂直距离。

如果各爆炸螺栓的材料、结构和尺寸相同，即它们的刚度相同，在假设对接框刚度远大于螺栓刚度时，根据变形协调条件，有如下近似关系

$$\frac{P_{w1}}{r_1} = \frac{P_{w2}}{r_2} = \cdots = \frac{P_{wn}}{r_n} \tag{9-3}$$

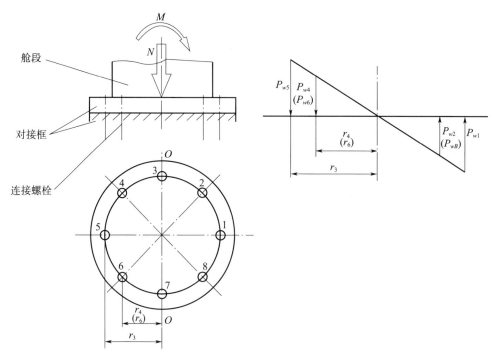

图 9-2　爆炸螺栓式星箭连接的受力示意图

由式（9-2）和（9-3）可以求出各爆炸螺栓的附加轴向载荷 P_{wi} ，其中最大值为

$$P_{w\max} = \frac{M \cdot r_{\max}}{r_1^2 + r_2^2 + \cdots + r_n^2} \qquad (9-4)$$

式中　　$r_{\max}$ 为 r_i（$i=1, 2, 3, \cdots, n$）中的最大值（靠近边缘处），在（9-2）中为 r_5 。

因此作用到爆炸螺栓上的最大轴向外载荷 $P_{\max}$ 为

$$P_{\max} = P_{li} + P_{w\max} \qquad (9-5)$$

实际上，星箭连接时，对爆炸螺栓需预先施加一定的预紧力 F_p ，因此，爆炸螺栓实际上受到的最大轴向力 $F_{\max}$ 应为

$$F_{\max} = F_p + kP_{\max} \qquad (9-6)$$

式中　　k ——连接面的相对刚度系数（参见 3.3.3 节）。

另外，由于横向载荷 Q 的作用，在爆炸螺栓上还将产生横向剪切力，其最大值 $S_{\max}$ 为

$$S_{\max} = \frac{Q}{n} \qquad (9-7)$$

②爆炸螺栓的数量和类型

爆炸螺栓数量的确定首先是依据航天器系统布局的需要，通过对星箭分离面工作载荷的分析结果来确定；然后根据分配到每个爆炸螺栓上的载荷和星箭解锁的可靠性要求，确定爆炸螺栓的类型和规格。

使用的爆炸螺栓数量越多，连接的可靠性越高，但是解锁的可靠性就会降低，因此，在确定爆炸螺栓数量时，必须综合考虑这两者关系的平衡。

为了保证安装在航天器舱外的地球敏感器、相机镜头等仪器和设备能够正常工作，必须保证它们工作环境的清洁度，以及减小解锁分离时的多余物污染，因此一般都采用无污染爆炸螺栓。

（2）分离装置

可以根据使用要求和实际条件确定星箭之间的分离装置，常用的分离装置为弹簧或分离小火箭。

①弹簧

沿火箭轴线方向在星箭对接面上周向均匀布置一个或多个弹簧，弹簧底部和运载火箭相连，顶部与卫星对接框贴合。在星箭释放的同时，弹簧将两者以一定的相对速度分离。当航天器较小时，可用一个分离弹簧；当航天器较大时，可用三个或四个分离弹簧。

②分离小火箭

用两个或多个小火箭在运载火箭的外周沿轴线排列，当星箭释放后，分离小火箭工作，给运载火箭一个反推力，使航天器和运载火箭以一定的相对速度分离。这种方案在低轨道的星箭分离中用得较多。

9.2.2　包带式星箭连接与分离机构

从 20 世纪 70 年代起，德国和美国开始应用包带式星箭连接与分离机构。它与上述爆炸螺栓式连接分离机构的区别在于采用的连接与解锁方式不同，其原理如图 9-3 所示。

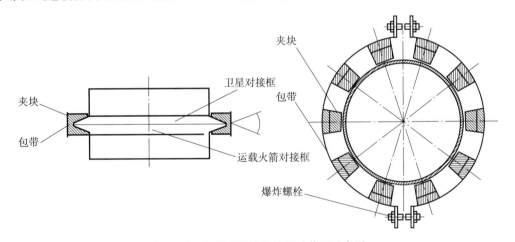

图 9-3　包带式星箭连接解锁装置示意图

用若干个夹块将航天器和运载火箭的对接框夹住，再用分为两段或两段以上的包带沿圆周方向将夹块箍住，各段包带之间用爆炸螺栓沿周向连接。在地面运输和发射时，由夹块和包带承受连接载荷；需要分离时，爆炸螺栓起爆，断开包带的周向连接，由此实现航天器和运载火箭之间的解锁功能。解锁后，可以采用分离弹簧或分离小火箭实现星箭分离。现有的包带式星箭连接分离机构形成了丰富的型谱，以包络直径大小作为分类原则，有 937 型、1194 型、300 型、500 型、2234 型，其作为运载火箭接口标准产品，已经大量应用于我国气象、遥感等系列卫星，并推广至国际卫星发射市场。表 9 - 2 为典型包带式星箭连接分离机构型谱。

表 9 - 2　典型包带式星箭连接分离机构型谱

序号	产品名称	主要特点及适用对象	年代
1	937 型	第一个包带产品，对接接口 ϕ937 mm，预载荷约 2 T，适用于质量约 1 t 的卫星，提供 0.5 m/s 的分离速度	1978 年
2	1194B - Ⅰ 型	对接接口 ϕ1 194 mm，预载荷约 3.5 t，适用于质量约 2 t 的卫星	1998 年
3	1194B - Ⅱ 型	对接接口 ϕ1194 mm，预载荷约 5 t，适用于质量约 3 t 的卫星	2000 年
4	300 型	对接接口 ϕ300 mm，预载荷约 0.8 t，适用于质量约 100 kg 以下的卫星，提供 0.6 m/s 分离速度	2003 年
5	500 型	对接接口 ϕ500 mm，预载荷约 0.8 t，适用于质量约 500 kg 的卫星	2013 年
6	2234 型	对接接口 ϕ2234 mm，预载荷约 5 t，适用于质量约 (4～5) t 的卫星	2017 年

由于包带装置中的爆炸螺栓设置方式，只要有一个爆炸螺栓断开，即可松开包带，因此包带解锁的可靠性较高。另外的优点是星箭的对接框之间为整个周向连接而可以均匀传递载荷，且使用爆炸螺栓数量少，解锁时对航天器的冲击小，为此，神舟号载人飞船与运载火箭也采用了这种方式实现连接与解锁功能。

包带式星箭连接分离机构按星箭分离时的轨道可分为低轨道和中高轨道两类：低轨道指星箭分离轨道在 400 km 以下；中高轨道指星箭分离轨道在 400 km 以上，在这个高度以上真空度低于 1.3×10^{-6} Pa，此时星箭分离中的分离面和活动部件需要采取防冷焊措施。

包带式星箭连接分离机构中的重要部件有包带、夹块和爆炸螺栓等。

（1）包带

包带是连接分离机构中最重要的构件。包带的两端弯曲成环形，环内插入带螺母的连接杆，然后在两根包带的连接杆的侧平面之间用爆炸螺栓连接，由此把两根包带连接在一起。按此方式，把两根或更多根包带连接成环绕对接框的圆环，做成圆环形的包带通过夹块将星箭对接框夹紧，以承受飞行中的各种载荷。

包带材料要求成形工艺性好，成形后内应力小，弹性模量高，容易达到所需要的预紧力。例如，包带材料可为厚度在（0.2～2）mm 范围内的 β 相钛合金带材，一些大尺寸包带也可采用不锈钢带和其他特殊钢带。

包带的宽度与夹块高度有关，约为夹块高度的 1.2～1.3 倍。在地面装配时，要对包带施加预紧力。包带截面积可按下式计算

$$A = \frac{P}{\sigma_s} \frac{f}{\alpha} \tag{9-8}$$

式中　A ——包带最小截面面积；

　　　P ——考虑飞行载荷及温度补偿后的最大预紧力；

　　　σ_s ——包带材料拉伸弹性极限；

　　　α ——包带预紧力的均匀度，可取 0.7；

　　　f ——安全系数。

当各夹块尺寸相同，并且沿周向均匀分布时，最大预紧力 P 可按下式计算

$$P = K \cdot \frac{1}{n\Delta\varphi}\left(\frac{2M}{R} + \frac{Q}{\mu_1} + N + N_T\right)\frac{\tan(\theta/2) - \mu}{1 + \mu\tan(\theta/2)} \tag{9-9}$$

式中　K ——修正系数；

　　　M ——作用在对接面上的弯矩；

　　　Q ——作用在对接面上的剪力；

　　　N ——作用在对接面上的轴向拉力；

　　　N_T ——作用在对接面上分离弹簧（如果有的话）产生的轴向拉力；

　　　R ——对接框半径；

　　　n ——夹块数量；

　　　$\Delta\varphi$ ——一个夹块所占的周向角；

　　　θ ——夹块内角（参见图 9-3，一般取 30°、40°或 60°）；

　　　μ ——夹块与框之间的摩擦系数；

　　　μ_1 ——两对接框之间的摩擦系数。

在地面进行航天器与运载火箭对接框对接时，通过对连接相邻两条包带的爆炸螺栓逐步加载，达到包带预紧的目的。加载时，通过贴在包带表面上的若干应变片来测量包带的应变，并通过测得的应变来确认包带的预紧力。

（2）夹块

夹块是连接两个对接框的重要承力件，一般用两个螺钉将它连接到包带上。夹块覆盖面积太小会影响连接刚度；面积太大会增加重量，也增加了包带解锁时脱开的难度，通常夹块覆盖面积约占对接面积的 60%～70%。

根据夹块的加工工艺、包带解锁的难易、预紧力的传递等方面综合考虑后确定夹块数量。

夹块材料一般采用锻铝，经模锻后精加工成型，模锻时要注意材料的纤维应沿着圆周方向。如果夹块长度太大，模锻的模具会很大，模锻后夹块的性能不易均匀。如果长度太小，将增加夹块数量。

当航天器在中、高轨道空间分离时，受压的对偶面容易发生冷焊。包带解锁释放后，夹块可能因为冷焊而黏在对接框上，导致星箭分离失败。因此必须采用有效措施防止冷焊发生。例如，可在夹块内斜面、卫星的对接面和分离弹簧的顶面等三个部位上涂覆二硫化钼（MoS_2）涂层。

（3）爆炸螺栓

包带式星箭连接与分离机构中应采用无污染和低冲击型爆炸螺栓。这种螺栓的断裂槽处抗扭性能较差，所以对包带施加预紧力时，必须避免爆炸螺栓受扭。为此在爆炸螺栓上一般都留有活动扳手的配合操作接口，并配备专用的防旋转工具。对于这种爆炸螺栓，还要考虑预置缺口处的抗扭强度，并进行扭转破坏试验。

爆炸螺栓与包带的连接处必须设置球铰连接螺母，使得爆炸螺栓只承受拉力而没有附加弯矩。

9.3　设备与星体连接解锁系统应用

火工装置是太阳翼、展开臂、天线、相机等设备与星体连接解锁系统的核心部件，其设计状态对航天器系统的影响至关重要。目前主要基于切割器、分离螺母等火工装置实现航天器各类设备与星体的连接解锁功能。

9.3.1　基于火工切割器的压紧释放系统

基于火工切割器的航天器太阳翼与星体压紧释放系统的典型应用如图 9-4 所示，该构型通过球套和方螺母设计能够保证切割器在安装和工作过程中沿切断方向有横向浮动设计；下方的缓冲垫能够保证压紧杆在切断过程中，有沿其轴向的浮动设计。在压紧面采用涂覆碳化钨高摩擦涂层措施，一方面防止分离面冷焊，另一方面增加分离面的摩擦系数以提高抗横向力学载荷能力。

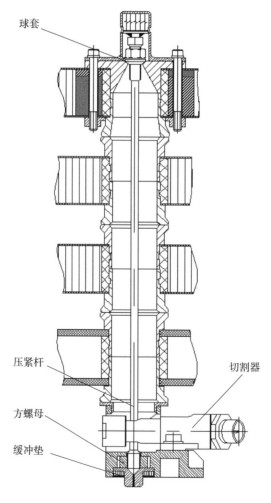

图 9-4　基于火工切割器的太阳翼与星体压紧释放系统结构示意图

基于火工切割器的航天器摆动机构与星体压紧释放系统的典型应用如图 9-5 所示：

1）该设计采用了成熟产品火工切割器；

2）球套和压紧螺母设计能够保证压紧杆在被切割过程中以球垫为中心进行摆动，利于切割；

3）压紧杆顶端的缓冲垫能够保证压紧杆在切断过程中，具有沿轴向的浮动空间；

4）压紧杆安装方式与火工切割器批抽检验收试验所用压紧杆安装方式一致，切割可靠；

5）该类压紧释放装置设计已应用于航天器的分离摆杆装置，实现两器之间的机械、电路插头等连接与分离。

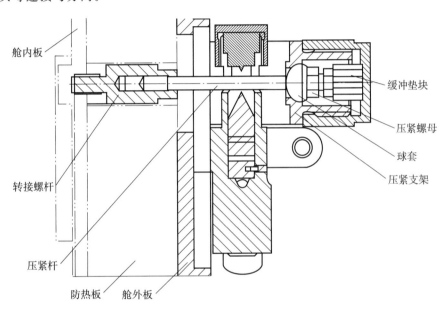

图 9-5　基于火工切割器的摆动机构与星体压紧释放系统结构示意图

9.3.2　基于分离螺母的压紧释放系统

基于火工分离螺母的航天器设备与星体压紧释放系统的典型应用如图 9-6 所示，其压紧释放结构由上套筒、下套筒、释放弹簧、压紧杆、防逃帽、定位组件、到位开关组件等零部件组成。

为防止火工分离螺母工作后，压紧杆弹出上套筒外部产生多余物，对火工分离螺母和压紧杆进行了封闭设计，通过在上套筒端部设置防逃帽使得火工分离螺母工作后，压紧杆等部件不会脱离上套筒而留在内部。

接到航天器设备解锁释放指令后，火工分离螺母通电起爆解锁，释放压紧杆，上套筒在分离弹簧推动下沿下套筒向上运动，实现设备的解锁与释放。设备解锁后的运动行程依靠弹簧行程设计保证。图 9-7 为基于火工分离螺母的设备压紧释放系统工作前后状态。

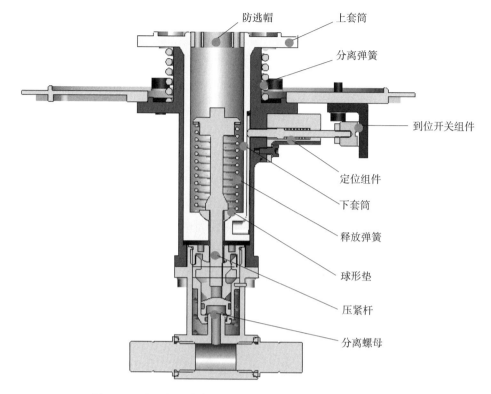

图 9-6　基于火工分离螺母的设备压紧释放结构示意组成

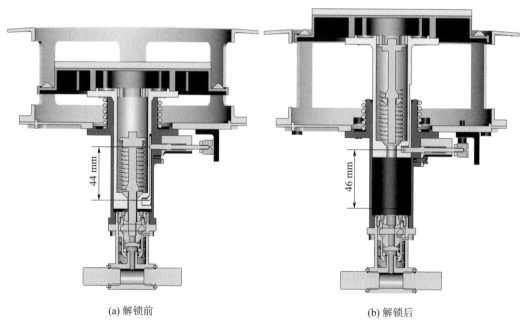

(a) 解锁前　　　　　　　　　　　　　　　　(b) 解锁后

图 9-7　基于火工分离螺母的设备压紧释放系统工作前后状态

9.4 舱段/器间连接分离系统应用

对于航天器舱段/器间的连接分离系统而言，连接性能是一个重要的设计要素。在连接与分离机构产生释放动作之前，需要保证两个被连接件（航天器舱段）之间的牢固连接关系。为此，需要依靠连接件预先施加适当的预紧力，预紧力设计可参考 3.3.3 节。此外，两舱解锁与分离过程特性也是系统设计的重要指标，其中解锁同步性、分离运动速度等指标是系统应用过程必须考虑的参数。

9.4.1 解锁同步性特性分析

火工连接分离系统是世界各国航天器实现舱段连接、解锁、分离的重要组成部分，其能否实现预定功能决定了航天器任务的成败。国内外的载人与深空探测器系统均采用过火工装置作为实现功能的核心模块。我国神舟飞船、嫦娥系列探测器、火星探测器也是如此，均以多个火工解锁装置实现舱段或器间的连接与解锁功能，然后采用弹簧装置实现舱段或器间的分离功能。因此，对于多个火工连接解锁装置的解锁时间以及同步性指标提出了具体要求。

以我国"天问一号"火星探测器的火工连接分离系统设计为例，其采用了 4 套火工连接解锁机构实现两器间的连接与解锁功能，通过 4 套弹簧分离推杆实现两器预定的分离速度，如图 9-8 所示。

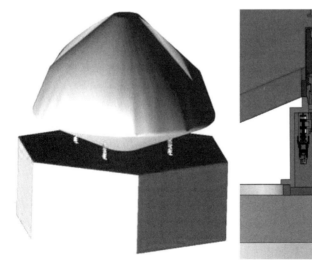
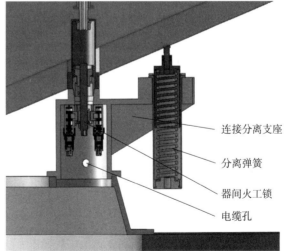

连接分离支座

分离弹簧

器间火工锁

电缆孔

(a) 4点式连接分离系统　　　　(b) 单点处的火工锁与分离弹簧组成示意图

图 9-8 "天问一号"火星探测器间火工连接分离系统示意

对于火工连接解锁机构，首先通过 27 发产品鉴定发火试验，在温度箱中分别测得 +95 ℃ 高温 9 发产品、−45 ℃ 低温 9 发产品、常温 9 发产品的解锁时间，然后获得同一温度条件下产品解锁时间数据的极差，作为不同步性 Δt 测试结果。

结合探测器连接分离系统设计状态，以及器间分离面均布的四个火工连接解锁装置解锁同步性不大于 10 ms 要求开展试验与分析。分析过程考虑了三个解锁、最后一个延迟 Δt 解锁，以此工况建立两器分离速度、分离姿态仿真模型，获得具体的两器分离特性参数，与四个火工连接解锁装置同步解锁工况的分离特性相比较，确定解锁同步性对两器分离特性的影响，并对火工连接解锁装置的解锁时间以及最大不同步时间差需求进行探索分析研究。

探测器两器连接分离系统采用四个 60 kN 预紧力火工连接解锁装置与四个 2 kN 弹簧分离装置的方案设计，通过实验测试 27 发火工连接解锁装置的解锁时间均＜30 ms，同一温度下解锁时间极差为 10 ms。

根据试验结果以及系统设计状态开展解锁同步性临界影响分析，考虑三个火工连接解锁装置先同步解锁，最后一个火工连接解锁装置延迟 10 ms 解锁，建立分离过程的局部结构形变有限元仿真分析模型，如图 9-9 所示。

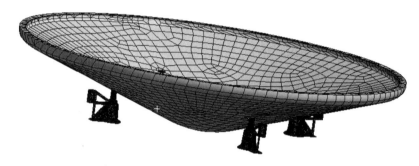

图 9-9　两器解锁不同步过程的局部结构形变仿真模型

仿真分析结果表明：探测器采用四个 60 kN 预紧力火工连接解锁装置与四个 2 kN 弹簧分离装置，有一个装置延迟 10 ms 解锁时，分离时刻两器分离面结构产生 0.01 mm 位移量，对两器分离产生的影响可以忽略。当探测器采用四个 2 kN 预紧力的火工连接解锁装置，有一个装置延迟 10 ms 解锁时，会导致分离时刻两器分离面结构产生的位移量大于 0.22 mm，进而对分离姿态产生一定影响，该工况仿真结果如图 9-10 所示。

从仿真结果可以得出以下启示：

1）探测器火工连接分离系统解锁同步性影响需要结合单个装置预紧力以及分离力之和进行比较分析，当单个装置预紧力远大于分离力之和，则对解锁同步性不敏感，当两者相当时，则对同步性很敏感。

2）航天器火工连接分离系统设计时，需要优先采用单个火工连接分离装置预紧力远大于分离力之和的设计方案，以此可以大幅提高系统分离可靠性，避免火工连接解锁装置解锁不同步导致两器分离存在不确定性。

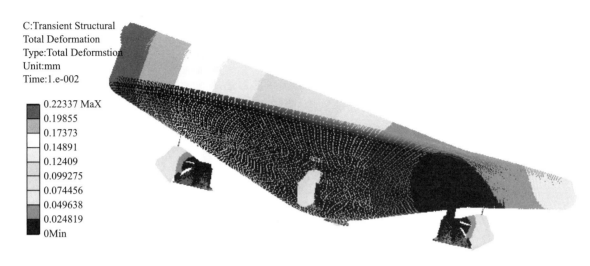

(a)10 ms 时刻分离面结构形变分析结果

(b) 10 ms时刻分离面结构应力分析结果

图 9-10　两器解锁不同步过程的结构形变与应力仿真结果（见彩插）

9.4.2　分离运动特性分析

对于舱段或器间连接分离系统而言，当火工连接解锁装置完成预定解锁功能后，两舱的分离运动弹性主要取决于弹簧分离推杆或分离小火箭等分离机构功能部件。以采用弹簧分离推杆、分离小火箭实现航天器舱段分离的方案为例，用简单的解析方法对分离运动进行分析，以确定分离过程的加速度、速度和位移。分析过程假设弹簧分离推杆、分离小火箭提供的作用力方向与产品安装几何轴线重合，弹簧的特性近似于线性。

在分离之前，整个航天器与被分离舱段一起运动；当弹簧分离推杆和反推小火箭开始工作后，被分离的舱段将加速运动，设定分离过程从被分离的舱段在导向销上滑动开始。在航天器坐标系中，舱段的相对运动近似一维运动，在考虑分离摩擦力时，分离加速度 $\ddot{x}$ 近似表示为

$$\ddot{x} = \left(\frac{1}{m_1} + \frac{1}{m_2}\right) \sum_{i=1}^{n_1} F_{1i} + \frac{1}{m_1} \sum_{i=1}^{n_2} P_i - \left(\frac{1}{m_1} + \frac{1}{m_2}\right) f F_2 \qquad (9-10)$$

式（9-10）中右边的第一项、第二项和第三项分别是弹簧组件分离力、反推分离小火箭（如果有的话）作用力和导向销上摩擦力提供的加速度。

式（9-10）中 F_{1i} 为第 i 个弹簧分离推杆的分离力；P_i 为反推分离火箭作用力；m_1 为被分离舱段的质量；m_2 为留在轨道上航天器的质量；n_1 为弹簧分离推杆的数量；n_2 为被分离舱段上分离火箭数量；f 为滑动摩擦系数；F_2 为作用在导向销上的合力。

式（9-10）中第 i 个弹簧分离推杆的分离力 F_{1i} 可以用下式表达

$$F_{1i} = F_{0i} - \left(\frac{F_{0i} - F_{zi}}{h}\right)(x - x_0) \qquad (9-11)$$

式中　　F_{0i} ——弹簧分离推杆的压缩力；

　　　　F_{zi} ——弹簧展开到行程终点时的作用力；

　　　　h ——弹簧总行程；

　　　　x_0 ——航天器质心与被分离舱段质心之间的初始距离；

　　　　x ——航天器质心与被分离舱段质心之间的瞬时距离；

　　　　$(x - x_0)$ ——弹簧行程的变化量。

由于摩擦力无法精确计算，上述公式并不是精确的。但是，由于通常使用的导向销都进行了润滑处理，所以它的摩擦系数比较小。

由于舱段在导向销上的运动是瞬时的，可认为质量 m_1 和 m_2，反推分离小火箭的作用力 P_i 和作用在导向销上的反作用力 F_2 为常数。由此在初始相对速度为零的条件下，由式（9-10）可以求得分离时的相对速度和位移为

$$\dot{x} = (b/a - ax_0)\sin at \qquad (9-12)$$

$$x = \frac{b}{a^2}(1 - \cos at) + x_0 \cos at \qquad (9-13)$$

式（9-12）、（9-13）中

$$a^2 = \left(\frac{1}{m_1} + \frac{1}{m_2}\right) \sum_{i=1}^{n_1} \frac{(F_{0i} - F_{zi})}{h}$$

$$b = \left(\frac{1}{m_1} + \frac{1}{m_2}\right) \sum_{i=1}^{n_1} \left[F_{0i} + \frac{(F_{0i} - F_{zi})}{h}x_0\right] + \frac{1}{m_1}\sum_{i=1}^{n_2} P_i - \left(\frac{1}{m_1} + \frac{1}{m_2}\right) f F_2$$

t 为分离时间。

当舱段或器间的分离动力采用火工分离推杆方案时，需要结合火工分离推杆的特性进行舱段或器间分离运动特性的分析。考虑火工分离推杆通常用剪切销固定推杆的位置，在解除推杆的约束时，药室内燃气提供的能量将被消耗掉一部分，剩下的部分将用于舱段分离，所以在分离开始时，药室内燃气压力已经下降。活塞在加速运动期间，药室容积的迅速增大，因而压强值将急剧减小，其变化规律比较复杂，所以分离速度的精确计算比较困难。由于瞬时温度变化不大，所以在工程上，可按气体方程 $p = R_g T_r / V$ 估算其压强，并绘出活塞行程与压力变化关系。但是，通常使用的是一种简单实用的试验与计算

方法，即通过试验测出压力-时间曲线（$P-t$ 曲线），将曲线积分可以得到在活塞移动期间的冲量 W，同时测出分离对象的质量，再通过公式 $v=W/m$ 来计算分离完成时刻的瞬时速度 v。

随着计算分析手段的不断丰富，航天器分离运动特性还可以采用有限元仿真分析的方法进行分离速度、分离加速度等特性的预示分析，例如采用 ADAMS 仿真软件进行分析，对航天器舱段或器间分离过程的运动特性揭示得更加直观，并获得舱段分离的姿态角速度等参数，甚至可以评估舱段分离过程是否存在碰撞等安全性问题。

9.4.3　分离姿态仿真分析

航天器舱段分离除了需要实现预定的相对分离速度，还需要确保两舱分离的相对姿态可控，避免两舱分离过程发生意外碰撞，从而导致任务出现安全事故。在实际工程中，弹簧分离推杆提供的分离力相对稳定，但很难保证分布在分离面的各个弹簧分离推杆初始分离力一致，其之间的散差会导致两舱分离时产生偏离姿态角，主要通过分离姿态角速度进行表征，该参数可以采用 ADAMS 进行动力学仿真分析验证。

以某航天器为例，其返回舱与服务舱的分离界面设计方案中，布置了 10 个弹簧分离推杆装置作为分离动力源。为了克服舱段质量偏心特性，采用了 2 个大弹簧分离推杆装置和 8 个小弹簧分离推杆装置并联设计。为了保证 10 个弹簧分离推杆装置对过返回舱质心的 X 轴的合力矩 M_x 为 0，8 个弹簧分离推杆 II（初始推力为 2 190 N）与 2 个弹簧分离推杆 I（初始推力为 3 300 N）安装在舱段的 3 830 mm 圆周上，采用 Y 轴对称分布、Z 轴非对称分布。

为适应返回舱与服务舱质心偏心的配置（Y 方向偏心 145.04 mm，Z 方向偏心 －10.08 mm），其中 2 个弹簧分离推杆 I 与 Y 轴的夹角为 16.06°。8 个弹簧分离推杆 II 采用 Y 轴对称分布，其中 4 个与 Y 轴的夹角为 15°，另外 4 个与 Y 轴的夹角为 45°。具体分布情况如图 9-11 所示。

弹簧分离推杆 I、II 为返回舱提供分离动力，弹簧分离推杆 I、II 性能如下：

弹簧分离推杆 I 的弹力值：P_1＝1 320±65 N，P_2＝3 300±165 N，行程为 60 mm；

弹簧分离推杆 II 的弹力值：P_1＝876±44 N，P_2＝2 190±110 N，行程为 60 mm。

弹簧分离推杆 I、II 组成如图 9-12 所示。

根据两舱的质量特性以及转动惯量特性，针对分离过程建立了 ADAMS 仿真模型。结合 10 个弹簧推杆的初始推力，按标称值的分离工况开展了分析，仿真结果显示（见图 9-13）：

1）两舱没有发生碰撞等安全性问题；

2）两舱相对分离速度：0.85 m/s；

3）返回舱姿态角速度：Z 轴最大为 0.20°/s（度每秒）；

4）服务舱姿态角速度：Z 轴最大为 0.59°/s（度每秒）。

通过上述分析方法，可以针对弹簧分离推杆的实际测试数据进行仿真，也可以针对弹簧分离推杆的极限偏差力进行仿真，得到最恶劣的两舱分离偏离姿态情况，并作为两舱连接分离系统方案的优化设计依据，以确保两舱分离过程无碰撞等安全性问题。

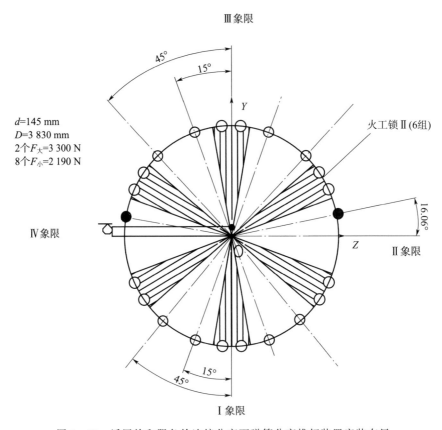

图 9-11 返回舱和服务舱连接分离面弹簧分离推杆装置安装布局

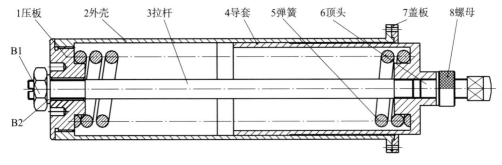

图 9-12 弹簧分离推杆 I、II 结构组成

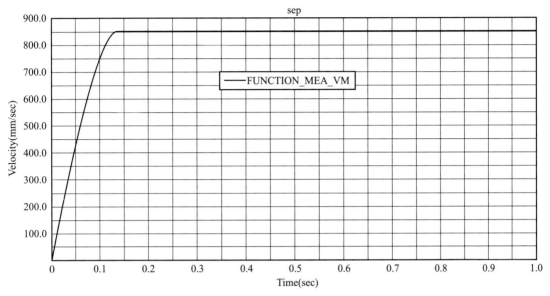

(a) 两舱相对分离速度分析结果

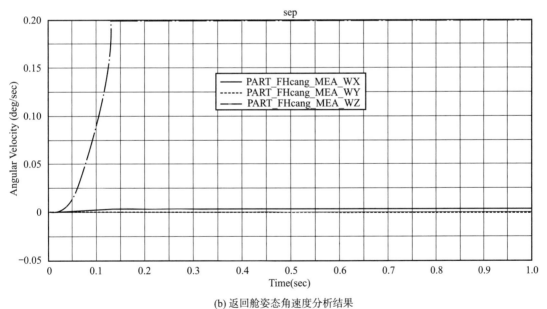

(b) 返回舱姿态角速度分析结果

图 9 - 13　标称工况两舱分离姿态分析结果

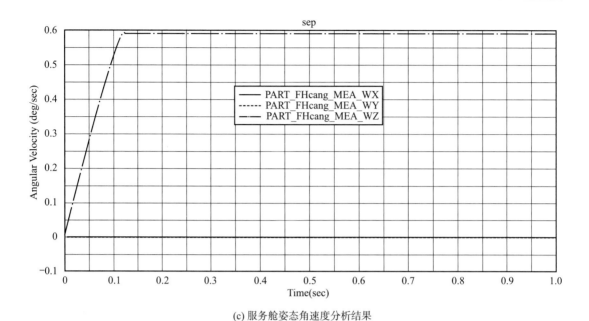

(c) 服务舱姿态角速度分析结果

图 9 - 13   标称工况两舱分离姿态分析结果 (续)

9.4.4   舱段连接分离系统典型应用案例

9.4.4.1   阿波罗飞船系统应用

美国阿波罗飞船系统应用了大量的火工装置,主要完成以下功能:逃逸塔分离、火箭发动机点火、火箭级间分离、防热罩抛离、登月舱分离、登月舱着陆解锁、登月舱推进系统的启动、降落伞的展开与释放、电路的通断、有关机构作用时间延迟、绳索切割等。对于阿波罗飞船上的所有火工装置,有三大设计原则:高可靠性、高安全性、小型化。在阿波罗飞船系统中,火工装置主要分布在发射逃逸系统(LES)、服务舱(SM)、指挥舱(CM)、登月舱(LM)等系统中。阿波罗飞船火工装置主要装药类型包括压力药筒(Pressure Cartridge)、雷管(Detonator Cartridge)、线性成型装药(LSC)、限制性导爆索(CDC)、柔性导爆索(MDF)等,按火工装置功能统计使用数量如表 9 - 3 所示。

表 9 - 3   阿波罗飞船典型火工装置应用统计表

序号	火工装置名称	数量	火工品	数量	备注
1	塔抛离发动机	1	点火药筒	2	
2	发射逃逸发动机	1	点火药筒	2	
3	俯仰控制发动机	1	点火药筒	2	
4	鸭式前翼展开推冲器	1	压力药筒	2	
5	前置防热板牵引降落伞展开弹射器	2	压力药筒	2	
6	指挥舱反作用控制系统(氦气/推进剂)阀门	16	压力药筒	16	
7	服务舱电路断流器	2	压力药筒	4	

续表

序号	火工装置名称	数量	火工品	数量	备注
8	指挥舱电路断流器	2	压力药筒	4	
9	登月舱适配器板壁展开推冲器	4	压力药筒	8	CDC
10	登月舱易卸螺栓和螺母组件	4	压力药筒	8	
11	前置防热板分离推冲器	4	压力药筒	4	
12	稳定降落伞展开弹射器	2	压力药筒	4	
13	引导降落伞展开弹射器	3	压力药筒	6	
14	稳定伞和主伞分离组件	1	压力药筒	5	
15	稳定伞和主伞收口绳切割器	26	延时切割器	26	
16	回收信标天线展开装置	2	延时切割器	2	
17	极高频天线 1 展开装置	2	延时切割器	2	
18	极高频天线 2 展开装置	2	延时切割器	2	
19	指挥舱对接环分离组件	1	雷管 LRD	2	
20	发射逃逸塔—指挥舱分离系统易卸螺帽	4	雷管	8	
21	登月舱下控制脐截断器	1	雷管	2	
22	指挥舱—服务舱控制脐截断器	1	雷管	2	
23	指挥舱—服务舱张力连接杆切割器	3	雷管 ASD	6	LSC
24	登月舱适配器板壁分离系统(切割装药)	1	雷管 ASD	2	
25	服务舱—登月舱适配器控制脐断开装置	1	爆炸序列	2	
26	登月舱(地面)旋臂控制脐截断器	1	爆炸序列	2	
27	对接探针缩回组件	1	起爆器	4	
28	登月舱分离线	1	压力药筒	1	
29	登月舱着陆解锁与切割装置	4	雷管 EDC	8	
30	登月舱上升推进系统(氦气/推进剂)阀门	6	压力药筒	6	
31	登月舱下降推进系统(氦气/推进剂)阀门	6	压力药筒	12	
32	登月舱反作用控制系统氦气阀门	8	压力药筒	8	
33	登月舱电路断流器	2	压力药筒	4	
34	登月舱控制脐截断器	1	雷管 EDC	2	
35	单桥丝阿波罗标准起爆器	/	包含在药筒及雷管中	/	92 个
36	线性成型装药(LSC)	/	/	6	
37	限制性导爆索(CDC)	/	/	16	
38	柔性导爆索(MDF)	/	/	54	
合计		118		248	

在阿波罗飞船系统中，典型的舱段间连接分系统包括指令舱逃逸塔连接分离系统、登月舱连接分离系统等，火工装置的分布情况分别如图 9-14 和图 9-15 所示。

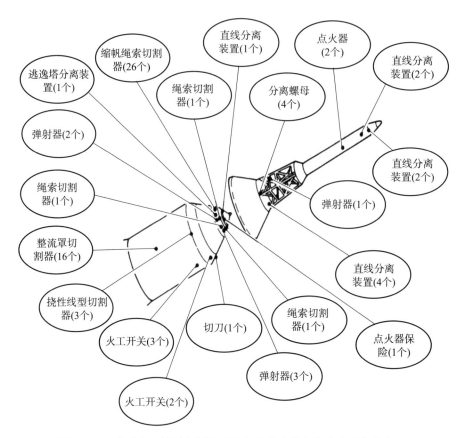

图 9 - 14　典型火工装置在阿波罗指令舱逃逸塔连接分离系统的应用

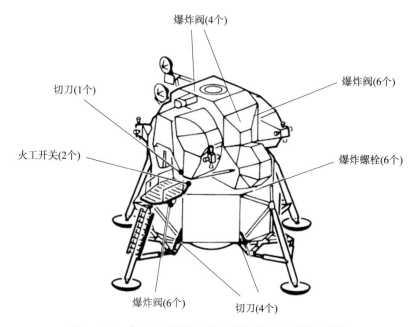

图 9 - 15　典型火工装置在登月舱连接分离系统的应用

（1）指挥舱与服务舱连接分离系统火工装置应用案例分析

在阿波罗飞船的指挥舱与服务舱连接分离系统中，使用了电路断流器、爆炸阀、控制脐截断器等火工装置。其中电路断流器主要实现指挥舱和服务舱之间的电路连接与断开控制，结构组成如图 9 - 16 所示。

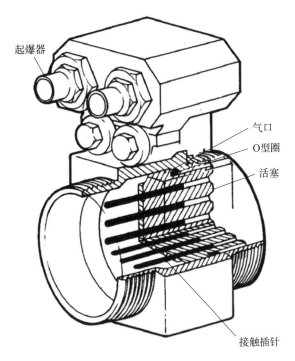

图 9 - 16　电路断流器结构示意图

电路断流器作用原理：飞船发射前，将电路断流器安装在服务舱，且将电路断流器中的活塞式插针与指挥舱提供的电路插孔进行连接，实现电路的通电功能；当接到两舱电路断流信号后，电路断流器中的两个电起爆器同时通电，并起爆内部火药产生燃气驱动活塞式插针运动，进而远离指挥舱的插孔实现两舱电路的断流功能。电路断流器通过两路起爆器的备份设计，保证火工装置能可靠点火并产生燃气，进而保证产生足够的驱动力断开电路电流。

爆炸阀也称之为电爆阀，用于实现指挥舱、服务舱等舱内气体由关到通的控制，结构组成如图 9 - 17 所示。

爆炸阀作用原理：关闭时，依靠阀门对压力导管进行隔开；当接到导通指令时，电起爆器通电并引燃火药产生燃气，燃气驱动活塞运动，并推动阀门按照预先设定的导向槽运动，使阀门的阀孔与压力导管相通，实现气体的导通。爆炸阀未采用双起爆器，也未采用双向活塞。

此外，控制脐截断器用于指挥舱和服务舱之间的分离系统，实现两舱的连接与解锁分离功能，结构如图 9 - 18 所示。

控制脐截断器作用原理：飞船发射前，通过脐带连接指挥舱和服务舱，并在脐带上

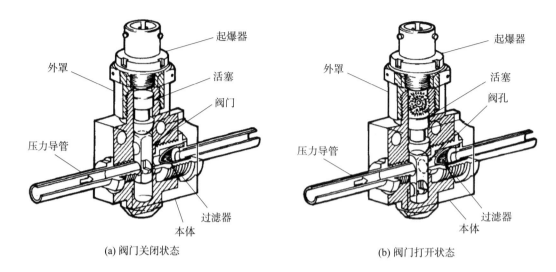

图 9-17　爆炸阀结构示意图

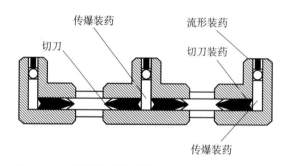

图 9-18　指挥舱-服务舱控制脐截断器结构示意图

安装切刀；当接到分离信号后，绑带切刀的三路起爆器通电，并引爆切刀中的主装药，产生燃气推动双向切刀对切脐带，实现两舱的分离。控制脐截断器通过三路起爆器和双向切刀的备份设计，既能保证火工装置可靠点火并产生燃气，又能提高双向切刀作动的可靠性。

（2）指挥舱与服务舱连接分离系统火工装置应用案例分析

在阿波罗飞船的指挥舱与服务舱连接分离系统中，使用了解锁与切割装置、电路断流器、级间分离装置、控制脐截断器等装置。其中登月舱着陆器解锁与切割装置主要实现着陆器和下降级的解锁功能，结构如图 9-19 所示。

着陆器解锁与切割装置作用原理：通过两个点火器的作用产生燃气，分别驱动活塞式切刀切断连接着陆装置和下降级的脐带，实现着陆装置和下降级的分离。其通过两路起爆器和两个切刀的备份设计，既能保证火工装置可靠点火并产生燃气，又能提高双向切刀作动的可靠性。

着陆器和上升器之间电路的通断功能通过电路断流器实现，结构如图 9-20 所示。

着陆器和上升器电路断流器作用原理：着陆器和上升器连接时，两器的电插针通过两

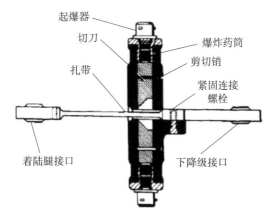

图 9 - 19　登月舱着陆解锁与切割装置结构示意图

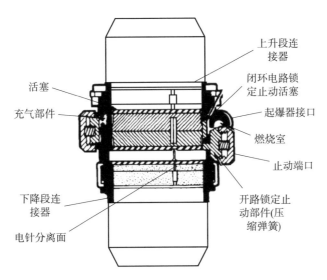

图 9 - 20　登月舱电路断流器结构示意图

端活塞的接触而导通；当点火器通电后，火药燃烧并产生燃气驱动活塞运动，使两器间的活塞反向运动，并带动电插针分离，实现两器电路的断开。其通过两路起爆器的备份设计、装药裕度设计及起爆信号的冗余设计，保证火工装置能可靠点火并产生燃气驱动活塞运动。

　　在上升级和下降段的级间，采用火工螺母分离装置实现着陆器和上升器之间连接与分离功能，结构如图 9 - 21 所示。

　　上升级和下降段的级间火工螺母分离装置作用原理：着陆器和上升器依靠螺栓和螺母连接；当两器分离时，螺栓和螺母两端的电点火器和药筒分别作用，螺栓一端依靠火药产生的高压气体切断螺栓头部薄弱环节，实现螺栓头和本体的分离；同时，螺母另一端依靠火药产生的高压气体推动内部活塞部件，实现螺栓头和螺母本体的解锁分离；当螺栓和螺母两端都实现分离功能后，两器级间分离也随之完成。该装置通过两路分离部件冗余设

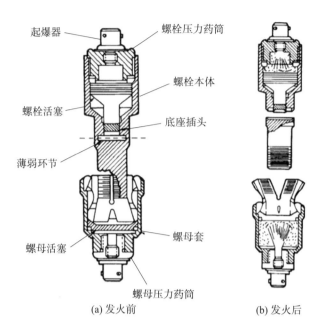

图 9-21　登月舱上升级和下降段级间分离装置结构示意图

计、装药裕度设计及起爆信号的冗余设计，保证着陆器和上升器的分离可靠性。

着陆器和上升级之间采用火工截断器实现控制脐的截断功能，其结构如图 9-22 所示。

控制脐截断器作用原理：作用前，控制脐穿过截断器的预置安装孔；截断器的起爆器通电后，火药被引燃并产生燃气推动切刀运动，切割两器间的控制脐，完成两器间的控制脐截断功能。该装置通过两个切刀对切设计、两个起爆器备份设计、装药裕度设计及起爆信号的冗余设计，保证着陆器和上升器间控制脐的可靠截断。

火工装置在阿波罗飞船中作用极其重要，一旦火工装置发生故障，则造成宇航员生命安全或任务中断，所以系统中对直接影响任务完成的火工装置均采用了冗余设计。阿波罗飞船典型火工装置的分析启示如下：

1）当完整的冗余系统因空间和重量限制而不被考虑时，一般采用双起爆器、冗余药筒、双执行机构保证火工装置的可靠性；

2）当冗余系统因空间和重量限制而不能用冗余药筒的情况下，采用双起爆器和一个药筒组合保证火工装置的可靠性；

3）在有人驾驶的阿波罗飞船系统中，为了保证火工装置最高可靠性，还采用了冗余的电路和冗余的控制装置。

9.4.4.2　好奇号火星探测器应用

美国火星科学实验室为了在火星表面投放载有 10 个科学研究装置的好奇号火星车，开展了火星探测器研制任务，并实现探测器从地球转移到火星表面，这一过程分为：巡航、再入、下降和着陆。在再入、下降与着陆阶段，探测器会经历多次分离，构型会发生

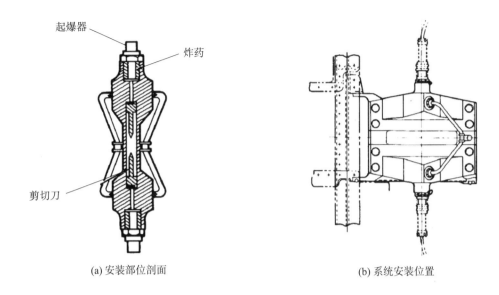

(a) 安装部位剖面　　　　　　　　　　(b) 系统安装位置

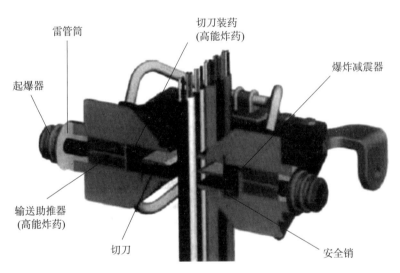

图 9 - 22　登月舱控制脐截断器结构示意图

多次变化，载荷情况也各有不同，本节针好奇号火星探测器的火工装置应用进行概述。好奇号火星探测器共采用 76 个火工装置，其中再入下降着陆（EDL）阶段使用了 42 个火工装置，共涉及四个分离面：

分离面 1：巡航级与再入飞行器分离面；

分离面 2：防热罩与后壳分离面；

分离面 3：下降级与后壳分离面；

分离面 4：火星车与下降级分离面。

此外 EDL 阶段还采用了火工装置用于配重的质量块弹射分离，吊索脐带的切割分离。探测器再入下降着陆（EDL）阶段火工装置具体应用情况见表 9 - 4 所示。

表 9 - 4　好奇号火星探测器再入下降着陆（EDL）阶段火工装置应用统计表

序号	分离动作名称	火工装置应用情况	数量	备注
1	巡航级与再入飞行器分离	5/8"（约 15.9 mm）分离螺母	6	
2	防热罩与后壳分离	3/8"（约 9.5 mm）分离螺母	9	
3	下降级与后壳分离	5/8"（约 15.9 mm）分离螺母	6	
4	火星车与下降级分离	5/8"（约 15.9 mm）分离螺母	3	
5	配重块弹射分离	3/8"（约 9.5 mm）分离螺母	8	两次分离
6	吊带与脐带的连接分离	5/8"切割器	4	三个用于切断吊带，一个用于切断脐带
7	巡航级与后壳对接面冷却回路与线缆分离	1"（25.4 mm）切割器	2	
8	后壳与下降级对接面冷却回路与线缆分离	1"（25.4 mm）切割器	2	
9	火星车与下降级对接面冷却回路与线缆分离	1"（25.4 mm）切割器	2	
合计			42	

从好奇号火星探测器的火工装置应用统计分析，火工装置主要包括火工分离螺母、切割器两种产品。

其中，火工分离螺母为 Hi‑Shear 公司产品，采用双点火器，单解锁分瓣螺母解锁机构，火工分离螺母可靠性 0.999 95（置信度 0.95）。火工分离螺母的外形以及实物状态如图 9 - 23 所示。

图 9 - 23　好奇号火星探测器应用的火工分离螺母结构

好奇号分离螺母在级间分离系统的应用安装如图 9 - 24 所示，包括球轴承、分离螺栓、分离弹簧、缓冲蜂窝等零部件。其应用将火工连接解锁机构与弹簧分离机构进行了一体化设计，该种方案可以实现减重设计，同时通过缓冲蜂窝的预置，可以减缓火工分离螺母解锁后产生的分离冲击。

此外，火星车着陆后，吊带与脐带的连接分离采用四个 5/8"切割器实现，三个用来切断吊带，一个用来切断脐带，如图 9 - 25 所示。火工切割器采用双点火器、单切刀实现解锁。

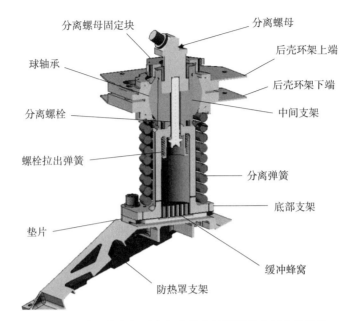

图 9 - 24　火工分离螺母在好奇号火星探测器应用安装结构

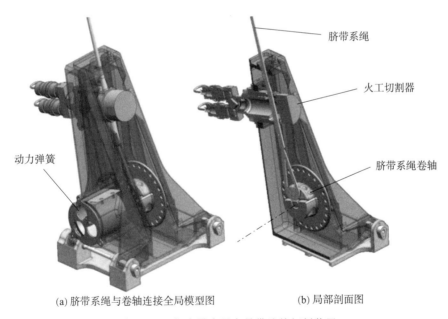

(a) 脐带系绳与卷轴连接全局模型图　　　　　　(b) 局部剖面图

图 9 - 25　好奇号火星车吊带连接切割装置

火工装置在好奇号火星探测器中作用极其重要，通过火工装置应用分析启示如下：

1) 美国火星科学实验室研制的好奇号火星探测器会经历多次分离，构型会发生多次变化，应用火工装置的种类较少，主要采用成熟的火工分离螺母和火工切割器两种产品，确保火工装置的可靠性；

2) 火工分离螺母和火工切割器只有解锁功能，好奇号探测器通过与分离螺母配套的推力弹簧提供分离力，切割器解锁后由重力提供分离力，实现连接分离系统的重量最优化。

9.4.4.3 神舟飞船系统应用

神舟飞船由轨道舱、返回舱、推进舱和附加段组成，如图9-26所示。舱段之间共有二个机械对接面，即轨道舱与返回舱对接面（I-I面）和推进舱与返回舱机械对接面（II-II面），各连接面的连接分离机构预紧力设计方法参考3.3.3节。

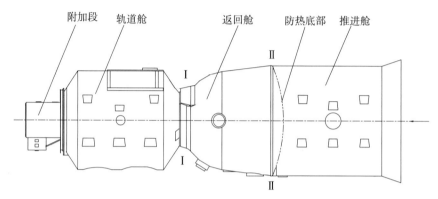

图9-26 神舟飞船舱段布局和舱段对接面位置图

神舟飞船舱段之间连接与分离系统方案的组成以及舱段之间的功能关系如图9-27所示。

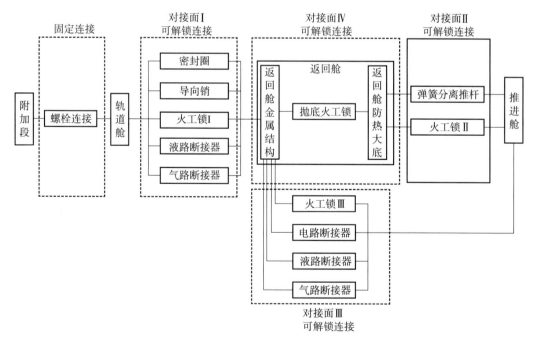

图9-27 神舟飞船舱段连接与分离系统架构图

在返回舱防热底部与返回舱侧壁的连接与分离面上，由均布的 5 个火工抛底锁（简称为抛底锁）将防热底部通过密封端框与返回舱下端框相互连接。受空间位置和布局的限制，抛底锁采用了兼有连接、释放与分离功能的楔块式火工锁。抛底锁在返回舱上的安装状态如图 9 - 28 所示，其安装位置与上述火工锁 II 相对应。

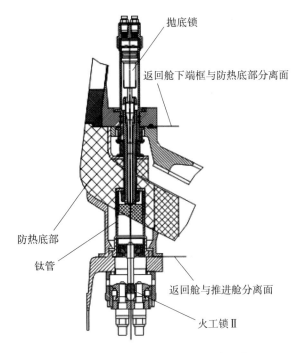

图 9 - 28　神舟飞船舱段抛底锁安装示意图

抛底锁上部与返回舱侧壁下端框为径向密封连接，抛底锁下部用两个螺母与防热底部的钛管连接。抛底锁承受连接面之间的拉载荷，将返回舱轴向载荷传递到钛管上，再通过上述爆炸螺栓式火工锁传递到推进舱。在飞船再入大气，防热底部被烧蚀后，抛底锁可以将防热底部抛掉。当接到抛底指令后，抛底锁的电起爆器工作，引燃主装药，产生的高压燃气力推动楔块支撑杆向前运动，使楔块落下，从而使连接杆与外套筒之间失去约束，完成了防热底部的释放。然后楔块支撑杆和防热底部继续向前运动，最后把防热底部和抛底锁的分离组件一起以大于 0.1 m/s 的速度分离出去，抛底后的状态如图 9 - 29 所示。

9.4.4.4　嫦娥五号探测器应用

我国嫦娥五号月球探测器系统由上升器、着陆器、返回器（位于轨道器内）和轨道器组成，各器间采用了火工装置实现连接与解锁分离功能，构型如图 9 - 30 所示。

嫦娥五号月球探测器系统火工装置主要涉及火工锁、火工切割器、分离螺母、管路电爆阀、火工作动器以及回收分系统相关的弹射器、伞绳切割装置以及抛盖锁等。在嫦娥五号月球探测器系统中共使用 119 个火工装置，共涉及机构、分离机构、热控、回收、采样与封装、推进、供配电、天线、回收、有效载荷等 9 个分系统，主要分布如表 9 - 5 所示。

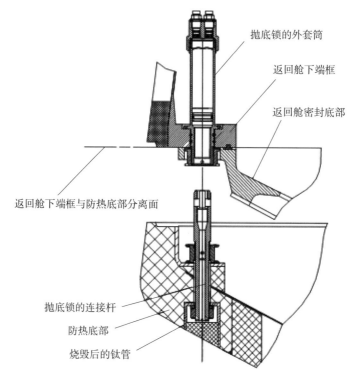

抛底锁的外套筒

返回舱下端框

返回舱密封底部

返回舱下端框与防热底部分离面

抛底锁的连接杆

防热底部

烧毁后的钛管

图 9 - 29　防热底部抛出后返回舱的状态

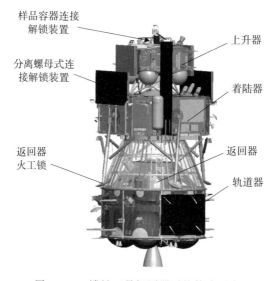

样品容器连接解锁装置

分离螺母式连接解锁装置

返回器火工锁

上升器

着陆器

返回器

轨道器

图 9 - 30　嫦娥五号探测器系统构成示意

表 9 - 5　嫦娥五号月球探测器火工装置应用情况统计表

序号	分系统	产品名称	数量	安装位置	对探测器系统影响
1		火工锁	4	轨道器与返回器连接点4个	产品失效将导致返回轨返不能解锁,分离失败,返回器无法正常再入返回
2		火工切割器	6	样品容器连接解锁装置1个；轨道器与返回轨返摆杆1个；返回器样品舱样品容器锁紧装置1个	产品失效将导致样品容器不能解锁,样品无法转移；产品失效将导致轨返返摆杆不能解锁,分离失败；产品失效将导致样品容器无法在样品舱内可靠固定
3	机构	拔销器	2	着陆缓冲主支柱着陆销针3个；着陆器顶板、电连接器强制脱装置	产品失效将导致探针解锁失败,损失一路着陆信号
4		1.2T 分离螺母	5	返回器前端舱门压紧释放装置1个；着陆器着陆腿压紧释放装置4个	产品失效将导致返回器舱盖不能解锁,样品舱关闭失效,返回器气动外形改变,进而影响再入返回气动外形；产品失效将导致着陆腿无法展开,展开失败,进而影响着陆稳定性
5		3T 分离螺母	4	上升器支架与上升器结构	产品失效将导致上升器不能解锁,起飞任务失败
6	分离机构	双作动火工分离母	24	轨道器柱段与锥段之间12个；轨道器柱段之间8个；轨道器柱段与对接舱结构之间4个	火工品不工作,导致分离装置无法解锁,探测器系统行飞行试验失败
7	热控	环路热管电爆阀	2	返回器环路热管2个	产品失效,对系统任务无影响,无法释放环路热管热量,影响系统安全性
8	推进	高压气路电爆阀	7	上升器推进管路2个；着陆器推进管路3个；轨道器推进管路2个	探测器中用于高压气路与贮箱可靠隔离的电爆阀起爆导致贮箱无法增压。整个推进分系统失效,探测任务失败。两只电爆阀配合使用是为消除单点失效,任一只失效不会造成降级。着陆器中用于气体钝化的电爆阀打开失效导致着陆器气路无法钝化,对着陆器安全造成威胁。任一只失效不会造成功能降级
9		液路电爆阀	18	上升器推进管路6个；着陆器推进管路6个；轨道器推进管路6个	贮箱下游液路电爆阀打开失效将导致推进剂无法充填至下游发动机管路,导致发动机无法工作,推进分系统实现任务失败。任一分支管路,三只电爆阀其中一只打不开对分系统推进实现无影响,增加分支式电爆阀的目的就是消除单点失效

续表

序号	分系统	产品名称	数量	安装位置	对探测器系统影响
10	采样封装	火工作动器	1	密封封装装置盖体内	影响金属挤压密封效果，影响密封漏率，影响月球样品
11	采样封装	火工切割器	7	着陆器+X面采取装置支撑结构顶部1个；钻取采样装置支撑结构中部1个；钻取采样装置上升器顶面2个	影响表取任务实现；影响钻取任务实现；影响上升器起飞上升
12	供配电	火工切割器	8	轨道器太阳翼压紧点8个	单点故障时，单侧太阳翼无法展开，导致整器供电不足
13	供配电	火工切割器	12	着陆器太阳翼压紧点4个；上升器太阳翼压紧点8个	单点故障时，单侧太阳翼无法展开，导致整器供电不足
14	天线	火工切割器	1	轨道器定向天线压紧释放底座1个	该火工切割器失效会导致轨道器在环月工作阶段，无法完成遥测数据和工程参数测量分系统的对地传输
15	天线	火工切割器	1	着陆器定向天线压紧释放机构	该火工切割器失效会导致着陆器在月面工作阶段无法完成数据测量分系统，有效载荷分系统生成数据的对地传输
16	回收	弹射器	4	返回器伞舱法兰	伞舱盖弹射失败，降落伞不能拉出，返回器硬着陆
17	回收	非电传爆	2	返回器伞舱	弹射起爆失败，伞舱盖弹射失败，返回器硬着陆
18	回收	减速伞脱伞器	2	回收分系统连接分离机构	减速伞不能正常脱伞，主伞不能正常拉出，返回器硬着陆
19	回收	主伞脱伞药盒	1	回收分系统连接分离机构	着陆后脱主伞失败，返回器会被主伞拖拽
20	回收	天线盖火工锁	2	返回器侧壁	天线盖弹射失败，返回器着陆后不能正常发送回收信标，影响着陆搜索功能
21	有效载荷	火工切割器	1	着陆器相机转台锁紧机构	单点失效时，相机转台无法旋转，定位功能失效
22	有效载荷	火工切割器	1	轨道器对接舱中心板上的国旗展示系统压紧释放装置	产品失效将导致舱上的国旗展示系统无法展开
23	喷气转移	电爆阀（气路）	1	上升器隔舱板的高压气路	产品失效将导致高压气路失效，无法实现样品容器转移
24	样品转移	火工切割器	3	轨道器对接舱中心板上的导轨	产品失效将导致无法实现样品容器转移
合计	—	—	119	—	

　　在嫦娥五号月球探测器系统中，主要采用火工装置组合实现多个器间的连接与分离功能，其中，返回器与轨道器之间通过 4 个火工锁实现机械连接与解锁，上升器与着陆器之间通过 4 个分离螺母模块实现连接与解锁。

　　由于探测器的返回器下端为球形，对返回器与轨道器的连接造成一定困难。为此，在返回器防热底部上预先埋下 4 个钛合金支撑管，插到轨道器上端框的 4 个安装孔内，它们的端面形成一个对接平面，用来与轨道器的上端框对接面对接。

　　4 个火工锁Ⅱ装在推进舱上端框上，火工锁的连接螺栓拉紧钛管，将 4 个钛管与推进舱上端框连接在一起。采用直接电起爆方式引爆火工锁的两个爆炸螺栓，由此实现返回器与轨道器之间连接的释放，释放时间为 40 ms 左右；火工锁具有冗余设计，只要一个爆炸螺栓工作，就可以实现火工锁的解锁功能。

　　另外，在轨道器上端框上安装 3 个大弹簧分离推杆和 1 个小弹簧分离推杆，均利用弹簧的压缩弹性势能作为动力源实现两器的分离。图 9 - 31 的左图表示了火工锁Ⅱ和弹簧分离推杆沿周向的布置方式，右图分别表示了火工锁Ⅱ和大弹簧分离推杆在推进舱上端框上的安装状态。

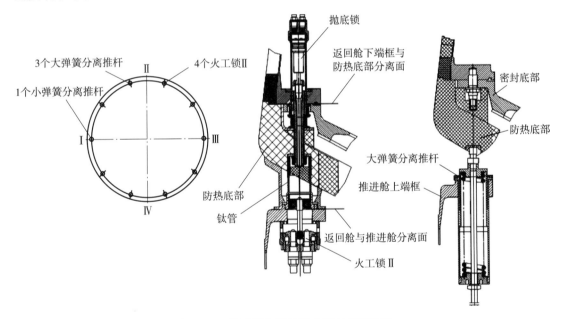

图 9 - 31　轨道器与返回器之间对接面设置

9.5　国内外航天器典型应用特征对比分析

　　火工装置在航天器的应用多数为单点设置，任一发火工装置失效都有可能带来灾难性的影响。以美国阿波罗飞船系统和我国嫦娥五号月球探测器的火工装置应用特征进行对比分析得出，系统应用的核心思想是通过火工装置的冗余设计，确保系统的高可靠性。对比情况见表 9 - 6。

通过对阿波罗飞船系统和嫦娥五号月球探测器系统所用火工装置的对比分析，得到以下启示：

1）阿波罗飞船系统和嫦娥五号月球探测器系统应用火工装置思路大致相同，均为尽可能地选用成熟产品，并根据飞行任务需要进行适应性设计与改进，进一步提高产品固有可靠性，有利于进一步降低系统研制风险。

2）两个系统均侧重于执行机构冗余设计实现高可靠性。虽然国内外火工装置结构种类众多，但多数结构为单一执行机构、双点火器，该种产品只能实现点火的冗余设计，对于单套执行机构，一旦运动出现故障，则整个产品失效，甚至影响整个航天任务。因此，随着国内火工装置技术的发展，未来我国航天器对火工装置的综合性能要求越来越高，主要表现为对高可靠、点火与执行机构双冗余的火工装置的需求会越来越迫切。

3）点火器侧重于通用化、标准化。美国的所有火工装置基本都是用同一种点火器，其考虑是点火器的研制成本高，且可靠性要求高，因此将所有精力和经费集中在一个点火器上，则有利于实现不同火工装置的标准化使用。我国目前点火器种类相对多一些，未来需要逐渐固化为一种到两种，并实现通用化、标准化。

4）火工装置侧重于通用化、模块化。因能同时满足航天器串、并联发射，兼顾舱段之间连接分离和本体与部件之间连接解锁，点阵连接、作动元件模块化组合应用已成为火工分离装置的发展方向。

表9-7通过建立可靠性模型，对阿波罗飞船火工装置和嫦娥五号月球探测器火工装置的可靠性对比，嫦娥五号月球探测器火工锁采用了多冗余设计思路，而分离螺母、火工切割器则在单冗余设计思路基础上，对执行机构进行了简化，主要基于如下考虑：

1）当将火工切割器的活塞机构和分离螺母的解锁机构执行可靠性近似为1时，嫦娥五号月球探测器和阿波罗飞船火工装置的冗余设计的可靠性相等。但实际执行机构的可靠性较难评估，需要通过足够的裕度进行保证，并采用高压气源模拟火药产生的高压气体进行验证，以确保执行机构有足够高的可靠性。

2）嫦娥五号月球探测器受重量和安装空间限制时，采用了阿波罗飞船的设计思想，即当完整的冗余系统因空间和重量限制而不被考虑时，一般采用双起爆器、冗余药筒、双切刀等方式保证火工装置的可靠性；当冗余系统因空间和重量限制而不能用冗余药筒的情况下，采用双向起爆器和一个药筒组合保证火工装置的可靠性。

3）相比阿波罗飞船火工装置，嫦娥五号月球探测器较多地采用了火工分离螺母、火工锁等产品，其基于"强连接、弱解锁"思想，不仅承载能力较大，还具有分离冲击小、结构小型化等特点。

表 9 - 6　嫦娥五号月球探测器和阿波罗飞船典型火工装置冗余设计对照表

火工装置	嫦娥五号月球探测器	阿波罗飞船	对比分析
火工切割器	21±0.1　本体组件　2-φ5.2　点火器组件　45.2 双起爆器、单药筒的组合方式	爆炸药筒　剪切销　紧固连接螺栓　上升器接口　起爆器　切刀　扎带　着陆腿接口 双向起爆器、对位双药筒、双切刀组合方式	1）点火器均采用并联方式，点火可靠性一样； 2）嫦娥五号月球探测器火工切割器采用活塞式单刀方式，并采用药量冗余设计保证切割功能可靠；切割单刀对切，切割后省重量和安装空间； 3）阿波罗飞船采用双刀对切，切割后双刀撞击产生冲击大，易损环切刀，且质量大，对系统安装空间要求高
火工分离螺母	点火器　套筒活塞　螺母瓣 双起爆器、单药筒的组合方式	螺栓压力药筒　螺栓本体　底座插头　起爆器　螺栓活塞　薄弱环节　螺母套　螺母压力药筒　螺母活塞 双向起爆器、对位双药筒组合方式	1）点火器均采用并联方式，点火可靠性一样； 2）嫦娥五号月球探测器采用"强连接，弱解锁"思想设计活塞式火工分离螺母机构，并通过药量冗余设计保证锁可靠性，分离冲击小，便于省重量和安装空间； 3）阿波罗飞船螺母采用双起爆器、双药筒，螺栓和螺母组合等方式，螺栓一端分离产生冲击大，分离后产生碎片，对系统安装空间要求高

续表

火工装置	嫦娥五号月球探测器	阿波罗飞船	对比分析
火工锁	 爆炸螺栓　缓冲垫　防护罩　锁体　导套　枢轴　锁母　支架　返回器钛管 双起爆器、同向双药筒的组合方式	 起爆器　螺栓压力药筒　螺栓本体　底座插头　螺栓活塞　薄弱环节　螺母活塞　螺母套　螺母压力药筒 双向起爆器、对位双药筒组合方式	1) 点火器均采用并联方式,点火可靠性一样; 2) 嫦娥五号月球探测器火工锁采用双起爆器,同向双药筒的冗余式活塞式设计机构解锁可靠性高,并通过药量冗余设计保证活塞分离空间,便于节省重量和安装空间; 3) 阿波罗飞船采用双起爆器,双药筒,螺栓和螺母采用双起爆器方式,螺栓一端冲击大,分离后产生碎片,且质量大,对系统安装空间要求高。

表 9 - 7　嫦娥五号月球探测器和阿波罗飞船典型火工装置可靠性对照表

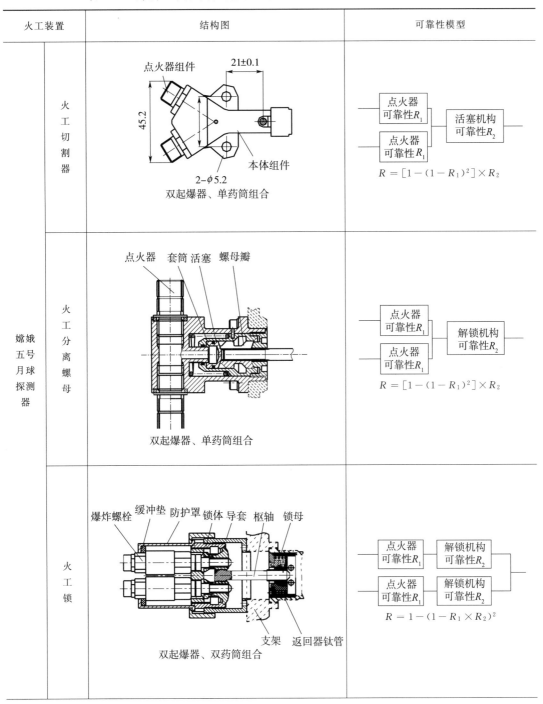

火工装置		结构图	可靠性模型
嫦娥五号月球探测器	火工切割器	点火器组件　21±0.1 45.2　　本体组件 2-φ5.2 双起爆器、单药筒组合	点火器可靠性R_1　点火器可靠性R_1　活塞机构可靠性R_2 $R = [1-(1-R_1)^2] \times R_2$
	火工分离螺母	点火器　套筒　活塞　螺母瓣 双起爆器、单药筒组合	点火器可靠性R_1　点火器可靠性R_1　解锁机构可靠性R_2 $R = [1-(1-R_1)^2] \times R_2$
	火工锁	爆炸螺栓　缓冲垫　防护罩　锁体　导套　枢轴　锁母 支架　返回器钛管 双起爆器、双药筒组合	点火器可靠性R_1　解锁机构可靠性R_2 点火器可靠性R_1　解锁机构可靠性R_2 $R = 1-(1-R_1 \times R_2)^2$

续表

火工装置		结构图	可靠性模型
阿波罗飞船	火工切割器	起爆器　爆炸药筒　切刀　剪切销　扎带　紧固连接螺栓　着陆腿接口　上升器接口 双向起爆器、双药筒、双切刀组合	点火器可靠性R_1　活塞切刀可靠性R_2 点火器可靠性R_1　活塞切刀可靠性R_2 $R = 1 - (1 - R_1 \times R_2)^2$
	连接与分离装置	起爆器　螺栓压力药筒　螺栓本体　螺栓活塞　底座插头　薄弱环节　螺母活塞　螺母套　螺母压力药筒 双向起爆器、对位双药筒组合	点火器可靠性R_1　螺栓作动可靠性R_2 点火器可靠性R_1　螺母解锁可靠性R_3 $R = 1 - (1 - R_1 \times R_2)(1 - R_1 \times R_3)$

9.6　典型火工装置故障案例

　　火工装置在航天器系统中扮演着十分重要的角色,人类至今已广泛应用了近60余年,原因是火工装置可完成快速解锁、释放、分离、切割等功能,相比其他实现方式更加节省资源,如果没有火工装置,航天技术的发展势必受到影响。多数工程研制人员都深有体会,火工装置不是一门简单的专业,其涉及的学科较为广泛,属于交叉学科,其应用更像"艺术"一样,存在各种不确定性以及创造性。

　　火工装置应用这门"艺术"的成功前提是通过提高功能裕度。对于火工装置而言,依靠装填充足的火炸药来使装置实现预定功能本身并不难,但要进行精确的装药设计,界定作功裕度却是非常困难的。如果装药过多,就会引发其他问题,例如结构失效和过大的冲击。为什么说火工装置应用是一门艺术,是有许多理由的:

　　1) 火工装置装有火药,由于不同火炸药的爆炸能量大小不同,作功力学响应特性也相应不同,而且无法直接测量,只能依靠旁证的方法进行验证。火工装置像是一个"黑匣子",对于航天器系统设计师而言,并不需要掌握火工品的内部结构。

2）对于已定型的火工装置，在任何一个航天器应用时，都需要重新进行批抽检试验，以达到对每一批次产品进行质量一致性验证目的。

3）火工装置从设计、生产到应用，资深设计师都知道每一步需要做什么，因为他们和火工装置打交道多年，而且有规范手册和标准可依。另外，我们现在使用的火工装置大多数以成功飞行多年的产品为基线，状态一致。

4）系统设计师通常没有时间去研究火工装置设计细节，但为了赶上航天器飞行计划进度，又不得不快速分析火工装置失效模式，做好失效预案。当然，为了保证火工装置成功得到应用，需要以"首飞"的心态去对待每一次验证试验，悉心研究理解装置的各项性能参数。进行火工装置功能验证时，应从一批精密制造的火工装置中取小样本进行批抽检试验，并从系统应用角度，确定火工装置的功能余量，并对可靠性加以评估。实际应用过程中，不仅要求火工装置遵守设计规范与研制流程，还要求系统应用时进行充分的验证，确保应用边界没有超出火工装置的验证边界。

通常而言，航天器火工装置在产品设计过程，主要遵照标准执行试验验证，并逐渐以成熟产品固化状态。但在航天器实际应用过程中，虽然产品已经经历在轨飞行验证，也可能连续发生应用故障。例如，NASA 的两种通用火工装置历经了 20 余年的成功飞行试验，但在后来的一次飞行任务中出现了故障。其中一个是火工锁，在火星表面执行天线释放任务中失效了，经调查分析，该产品的工艺和设计均未更改；另外一个是航天器用的火工分离插头，连续 20 年内每年都有数次飞行验证，均成功完成任务，然而在一次地面试验时出现了故障。经分析，专家普遍认为类似故障的原因是火工装置的性能测试采用的是旁证方法，在功能裕度、性能裕度设计方面存在难度，而且可靠性验证方法得到的可靠性指标无法通过计数法予以证实。

本节针对国内外的一些典型火工装置应用案例进行分析，包括结构强度设计失效、密封设计失效、环境适应性失效等，为火工装置在航天器工程的应用提供经验借鉴。

9.6.1 典型结构强度失效案例

9.6.1.1 "膨胀管"式火工分离机构应用故障

"膨胀管"式火工分离机构的发展和应用是在 20 世纪 60 年代末期，美国应用火工分离机构实现半人马座火箭有效载荷保护罩的连接分离系统以及航天飞机载荷的展开系统，如图 9-32 所示。

图 9-33 是火工分离机构的结构示意图，其工作原理是通过炸药爆炸使得膨胀管膨胀，在两侧产生一个拉力，在分离板预置凹槽位置产生结构破坏从而实现两端结构完成分离。爆炸的点火、能量的传递通过导爆索、膨胀管、分离板实现，分离板的材料为 7075 - T6 牌号的铝合金。

图 9-34 所示的"膨胀管"式火工分离机构虽然原理相同，但分离板关键尺寸不同。其中，伽利略卫星应用的机构在分离板预置凹槽处的厚度仅有 0.635 mm，半人马座火箭应用的机构在分离板预置凹槽处的厚度为 1.07 mm。

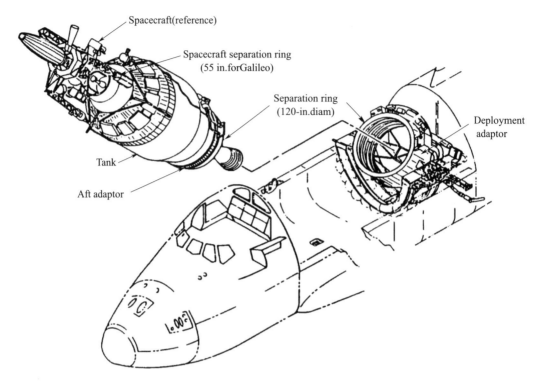

图 9-32　"膨胀管"式分离机构在航天飞机与半人马座火箭应用

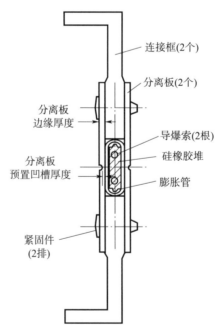

图 9-33　"膨胀管"式火工分离机构

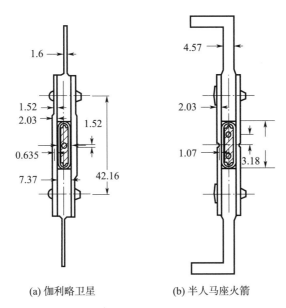

(a) 伽利略卫星　　　　　　(b) 半人马座火箭

图 9 - 34　"膨胀管"式火工分离机构分离板关键尺寸（图示尺寸单位为 mm）

1984 年，在一次地面低温验证试验中，半人马座火箭系统发生了故障，分离机构的分离板强度不够发生断裂，导致火箭有效载荷保护罩沿整个周向分离，经故障分析认为断裂原因如下：

1）炸药爆炸产生的爆炸冲击使得"膨胀管"式火工分离机构的分离板预置凹槽处受损或者变弱。

2）膨胀管的膨胀力导致分离板产生弯曲，使得有效载荷保护罩铰链线的转动更紧。当分离板的壁厚较小时或材料强度偏小时，会加速分离板弯曲的产生。

3）爆炸冲击在主轴线上产生一个拉力加速了分离板结构失效。

针对上述问题，半人马座火箭系统的研发人员决定将分离板的材料由牌号 7075 T6 退回到牌号 7075 T73 状态，以避免 7075 T6 的抗腐蚀性导致分离板强度下降问题。并用 7075 T73 材料做成一块短板进行了试验验证。但实际上，材料的更换虽然加强了分离板的强度，但系统的分离功能裕度大幅下降，几乎减小到零。失效试验结果表明，分离板厚度为 2.16 mm 时能成功分离，而厚度为 2.18 mm 时则没有成功分离。虽然材料的断裂特性是最重要的参数，分离板壁厚是第二重要的参数，但是利用所有试验数据进行判定和比较，最终认为需要加强分离板的壁厚，增加分离板的结构强度裕度，避免再次发生强度失效问题。

9.6.1.2　某爆炸螺栓作动后出现活塞轴肩开裂

某爆炸螺栓火炸药爆炸后，推动活塞运动完成预定功能后，活塞的前端轴肩与壳体会发生碰撞限位，在一次试验过程发生了活塞前端轴肩环形开裂情况，如图 9 - 35 所示。

经故障分析认为该问题是因为爆炸螺栓的活塞前端轴肩强度过低，为了解决该问题，将活塞前端轴肩厚度由 3mm 改为 5mm 以提高活塞前端轴肩强度，后端轴肩由 5 mm 改为

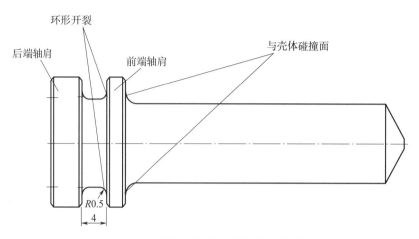

图 9-35　某爆炸螺栓活塞开裂位置示意

3 mm 以保持活塞全长不变，同时将前端轴肩和后端轴肩之间的密封槽根部圆角由 $R0.5$ 改为 $R1.5$，增大圆角，增加前端轴肩的抗剪切能力。图 9-36 为某爆炸螺栓活塞开裂问题更改后状态。

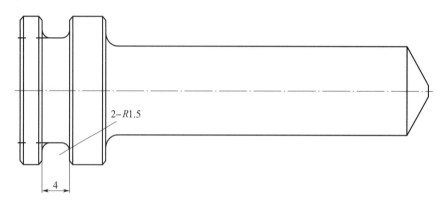

图 9-36　某爆炸螺栓活塞开裂问题更改后状态

　　该故障问题启示我们，对于火工装置的高速撞击运动部件要重点关注，其结构强度在设计过程中可以采用仿真分析进行预示，且在倒角处要避免应力集中现象。

9.6.2　典型密封失效案例

　　密封是火工装置设计的一个重要内容，关系到产品实现预定功能与性能。国内外航天器火工装置研制过程中，均多次遇到密封失效问题。

9.6.2.1　火工推杆密封失效故障

　　某火工推杆在海盗号火星探测器得到了成功应用，并助力海盗号火星探测器成功着陆火星，此时，另 2 个航天器系统也想应用该火工推杆产品。NASA 朗力研究中心建议直接继承使用海盗号火星探测器项目剩下的火工推杆，而 JPL 计划进行一些改进设计，把它的机械接口做成一个三角形固定结构，并用在麦哲轮飞船上。但 JPL 在改进研制试验过程中，有一个火工推杆发生作动行程只实现了 1/2 的故障。随后放弃了改进设计，转而采用海盗号火星探测器原先的设计状态。后来，NASA 朗力研究中心针对这次故障进行故障分析。

如图 9 - 37 所示，海盗号火星探测器应用的火工推杆只要一个点火器工作就能完成功能，产生的气体通过活塞后面的一个直径 2.54 mm 的孔排出，只要 356 N 的剪力即可切断定位销，且依靠剩余能量把活塞推动到另一端，从而实现系统预定的推动功能。

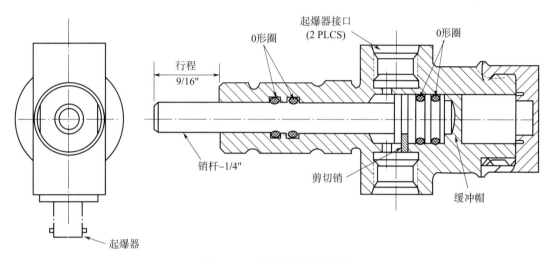

图 9 - 37　火工推杆结构组成

海盗号火星探测器应用过程中，通过测试火工推杆最大时刻的压力来改进推杆的运动行程，达到一个合理的范围。试验验证时，在火工推杆上安装一个传感器，测得火工推杆获得预定行程所需的压力以及装药量，并基于试验测试数据进行了 2 倍装药量裕度设计，然后经过 150 次不间断的测试，包括严格的环境试验和分系统级功能验证，最终确保了海盗号火星探测器任务的成功。然而一个如此成熟产品怎么会在 20 年后应用过程发生了故障呢？NASA 朗力研究中心的失效分析证明是峰值压力参数研究不够透彻，且发现是因 O 形密封圈设计存在缺陷导致峰值压力出现偏差，具体原因如下：

1）壳体表面的镀层被内部活塞擦掉，并粘附在 O 形密封圈上，影响了密封。

2）活塞表面的二硫化钼/石墨润滑剂被定位销擦掉，附着在 O 形密封圈周围，影响了密封。

3）随着密封失效，工作容腔内的压力峰值降低了，减少了燃烧效力，最终表现为行程减小。

针对该问题的解决方案是在活塞装配过程中涂润滑剂，确保壳体与推杆活塞的装配不产生多余物，润滑剂选用的是聚四氟乙烯。此外，每次点火后解剖产品检查，测量行程变化量并推测点火器能量传递效率，同时检查 O 形密封圈情况，监测批次产品质量控制状态。

9.6.2.2　爆炸螺栓密封失效故障

某爆炸螺栓是星箭解锁装置的连接解锁部件，在卫星总装时可提供分离包带的预紧力，保证发射及动力飞行阶段卫星与火箭可靠连接。星箭分离时，在电激励作用下点火器工作，火工组件产生的高压气体推动本体组件的活塞杆并使螺栓本体从预置缺口处断裂，解除分离包带的预载荷，实现解锁功能。产品于 20 世纪 90 年代完成研制与鉴定，期间生产了多个批次产品，先后应用于多个遥感型号地面及飞行试验任务，在轨成功飞行近百发，未发生质量问题。后来，某深空探测型号的火工锁也应用了类似爆炸螺栓结构，并采用了相同的原理，在其摸底试验过程中，发现 3 发低温真空发火产品和 1 发常温真空发火产品的前端发生爆轰产物泄漏现象。解剖爆炸螺栓后，发现泄漏产品与未泄漏产品均存在爆轰产物越过密封圈密封位置。后经研究确认，爆炸螺栓产物外泄是在产品解锁功能可靠实现后发生的，不会影响到产品功能实现，泄漏主要原因是密封功能失效。

对爆炸螺栓的工作原理进行分析：火工组件发火后产生高压气体推动活塞向前运动，使螺栓本体在预置缺口处断裂，完成解锁。解锁过程中，密封圈起第一道密封作用，聚氨酯垫圈起第二道密封作用。但密封圈压缩率为 0～12.12％，前端聚氨酯垫圈在高温下易熔化，密封效果不稳定。爆炸螺栓密封结构设计状态如图 9 - 38 所示。

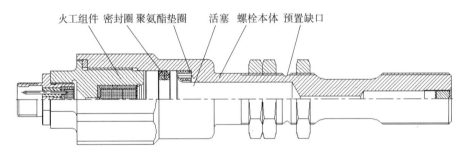

图 9 - 38　爆炸螺栓密封结构原理图

针对该问题，一方面通过改进活塞密封槽尺寸，提高密封圈的压缩率；另一方面采用 3.5.2 节的"软基＋硬基"末端自封闭密封法，在保证不影响活塞运动行程前提下，将聚氨酯垫圈与螺栓本体之间增加紫铜垫圈。试验最终证明了改进后爆炸螺栓的解锁功能、密封效果均满足要求，实现了最终的强密封效果，改进前后密封结构如图 9 - 39 所示。

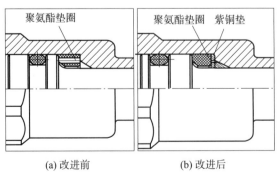

(a) 改进前　　　　　　　　(b) 改进后

图 9 - 39　改进前后密封结构状态

9.6.3　典型环境适应性失效案例

火工装置应用过程，不仅要关注产品本身的温度、力学等环境适应性分析，还要关注包括润滑剂辅料、短路保护插头、工装等使用可适应环境条件，特别要识别极端温度、极端力学边界条件的影响。本节以火工装置产品研制过程发生的相关失效案例进行阐述，作为火工装置研制过程的经验启示。

9.6.3.1　某火工锁低温单边解锁异常

某火工锁在初样研制阶段，进行 27 发产品鉴定发火试验时，按试验计划先开展低温单边发火试验，将 9 发产品放置在低温箱中，并针对每发产品充氮气防止凝露，低温 −60 ℃ 条件下保温 4 小时后，在温箱内逐一进行单边发火试验，并在锁母组件 19 mm 处通过靶线测试解锁信号，试验状态如图 9 - 40 所示。

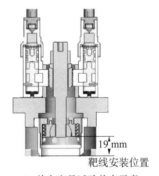

(a) 产品放置状态　　　　　　　(b) 单个产品试验状态示意

图 9 - 40　火工锁低温单边试验件状态

试验过程，第 1 发产品单边发火正常解锁，采集到解锁信号，且从温箱玻璃外观察到锁母组件弹出，在随后第 2 发产品的单边发火试验时发现：

1）听到温箱内有解锁动作声音；

2）测时靶线未采集到解锁信号；

3）从温箱玻璃观察到锁母组件未弹出。

随后立即打开温箱对该发产品进行观察，发现齿环与单边点火一侧的锁块未脱开，但目测锁块回缩 1 mm 左右（图 9 - 41 所示 $L_1 - L_2$）。

为进一步检查故障产品，将温箱进行升温，待到 −10 ℃ 时开箱再次检查，单边点火一侧的锁块回缩到位，与齿环正常脱开，测试解锁信号的靶线已被撞断，锁母组件带着连接螺栓、齿环、预紧螺母的组合体与座体正常分离，与正常解锁状态一致，如图 9 - 42 所示。

针对故障问题进行了调查分析，经分析确定原因是锁块与座体、活塞筒配合的四个侧面涂了二硫化钼锂基脂（如图 9 - 43 所示），而二硫化钼锂基脂的适用温度范围为 −20 ℃～150 ℃，在低温条件下粘度增加。由于该原因，导致低温 −60 ℃ 条件下锁块回缩阻力增大，锁块无法回缩到位，进而致使火工锁鉴定件单边低温解锁过程齿环与锁块未能正常脱开。

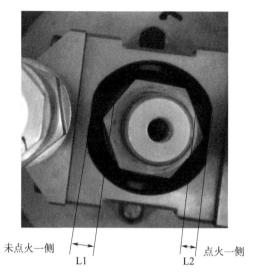

未点火一侧　→|←　　　　　　　　→|←　点火一侧
　　　　　　　L1　　　　　　　　L2

图 9 - 41　火工锁故障产品两侧锁块状态示意

图 9 - 42　火工锁 -10 ℃时解锁现场照片

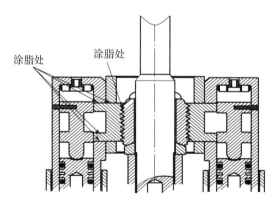

涂脂处　　　　涂脂处

图 9 - 43　火工锁的锁块运动副配合面的涂脂位置示意

为进一步验证二硫化钼锂基脂在−60 ℃条件下对锁块回缩过程的影响，进行了锁块与齿环单边脱齿力、锁块回缩粘结阻力测试。

（1）锁块与齿环单边脱齿力测试

试验方法：按"锁块＋齿环"组合装配 3 个试验件，放置温度箱内按不同工况进行保温 30 min，然后通过拉伸试验机在温箱内拉动齿环运动，模拟齿环与锁块单边脱齿过程，并测试单边最大脱齿力。试验件状态及测试系统见图 9-44。

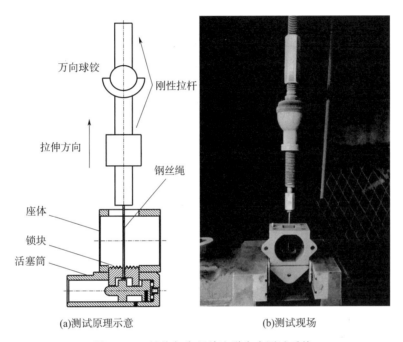

(a)测试原理示意　　　　　　　(b)测试现场

图 9-44　锁块与齿环单边脱齿力测试系统

开展了−60 ℃、−20 ℃、常温条件下锁块与齿环的单边最大脱齿力测试，结果见表 9-8。

表 9-8　锁块与齿环单边最大脱齿力测试结果

试验编号	−60 ℃脱齿力/N		−20 ℃脱齿力/N		常温脱齿力/N	
	涂脂	不涂脂	涂脂	不涂脂	涂脂	不涂脂
1♯	30.2	0.5	14.8	用手可轻易脱开，几乎接近 0	用手可轻易脱开，几乎接近 0	用手可轻易脱开，几乎接近 0
2♯	150.5	0.8	17.6			
3♯	285.4	1.2	12.6			
均值	155.4	0.8	15.0			

试验数据表明：

1）低温−60 ℃条件，涂脂工况下锁块与齿环出现了粘结现象，单边最大脱齿力均值为 155.4 N；

2）低温−20 ℃条件，涂脂工况下锁块与齿环出现了粘结现象，单边最大脱齿力均值为 15 N。

（2）锁块回缩粘结阻力测试

试验方法：按"座体＋单侧活塞筒＋锁块"组合装配 3 发试验件，放置温度箱内按不同试验温度工况进行保温 30 min，然后通过拉伸试验机在温箱内拉动锁块运动 4 mm，模拟锁块回缩过程，测试该行程下的粘结阻力与位移关系曲线。试验件状态及测试系统见图 9 - 45。

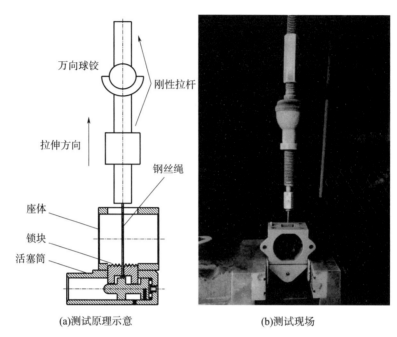

(a)测试原理示意　　　　　　　(b)测试现场

图 9 - 45　锁块回缩粘结阻力测试系统

开展了－60 ℃、－20 ℃、常温、＋95 ℃四种温度条件下的阻力测试，锁块运动4 mm 过程的极大粘结阻力结果见表 9 - 9，典型测试曲线如图 9 - 46 所示。

表 9 - 9　锁块运动 4 mm 过程极大粘结阻力测试结果

试验件编号	－60 ℃阻力/N		－20 ℃阻力/N		常温阻力/N		＋95 ℃阻力/N	
	涂脂	不涂脂	涂脂	不涂脂	涂脂	不涂脂	涂脂	不涂脂
1#	70.5	0.5	7.8	0.3	0.4	0.3	1.3	0.7
2#	59.1	0.2	11.8	0.5	0.2	0.2	0.8	0.5
3#	30.1	0.8	2.4	0.6	0.5	0.2	0.7	0.4
4#	121.5	0.7	3.6	0.6	0.5	0.2	0.5	0.6
均值	70.3	0.55	6.4	0.5	0.4	0.225	0.825	0.55

试验数据表明：

1）低温－60 ℃条件下，涂脂工况的锁块回缩阻力均值为 70.3 N，相比不涂脂工况有大幅增加趋势；

2）低温－20 ℃条件下，涂脂工况的锁块回缩阻力均值为 6.4 N，相比不涂脂工况有小幅增加趋势；

3）常温条件下，涂脂工况的锁块回缩阻力均值为 0.4 N，与不涂脂工况相当；

4）高温＋95 ℃条件下，涂脂工况的锁块回缩阻力均值为 0.9 N，与不涂脂工况相当。

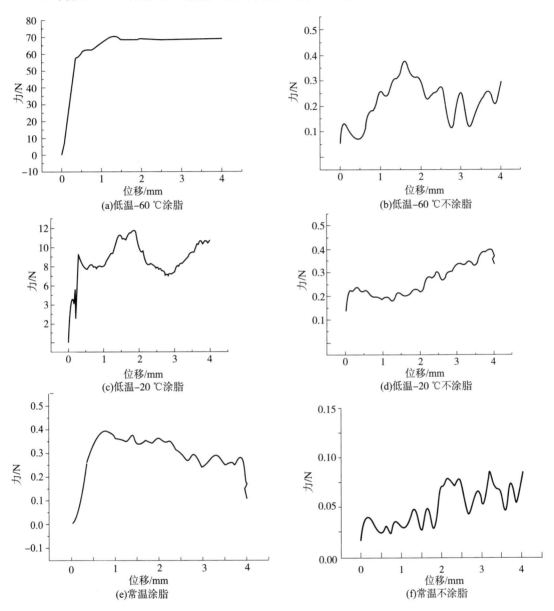

图 9 - 46　锁块回缩过程粘结阻力测试典型曲线

9.6.3.2　某火工装置力学试验过程插针受损故障

某批火工装置完成鉴定级＋ X、＋ Y、＋ Z 三向随机振动试验后，进行点火器桥路阻值复测和外观检查时，发现以下三个故障现象：

1）有 3 发产品的点火器发生插针根部断裂（见图 9 - 47），并嵌在短路保护插头的针

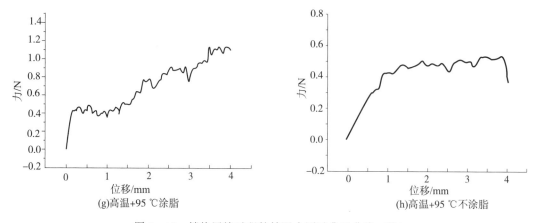

(g)高温+95 ℃涂脂 (h)高温+95 ℃不涂脂

图 9 - 46　锁块回缩过程粘结阻力测试典型曲线（续）

孔中，未断裂产品的插针有明显黑色磕碰痕迹（见图 9 - 48）。

图 9 - 47　某火工装置点火器插针断裂状态

图 9 - 48　某火工装置未断产品点火器插针黑色磕痕状态

2）1 发产品的玻璃封接体表面有黑色粉末，其对应的短路保护插头刻字处发黑，如图 9 - 49 所示。

针对上述故障问题，经过问题分析，插针断裂的原因是点火器在力学振动试验过程中，由于力学响应过大导致短路保护插头发生松动，进而使插针频繁受到短路保护插头施

图 9-49 某火工装置点火器玻璃封接体表面黑色粉末状态

加的动载荷,致使插针根部出现应力疲劳而断裂。

为防止后续出现类似问题,针对点火器的短路保护插头安装进行加固连接,并在螺纹连接处涂覆 420 胶进行固化,最终实施效果见图 9-50。

图 9-50 某火工装置点火器涂胶状态

火工装置虽然结构相对简单,但因其作用过程涉及力学、化学、热学等多学科耦合作用,为研制过程带来了较多不确定性因素,且由于作用过程十分迅速,在毫秒级的时间内完成了动作,为故障定位与机理分析带来了困难。因此,在火工装置研制过程,需要十分注意保持试验产品状态以及环境条件边界的一致性,确保试验状态是受控的。

参 考 文 献

［1］ 陈烈民. 航天器结构与机构［M］. 北京：中国科学技术出版社，2005.

［2］ Moening，C. J. Pyroshock Flight Failures［C］. Proceeding of 31st Annual Technical Meeting of the Institute of Environmental Sciences，May 3，1985.

［3］ Purdy，Bill. Advanced release technologies program［R］，NASA – N94 – 33322.

［4］ M. H. Lucy. Report on Alternative devices to Pyrotechnics on Spacecraft［C］. 10th annual AIAA/USU Conference on Small Satellites，September 17 – 19，1996.

［5］ Andrew Peffer，Keith，Eugene Fosness，Dino Sciulli. Development and transition of low – shock spacecraft release devices［C］. Aerospace Conference Proceedings，2000 IEEE.

［6］ Bement，L. J. and Schimmel，M. L. A Manual for Pyrotechnic Design，Development and Qualification. NASA TM – 110172，1995.

［7］ Bement，L. J. and Schimmel，M. L. Integration of Pyrotechnics into Aerospace Systems. Proceedings of the 27th Aerospace Mechanisms Symposium，NASA CP – 3205，1993，pp. 93 – 106.

［8］ Bement，L. J. Pyrotechnic System Failures：Causes and Prevention. NASA TM – 100633，1988.

［9］ Bement，L. J. and Schimmel，M. L. Determination of Pyrotechnic Functional Margin. Proceedings of the 29th Annual SAFE Symposium，1991，pp. 217 – 222.

［10］ Lucy，M. H. Report on Alternative Devices to Pyrotechnics on Spacecraft. NASA TM – 110470，1996.

［11］ Schimmel，M. L. The F – 111 Crew Module：Major Challenge for Thermally Stable Explosives. Presented at the Symposium on Thermally Stable Explosives（Silver Spring，MD），June 1970.

［12］ Bement，L. J. Rotor Systems Research Aircraft（RSRA）Emergency Escape System. Presented at the 34th Annual National Forum of the American Helicopter Society（Washington，DC），May 1978.

［13］ Simmons，W. H. Apollo Spacecraft Pyrotechnics. NASA TM X – 58032，1969.

［14］ Falbo，M. J. and Robinson，R. L. Apollo Experience Report：Spacecraft Pyrotechnic Systems. NASA TN D – 7141，1973.

［15］ Graves，T. J. Space Shuttle—A Pyrotechnic Overview. Proceedings of the European Space Agency Conference on Explosives and Pyrotechnics，Space Applications，ESA SP – 144，1979，pp. 263 – 269.

［16］ Ellern，H. Modern Pyrotechnics—Fundamentals of Applied Physical Pyrochemistry. Chemical Publishing Co. ，New York，1961.

［17］ Design and Performance Specification for NSI – 1（NASA Standard Initiator – 1），SKB26100066，Jan. 3，1990.

［18］ Amendment 3：General Specification for Pellets/Granules of Boron/Potassium Nitrate. MIL – P – 46994/B，U. S. Dept. of Defense，Jan. 4，1982.

［19］ Drexelius，V. W. and Schimmel，M. L. A Simplified Approach to Parachute Mortar Design. Presented at the Seventh Symposium on Explosives and Pyrotechnics (Philadelphia, PA), Sept. 1972.

[20] Meyer, R. Explosives. Verlag Chemie, Weinheim, Germany, 1977.

[21] Engineering Design Handbook: Properties of Explosives of Military Interest. Report AMCP 706 – 177, U. S. Army Materiel Command, 1971.

[22] Rouch, L. L. and Maycock, J. N. Explosive and Pyrotechnic Aging Demonstration. NASA CR – 2622, 1976.

[23] Explosive Material Specification for WS 5003 HNS Explosive. Naval Surface Warfare Center, Dec. 30, 1994.

[24] Kilmer, E. E. Heat – Resistant Explosives for Space Applications. J. Spacecr. Rockets, vol. 5, 1968, pp. 1216 – 1219.

[25] Electroexplosive Subsystem Safety Requirements and Test Methods for Space Systems. MIL – STD – 1576 (USAF), July 31, 1984.

[26] Explosive Ordnance for Space Vehicles (Metric), General Specification for, DOD – E – 83578A (USAF), Oct. 15, 1987.

[27] Space Shuttle System Pyrotechnic Specification. NSTS 08060, Revision H, NASA Johnson Space Center, Feb. , 11, 1994.

[28] Lake, E. R. Percussion Primers, Design Requirements. McDonnell Douglas Report MDC A0514, Rev. B, Apr. 5, 1982.

[29] Schimmel, M. L. and Kirk, B. Study of Explosive Propagation Across Air Gaps. McDonnell Douglas Report B331, Dec. 24, 1964.

[30] Schimmel, M. L. Quantitative Understanding of Explosive Stimulus Transfer. NASA CR – 2341, 1973.

[31] Bement, L. J. Helicopter (RSRA) In – Flight Escape System—Component Qualification. Presented at the Tenth Symposium on Explosives and Pyrotechnics (San Francisco, CA), Feb. 1979.

[32] Persson, P. – A. Fuse. U. S. Patent 3, 590, 739, July 6, 1971.

[33] Chenault, C. F. et al. The Small ICBM Laser Ordnance Firing System. AIAA 92 – 1328, 1992.

[34] Ankeney, D. P. et al. Laser Initiation of Propellants and Explosives. Selected Papers, SP93 – 09, on Laser Ignition. Chemical Propulsion Information Agency, Sept. 1993.

[35] Drexelius, V. W. and Berger, H. Neutron Radiographic Inspection of Ordnance Components. Proceedings of the Fifth Symposium on Electroexplosive Devices, 1967, pp. 1 – 2. 1 to 1 – 2. 13.

[36] Bement, L. J. Monitoring of Explosive/Pyrotechnic Performance. Proceedings of the Seventh Symposium on Explosives and Pyrotechnics, 1971, pp. 2 – 1. 1 to 2 – 1. 8.

[37] Schimmel, M. L. and Drexelius, V. W. Measurement of Explosive Output. Proceedings of the Fifth Symposium of Electroexplosive Devices, 1967, pp. 1 – 5. 1 to 1 – 5. 20.

[38] Bement, L. J. and Schimmel, M. L. Cartridge Output Testing—Methods to Overcome Closed – Bomb Shortcomings. Presented at the 28th Annual SAFE Symposium (San Antonio, TX), Dec. 1990.

[39] Bement, L. J. et al. Development and Demonstration of an NSI – Derived Gas Generating Cartridge (NGGC). Presented at the Second NASA Pyrotechnic Systems Workshop (Albuquerque, NM), Feb. 1994.

[40] Bement, L. J. and Schimmel, M. L. Ignitability Test Method. Presented at the 26th Annual SAFE Symposium (Las Vegas, NV), Dec. 1988.

[41] Bement, L. J. and Schimmel, M. L. Ignitability Test Method—Part 2. Presented at the 27th Annual SAFE Symposium (New Orleans, LA), Dec. 1989.

[42] Bement, L. J. Doris, T. A. and Schimmel, M. L. Output Testing of Small – Arms Primers. Presented at the 28th Annual SAFE Symposium (San Antonio, TX), Dec. 1990.

[43] Bement, L. J. and Schimmel, M. L. Approach for Service Life Extension of Explosive Devices for Aircraft Escape Systems. NASA TM – 86323, 1985.

[44] Bement, L. J. Kayser, E. G. and Schimmel, M. L. : Service Life Evaluation of Rigid Explosive Transfer Lines. NASA TP – 2143, 1983.

[45] Bement, L. J. and Schimmel, M. L. Investigation of Super * Zip Separation Joint. NASA TM – 4031, 1988.

[46] Hahn, G. J. Which Statistical Interval Do I Use? Confidence, Tolerance, and Prediction Intervals— Vive La Difference! General Electric Statogram Newsletter, vol. 18, no. 1, Feb. 2, 1970.

[47] Castro – Cedeno, M. et al. Applications Catalog of Pyrotechnically Actuated Devices/Systems. NASA TM – 106810, Rev. A, 1996.

[48] Bement, L. J. Helicopter (RSRA) In – Flight Escape System Component Qualification. Proceedings of the Tenth Symposium on Explosives and Pyrotechnics, 1979, pp. 7 – 1 to 7 – 15.

[49] Bement, L. J. and Neubert, V. H. Development of Low – Shock Pyrotechnic Separation Nuts. Presented at the Eighth Aerospace Mechanisms Symposium (Hampton, VA), Oct. 1973.

[50] Wingate, R. T. et al. Anomaly Investigation Board STS – 51 TOS/ASE Deploy Hardware. NASA Headquarters, Jan. 7, 1994.

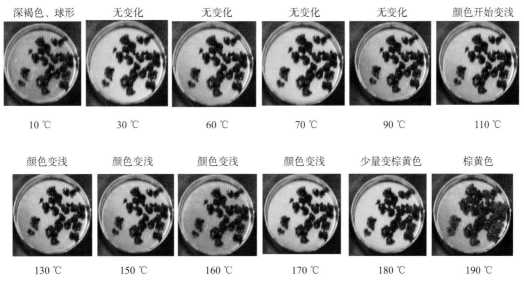

| 深褐色、球形 | 无变化 | 无变化 | 无变化 | 无变化 | 颜色开始变浅 |
| 10 ℃ | 30 ℃ | 60 ℃ | 70 ℃ | 90 ℃ | 110 ℃ |

| 颜色变浅 | 颜色变浅 | 颜色变浅 | 颜色变浅 | 少量变棕黄色 | 棕黄色 |
| 130 ℃ | 150 ℃ | 160 ℃ | 170 ℃ | 180 ℃ | 190 ℃ |

图 4-13 松散沥青 LTNR 连续升温过程表面形貌变化的图像 （P123）

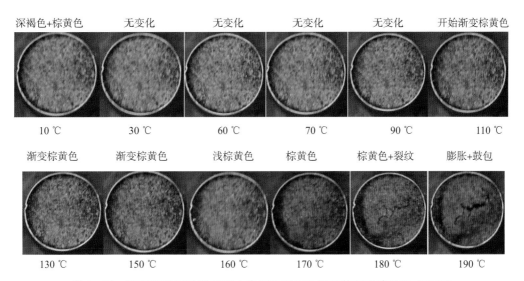

| 深褐色+棕黄色 | 无变化 | 无变化 | 无变化 | 无变化 | 开始渐变棕黄色 |
| 10 ℃ | 30 ℃ | 60 ℃ | 70 ℃ | 90 ℃ | 110 ℃ |

| 渐变棕黄色 | 渐变棕黄色 | 浅棕黄色 | 棕黄色 | 棕黄色+裂纹 | 膨胀+鼓包 |
| 130 ℃ | 150 ℃ | 160 ℃ | 170 ℃ | 180 ℃ | 190 ℃ |

图 4-14 压实沥青 LTNR 药饼由常温升至 190 ℃的外观形貌对比 （P124）

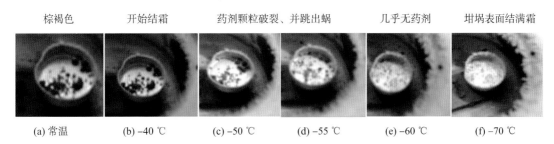

| 棕褐色 | 开始结霜 | 药剂颗粒破裂、并跳出蜗 | 几乎无药剂 | 坩埚表面结满霜 |
| (a) 常温 | (b) −40 ℃ | (c) −50 ℃ | (d) −55 ℃ | (e) −60 ℃ | (f) −70 ℃ |

图 4-15 松散沥青 LTNR 连续降温过程状态变化图像 （P124）

深褐色药饼   颜色变深、变膨松   深褐色药饼   颜色变深、变膨松

(a) 常温俯视   (b) -70 ℃俯视   (c) 常温侧视   (d) -70 ℃侧视

图 4-16   压实沥青 LTNR 在常温与-70 ℃的状态对比 （P125）

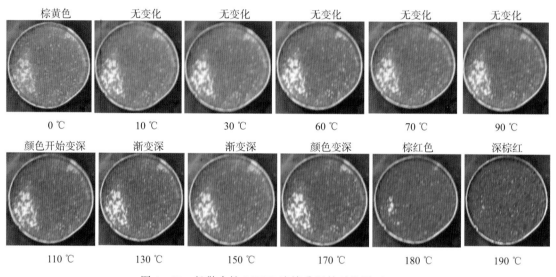

棕黄色   无变化   无变化   无变化   无变化   无变化

0 ℃   10 ℃   30 ℃   60 ℃   70 ℃   90 ℃

颜色开始变深   渐变深   渐变深   颜色变深   棕红色   深棕红

110 ℃   130 ℃   150 ℃   170 ℃   180 ℃   190 ℃

图 4-20   松散中性 LTNR 连续升温的对比图 （P127）

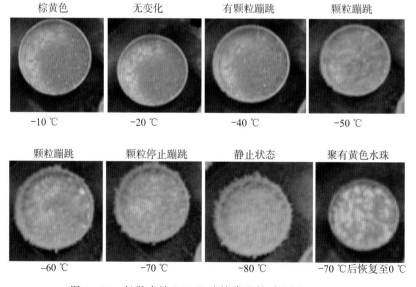

棕黄色   无变化   有颗粒蹦跳   颗粒蹦跳

-10 ℃   -20 ℃   -40 ℃   -50 ℃

颗粒蹦跳   颗粒停止蹦跳   静止状态   聚有黄色水珠

-60 ℃   -70 ℃   -80 ℃   -70 ℃后恢复至0 ℃

图 4-21   松散中性 LTNR 连续降温的对比图 （P127）

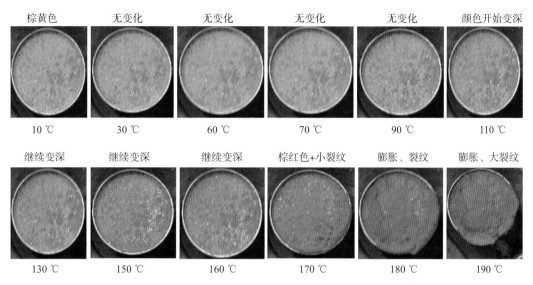

| 棕黄色 | 无变化 | 无变化 | 无变化 | 无变化 | 颜色开始变深 |
| 10℃ | 30℃ | 60℃ | 70℃ | 90℃ | 110℃ |

| 继续变深 | 继续变深 | 继续变深 | 棕红色+小裂纹 | 膨胀、裂纹 | 膨胀、大裂纹 |
| 130℃ | 150℃ | 160℃ | 170℃ | 180℃ | 190℃ |

图 4-22　压实中性 LTNR 连续升温的对比图 （P128）

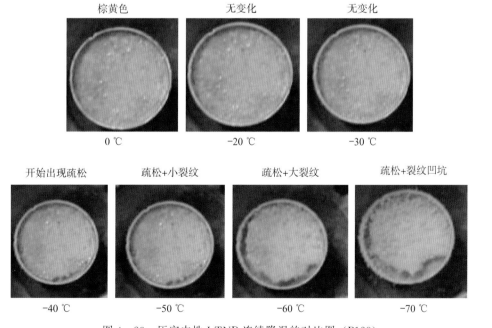

| 棕黄色 | 无变化 | 无变化 |
| 0℃ | -20℃ | -30℃ |

| 开始出现疏松 | 疏松+小裂纹 | 疏松+大裂纹 | 疏松+裂纹凹坑 |
| -40℃ | -50℃ | -60℃ | -70℃ |

图 4-23　压实中性 LTNR 连续降温的对比图 （P128）

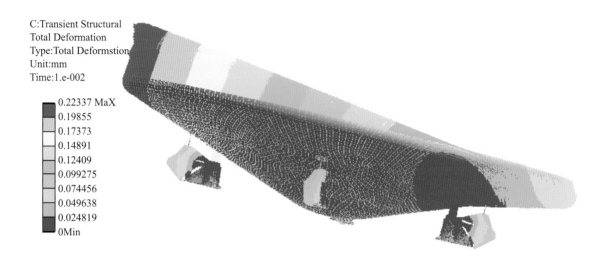

C:Transient Structural
Total Deformation
Type:Total Deformstion
Unit:mm
Time:1.e-002

0.22337 MaX
0.19855
0.17373
0.14891
0.12409
0.099275
0.074456
0.049638
0.024819
0Min

(a)10 ms 时刻分离面结构形变分析结果

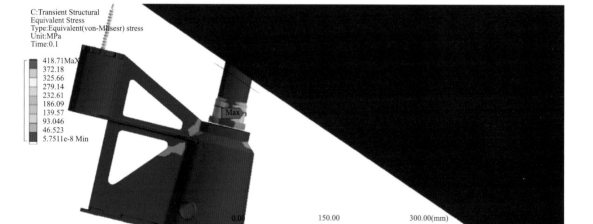

C:Transient Structural
Equivalent Stress
Type:Equivalent(von-Mhsesr) stress
Unit:MPa
Time:0.1

418.71MaX
372.18
325.66
279.14
232.61
186.09
139.57
93.046
46.523
5.7511e-8 Min

Max

0.00   150.00   300.00(mm)
        75.00   225.00

(b) 10 ms时刻分离面结构应力分析结果

图 9 - 10   两器解锁不同步过程的结构形变与应力仿真结果（P277）